JN312463

Excelで手軽にできるアンケート解析

研修効果測定から
ISO関連のお客様満足度測定まで

今里 健一郎 著

日本規格協会

Microsoft, Excel は米マイクロソフト社の登録商標です．
本書中では，™, ® マークは明記しておりません．

は じ め に

　アンケートは，世の中の動向や嗜好を知るためによく使われる．また職場においても仕事のでき具合やお客様の満足度を測定するために行われている．ところが，「とりあえずアンケートを取ってみた．しかし，思っていた情報を得ることはできなかった」と不満を訴える人が多い．これは，アンケートの目的が漠然としていたり，その調査結果から何を導き出そうとするのかがあいまいであったりするためである．

　そこで，効果的なアンケートを行うには，アンケートを取る目的が何であるかを考え，その目的に関連する要因をアンケートの実施前に洗い出すことが重要なポイントとなる．つまり，アンケートの設計を十分に行うことによって，よい結果を得ることができるのである．

　本書では，まず研修効果の測定やお客様満足度測定など，目的に応じたアンケートの設計方法と手順を解説している．具体的には，次の5つの目的に対し，仮説を立て，アンケート用紙を作成する手順を解説し，アンケートシートの例を添付している．

　　① わが社のイメージはどう評価されているのか？　　　　　（企業イメージ評価）
　　② わが社の商品やサービスにお客様は満足しているのか？（お客様満足度評価）
　　③ ISO 9001 にあるお客様満足度をどう測定すればよいのか？
　　　　　　　　　　　　　　　　　　　　　　　　　　（ISO 関連のお客様満足度評価）
　　④ 改善活動はうまく進められているのか？　　　　　　　　　（改善活動評価）
　　⑤ 実施した教育・研修はよかったのか？　　　　　　　　　　（研修満足度評価）

　次に，アンケート実施後に行う有効な解析方法を紹介している．解析は手軽にできるよう Excel で進めている．Excel 2000～2007（Windows XP, 2000 から Windows Vista まで対応）を対象に，Excel の基本機能を使用し，特殊なソフトを使わず進められるようになっている．解析の内容は，次のとおりである．

　　解析① 全体の姿や傾向をつかむグラフ
　　解析② マトリックスから着眼点をつかむクロス集計
　　解析③ 質問間の関係をつかむ相関分析
　　解析④ 目的に対する要因の関係度合いをつかむ重回帰分析
　　解析⑤ 重点改善項目をつかむポートフォリオ分析
　　解析⑥ 言語データを集約する親和図

　本書は，ISO 9001 受審企業のスタッフ，営業現場に従事する人たち，教育関係者，商品企画関係者など，だれでも手軽にアンケートの設計から解析までできるガイドブックとしてまとめている．デスクワークで活用することはもちろんのこと，ISO 9001 レ

ビュー時や会議中にパソコンを使ってタイムリーに解析結果を表示し，ディスカッションを進めることができる．

　さらに，株式会社ケイ・クリエイツ企画課のポート課長，アンチーフ，スタッフのケイトとクロス，さらにポート課長のフォリオ夫人の5人が登場し，わかりやすく解説している．

　最後に，本書の出版に際して，貴重な事例を提供いただいた追手門学院大学，関西電力株式会社，九州電力株式会社，株式会社NTTドコモ 関西支社，財団法人関西電気保安協会，株式会社平文社，並びに，本書の企画を強力に進めていただいた財団法人日本規格協会中泉純氏，伊藤宰氏，須賀田健史氏をはじめ，多くの方々のご尽力およびご支援をいただいたことにお礼申し上げる．さらに，本書を読んでいただいた方から，ご意見などをいただければ幸いである．

2008年7月

著者　今里健一郎

目　　次

は じ め に

第 1 章　アンケートとは

1.1　日常生活にアンケートは切っても切れないもの ……………… 10
1.2　失敗談から，アンケートには設計が重要であることに気づく ……… 13
1.3　しっかりとした設計と適切な解析がよいアンケートに導く ……… 18
　　1.3.1　効果的なアンケートを実施するには ……………………… 18
　　1.3.2　目的に見合った解析方法を選ぶ ………………………… 19
1.4　設計から解析までを ISO 9001 お客様満足度評価の例で紹介する ……… 22
　　Step. 1　アンケートの設計 ……………………………………… 22
　　Step. 2　アンケートの解析 ……………………………………… 27
　　　　　　解析 1．グラフから全体の姿や傾向をみる ……………… 28
　　　　　　解析 2．クロス集計から着眼点をみる …………………… 34
　　　　　　解析 3．相関分析から質問間の関係をみる ……………… 36
　　　　　　解析 4．重回帰分析から目的に対する要因の関係度合いをみる ……… 39
　　　　　　解析 5．ポートフォリオ分析から重点改善項目をみる ……… 46
1.5　アンケートの実施事例を紹介する―アンケートの実施事例 ……… 53
　　事例 1．ステップごとに実施した会社のイメージ評価 ……………… 54
　　　　　　（関西電力株式会社　東海支社）
　　事例 2．セルフアセスメントの好感度を評価 ……………………… 59
　　　　　　（九州電力株式会社　経営管理室）
　　事例 3．改善活動指導会の有益性を評価 …………………………… 65
　　　　　　（株式会社 NTT ドコモ　関西支社）
　　事例 4．CSR 活動を職員とお客さまから評価 ……………………… 71
　　　　　　（財団法人関西電気保安協会　企画部）
　　事例 5．受講後の感想を言語データで評価 ………………………… 79
　　　　　　（追手門学院大学）

第2章　アンケートの設計

- 2.1　アンケートの設計は仮説を立てて進める …… 84
- 2.2　アンケートの目的を決めて仮説を考える …… 86
  - 2.2.1　調査の目的を決める …… 86
  - 2.2.2　目的から結果系指標と要因系指標の仮説を立てる …… 86
    - 仮説1.「わが社のイメージはどうなのか」の仮説を考える …… 88
    - 仮説2.「わが社のサービスにお客様が満足しているか」の仮説を考える …… 90
    - 仮説3.「ISO 9001のお客様満足度をどう測定すればよいか」の仮説を考える …… 92
    - 仮説4.「改善活動がうまく進められているか」の仮説を考える …… 94
    - 仮説5.「研修が良かったか」の仮説を考える …… 96
- 2.3　アンケート用紙を作成する …… 98
  - 2.3.1　アンケート用紙の構成を考える …… 98
  - 2.3.2　アンケートの質問を考える …… 100
  - 2.3.3　SD法により質問を作成する …… 103
  - 2.3.4　層別項目の質問を考える …… 107
  - 2.3.5　アンケートシートの例を示す—アンケートシート集 …… 109
    - シート1.　企業イメージ評価のアンケートシート例 …… 110
    - シート2.　お客様満足度評価のアンケートシート例 …… 112
    - シート3.　ISO 9001関連のお客様満足度評価のアンケートシート例 …… 114
    - シート4.　改善活動評価のアンケートシート例 …… 116
    - シート5.　研修満足度評価のアンケートシート例 …… 118
- 2.4　調査の対象者を決める …… 120
- 2.5　調査の方法を決める …… 122

第3章　アンケートの解析

- 3.1　アンケートの解析方法は知りたいことから選ぶ …… 126
- 3.2　アンケートの結果を集計する …… 128
  - 3.2.1　マトリックス・データ表を作成する …… 128
  - 3.2.2　Excelにより平均値と標準偏差を計算する …… 128
- 3.3　グラフから全体の姿や傾向をみる …… 134
  - 3.3.1　Excelによりレーダーチャートを作成する …… 136
  - 3.3.2　Excelにより帯グラフを作成する …… 141

           3.3.3　Excel により複合グラフを作成する ……………………………… 150
　　3.4　クロス集計から着眼点をみる ………………………………………………… 161
           3.4.1　クロス集計とは ……………………………………………………… 161
           3.4.2　Excel によりクロス集計を行う …………………………………… 163
　　3.5　相関分析から質問間の関係をみる …………………………………………… 168
           3.5.1　Excel「分析ツール」の使用可能を確認する ……………………… 168
           3.5.2　Excel「分析ツール」をインストールする ………………………… 169
           3.5.3　相関分析を行う ……………………………………………………… 171
           3.5.4　Excel により相関係数を計算する ………………………………… 174
           3.5.5　Excel により無相関の検定を行う ………………………………… 176
　　3.6　重回帰分析から目的に対する要因の関係度合いをみる …………………… 179
           3.6.1　重回帰分析とは ……………………………………………………… 179
           3.6.2　Excel「分析ツール」により重回帰分析を行う …………………… 182
           3.6.3　重回帰分析の結果からアンケートを検討する …………………… 186
　　3.7　ポートフォリオ分析により重点改善項目をみる …………………………… 193
           3.7.1　ポートフォリオ分析とは …………………………………………… 193
           3.7.2　Excel によりポートフォリオ分析を行う ………………………… 195
　　3.8　親和図から回答者ニーズをみる ……………………………………………… 212
           3.8.1　親和図とは …………………………………………………………… 212
           3.8.2　Excel により親和図を作成し言語情報をまとめる ……………… 212

【付録】アンケート実施結果を A3 判シートにまとめる ……………………………… 219

　　おわりに ……………………………………………………………………………… 225
　　参考文献 ……………………………………………………………………………… 226
　　索　　引 ……………………………………………………………………………… 227

ポイント 1	結果系指標と要因系指標とは	23
ポイント 2	仮説構造図とは	24
ポイント 3	SD法とは	25
ポイント 4	ランダム・サンプリングとは	27
ポイント 5	SD値とは	28
ポイント 6	無相関の検定とは	37
ポイント 7	偏回帰係数とは	39
ポイント 8	寄与率とは	40
ポイント 9	回帰関係の有意性とは	41
ポイント 10	残差の検討とは	43
ポイント 11	回帰係数の有意性検討とは	44
ポイント 12	変数の選択とは	44
ポイント 13	データの標準化とは	47
ポイント 14	標準偏回帰係数とは	49

参考	本書で使うExcelの関数とその内容	133
参考	計算式をコピーして標準化データ表を作成する	196
参考	言語データの表し方	214
参考	言語カード寄せ	215

コーヒーたいむ 1	「とりあえずアンケート……」はやめよう	52
コーヒーたいむ 2	うまくいかない！	82
コーヒーたいむ 3	行きたくなるコンビニって？	108
コーヒーたいむ 4	あなたはアンケートに答えるか？	124
コーヒーたいむ 5	結果をまとめる，そのココロは	224

コーヒーたいむ　by　佐野智子（ちえこ）

第1章 アンケートとは

情報化時代といわれる現代,
アンケートは不可欠である.
まずは,株式会社ケイ・クリエイツのポート企画課長の
一日を眺めることから始めてみよう.

1.1 日常生活にアンケートは切っても切れないもの

午前7時

株式会社ケイ・クリエイツのポート企画課長は，朝食をとりながら「内閣の支持率が初めて40％を下回った」というアナウンサーの声に一瞬テレビの画面をみた．いつも乗る駅の売店で週刊誌を買い，混み合った通勤電車の車内で開けてみると，「今年の人気商品ベスト10」というタイトルで特集が掲載してあった．読んでみると，ポート課長が先週買ったデジタルカメラが第3位にランキングされていた．20代，30代の人気が高いと書いてあり，ポート課長は密かに「私の感覚は若いってことか」と一瞬，ニコリとした．

午前9時

職場の自席に着いたポート課長，いつものとおりパソコンの電源を入れる．電子掲示板に表示された「社員満足度アンケート結果」という項目に目がとまり，開いてみると，「わが社の社員満足度は，アンケートによると5点満点で3.5点であった」ということであった．さらに職場別に見たところ，企画課は3.6点だったことから，「まずまずだなあ」とホッとした．

午前10時，アンチーフが，「今から会議を始めます」と呼びにきた．先日行われたISO 9001 内部監査の指摘事項について，その対応策を検討するための会議であった．

アンチーフが経過報告と是正処置案の説明を行った．いろいろ議論をした結果，自分たちの改善活動がお客様にどのように評価されているのだろうか，という意見が出た．そこで，「アンケートを取ってみては」という提案がスタッフのケイトから飛び出した．お客様満足度と企業活動の関係を測定してみようということで，アンチーフとケイトが中心になって「お客様満足度調査のアンケート」を企画することになった．

午後0時

　会議が終わるころには12時をまわっていたので，ポート課長はじめスタッフ全員で昼ご飯を食べに行くことになった．「どこへ行こうか」との声に，スタッフのクロスが「駅前に新しく現地直送の魚を出してくれる和食屋ができたので，そこへ行ってみませんか」と言ったので，全員その方角へ足を向けた．

　ランチメニューにしてはなかなか活きのよい魚が出てきて満足していたところ，若い店長さんがやってきて，「お味どうでしたか？　これからも皆さんに満足していただけるお店を作っていこうと考えています．そこで，今日の料理やお店の雰囲気の感想を書いていただけないでしょうか」と言って，ハガキ大のアンケート用紙と開店記念品の箸置きを全員に手渡した．

午後1時

　昼食後，職場に戻ると，スタッフのクロスの机の上に昨日実施した研修の受講者アンケートの束が置いてあった．早速，クロスはパソコンにアンケートの評価点を入力し，SD値（平均値）を計算した．5点満点で4.1点であり，前回の結果と比べてみた．

午後8時

　夜，帰宅したポート課長にフォリオ夫人が駆け寄り，「今日，いいことあったの」と言って数枚の商品券を差し出した．「どうした？」と尋ねると，「先月，雑誌についていたアンケートハガキを出したら，抽選で5,000円の商品券が当たったの」ということだった．

　夕食も終わり，テレビを見ていたところ，「視聴者参加生中継です．今の問題，あなたはどう思いますか？　そのとおりだと思われる方は『赤ボタン』を，そう思わない方は『青ボタン』を押してください」．しばらくすると，『赤ボタン』の数と『青ボタン』の数から「議論した問題に賛成された方は59％でした」というアナウンスとともに，テレビ画面に帯グラフが表示された．この後，ポート課長は眠りについた．

　ポート課長の一日を振り返ってみると，情報化時代といわれる現代において，アンケートは不可欠である．家庭や職場を問わず，いろいろな情報を得る手段として使われるアンケートをいかに効果的に行うかという方法を，株式会社ケイ・クリエイツ企画課のメンバーがこれから紹介していく．

1.2 失敗談から，アンケートには設計が重要であることに気づく

よいアンケートを行うには，設計段階で目的に関する仮説を立て，この仮説にもとづいてアンケート用紙を作成することが重要なポイントとなる．このことをアンチーフのもとへ持ち込まれた難題で考えてみよう．

(1) ある日のこと

総務部のAさんが浮かぬ顔をしながらアンチーフのところへやってきた．

Aさん　　　「アンチーフ，困ったことになった」

アンチーフ　「どうしたの」

Aさん　　　「実は来月に計画していた職場親睦旅行についてなんですが，何人かの人が文句を言いだしたんです」

アンチーフ　「先月，アンケートを取って，みんなの意見を聞いたのではなかったの」

Aさん　　　「そのアンケートの結果では，皆さん『どこでもいいよ．幹事に任せるから』という声が多く，それではということで，幹事でいろいろ考えて，この案内状を配ったのですが」

「旅行日程の案内状を配ったところ，『旅館よりホテルがいい』，『部屋は個室にしてくれ』，『ゴルフに行きたい』などなどいろんなことを言ってきました．挙句の果てに部長から『せっかく企画してくれたが，もう一度見直してはどうかね』と言われる始末です」

「もう旅行社との契約を済ませているし，……困った」

(2) アンケートを眺めて

事の始まりはアンケートにあるように思えたアンチーフは，Aさんに「どんなアンケートを取ったの」と言って，見せてもらった．Aさん「このようにみんなの意見が聞けるように書いてみたんですが．皆さんから戻ってきたアンケート用紙をまとめてみると『海や山に近く温泉があっておいしいものが食べられればいい』ってことだったんです．それで，旅行社と相談して，今回の○○温泉1泊2日職場親睦旅行」としたんです．」（図 1.1）

アンチーフ「う〜む．これではそうなるね」

図 1.1　Aさんのアンケートとその結果

(3) みんなの気持ちを引き出すアンケートを作るには

まず，職場親睦旅行の目的を考えてみよう．

　　　目的：『みんなで楽しめる旅行に行こう』

次に，職場親睦旅行を楽しめる要因を考えてみよう．要因とは，「場所」，「宿」，「料理」，「レジャー」などである．

具体的には，過去の職場親睦旅行を振り返ったり，参加者の好みなどをいろいろと考えてみることである．ここで重要なことは，みんなに聞いてからプランを立てるのではなく，主催者側で職場親睦旅行を出発から帰着までを想定し，場所はどこがよいのか，宿は旅館がよいのかホテルがよいのか，そこで味わう料理は何がよいのか，などといろいろ考え，事前にプランを立てることである．これが仮説である（図 1.2）．

〈場　所〉
・海がいいか　山がいいか
・近場か　遠方か
・温泉地か　リゾート地か

〈宿〉
・旅館か　ホテルか
・相部屋 OK か　個室希望か
・和室か　洋室か

みんなで楽しめる旅行に行こう

〈料　理〉
・和風か　洋風か
・魚料理か　肉料理か
・日本酒か　洋酒か

〈レジャー・移動〉
・観光か　スポーツか
・団体行動か　自由行動か
・観光バス利用か　一般交通利用か

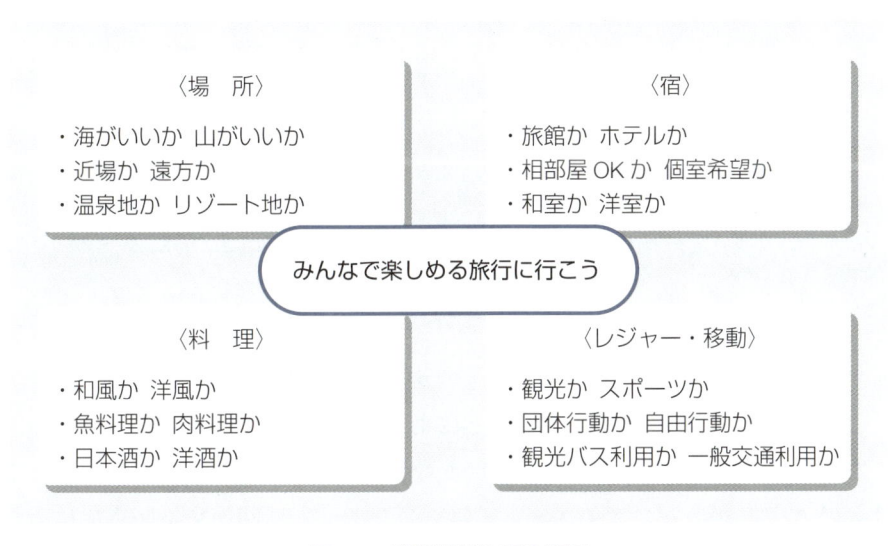

図 1.2　職場親睦旅行の要因

これらの要因から，対比する質問を具体的に書いてみる．具体的には図 1.3 のような質問を考える．

```
仮説からアンケートの質問を考える
 1. 行き先について
    Q 1. 海がいいか 山がいいか         海 ├──┼──┼──┼──┤ 山
    Q 2. 近場か 遠方か                 近場 ├──┼──┼──┼──┤ 遠方
    Q 3. 温泉地か リゾート地か         温泉地 ├──┼──┼──┼──┤ リゾート
 2. 宿について
    Q 4. 旅館か ホテルか               旅館 ├──┼──┼──┼──┤ ホテル
    Q 5. 相部屋 OK か 個室希望か       相部屋 OK ├──┼──┼──┼──┤ 個室希望
    Q 6. 和室か 洋室か                 和室 ├──┼──┼──┼──┤ 洋室
 3. 料理について
    Q 7. 和風か 洋風か                 和風 ├──┼──┼──┼──┤ 洋風
    Q 8. 魚料理か 肉料理か             魚料理 ├──┼──┼──┼──┤ 肉料理
    Q 9. 日本酒か 洋酒か               日本酒 ├──┼──┼──┼──┤ 洋酒
 4. レジャー・移動について
    Q 10. 観光か スポーツか            観光 ├──┼──┼──┼──┤ スポーツ
    Q 11. 団体行動か 自由行動か        団体行動 ├──┼──┼──┼──┤ 自由行動
    Q 12. 観光バスか 一般交通か        観光バス ├──┼──┼──┼──┤ 一般交通
```
（各目盛りの中央に「どちらでもよい」）

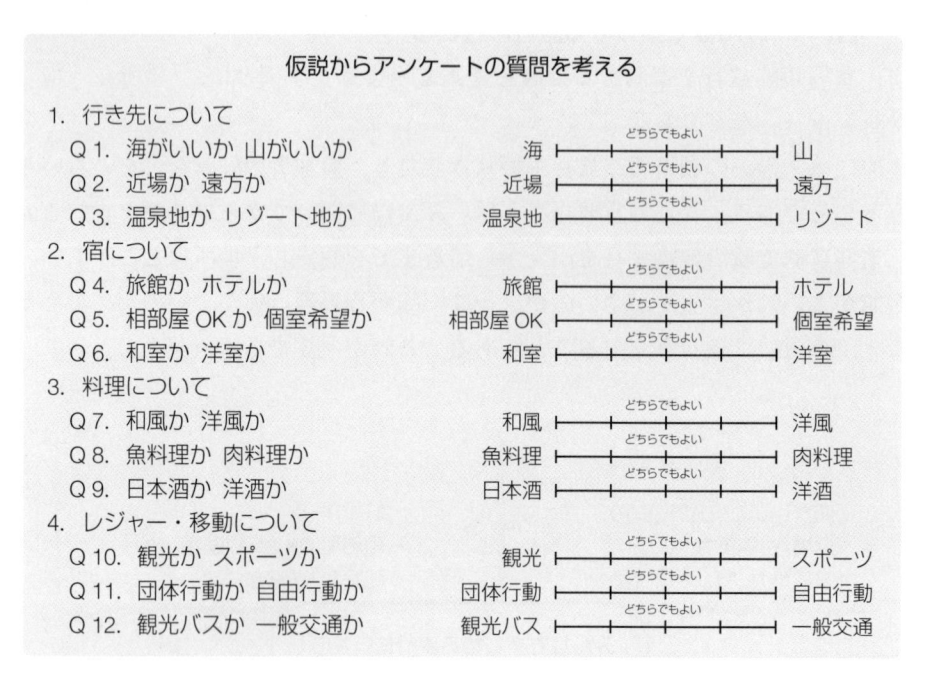

図 1.3 仮説から考えたアンケートの質問

質問は，項目ごとに相反する意見を書き，回答は該当する箇所に○印を付けるようにする．このように具体的な質問をすることにより，職場親睦旅行に参加する人たちが調査時には関心がなかったこと，また気がつかなかったことに気づかせることにもなる．

先ほどの A さんが取ったアンケートでは，アンケートに回答する時点ではそれほど関心がなかったものの，いざ出発となるといろいろと気がつき，意見や要望を言ってきたのである．

図 1.3 のアンケート用紙を全員に記入してもらうと，各質問の評価レベルが計算できる．その結果は図 1.4 になったとすると，『1 泊 2 日でゆっくりできて，観光が楽しめる温泉地を探してみることとした．また，宿は相部屋ではなく，個室あるいは個室に近いツインルームを探してみることとした．移動は少人数のグループなので，マイクロバスをチャーターすることとした．』という旅行計画の素案をまとめることができる．

一般的に，アンケートを取る側は，対象となる目的に対しある程度明確なイメージを持っている．しかし，回答者側はアンケートの内容に関心がない．したがって，漠然と聞かれたことに対しては，回答がいい加減になることがある．また，自由記述などの回答には「特になし」と何も書かずに回答してしまうことが多い．その結果，せっかくアンケートを取っても必要な情報が得られないということになる．

社内アンケートでもそうであるが，社外のお客様や取引先などによっては，全く関心のない内容であったり，知識が十分でないことがあり，正確な回答が得られないことが

アンケートの結果

1. 行き先について
   - Q1. 海がいいか 山がいいか
   - Q2. 近場か 遠方か
   - Q3. 温泉地か リゾート地か
2. 宿について
   - Q4. 旅館か ホテルか
   - Q5. 相部屋OKか 個室希望か
   - Q6. 和室か 洋室か
3. 料理について
   - Q7. 和風か 洋風か
   - Q8. 魚料理か 肉料理か
   - Q9. 日本酒か 洋酒か
4. レジャー・移動について
   - Q10. 観光か スポーツか
   - Q11. 団体行動か 自由行動か
   - Q12. 観光バスか 一般交通か

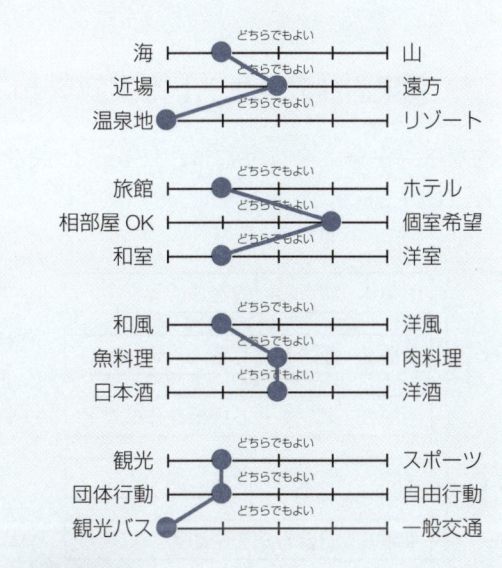

↓

1. 行き先は海辺の温泉地で，遠くても近くてもよい．
2. 宿は和室の旅館で，どちらかというと個室を希望している．
3. 料理は和風が好みであり，お酒，料理はどちらでもよい．
4. レジャーは観光主体で，観光バスを希望している．

↓

以上の結果から，
- ・1泊2日でゆっくりできて，観光が楽しめる温泉地を探してみることとした．
- ・宿は相部屋ではなく，個室あるいは個室に近いツインルームを探してみることとした．
- ・移動は少人数のグループなので，マイクロバスをチャーターすることとした．

図1.4 アンケート結果から旅行のコンセプトを決定

多い．そこで，あらかじめアンケートを企画する側で目的を明確にし，目的に対する仮説を十分に考え，具体的な質問を行うことが重要になってくる．そうすることによって回答者に考えさせて，正確な答えを引き出すことができるものである．

以上のことをまとめると，よい結果を得るアンケートを行うには，アンケートを設計するときに手を抜かずに，しっかりと目的を考え，目的に関する要因を洗い出し，仮説を考えることが重要となる．そして，回答者に考えさせて気づかせる質問を用意することである．

1.3 しっかりとした設計と適切な解析がよいアンケートに導く

1.3.1 ● 効果的なアンケートを実施するには

効果的なアンケートを行うには，「Step 1. 設計」と「Step 2. 解析」の2つのステップで行う（図1.5）．

Step 1　設　計

Step 1 設計
- 手順1．調査の目的を決める ……アンケートから知りたい目的
- 手順2．仮説を立てる ……結果系指標（目的の結果となる指標）／要因系指標（結果を生み出す要因の指標）
- 手順3．アンケート用紙を作成する ……質問は，SD法によって作成
- 手順4．調査の対象者を決める ……ランダム・サンプリングを行う
- 手順5．調査方法を決める
- 手順6．アンケート調査を実施する
- 手順7．結果をマトリックス・データ表にまとめる

Step 2 解析
- 解析1．グラフ → Excel：グラフウィザード → 全体の姿がわかる
- 解析2．クロス集計 → Excel：ピボットテーブル → 着眼点がわかる
- 解析3．相関分析 → Excel：分析ツール「相関」→ 質問間の関係がわかる
- 解析4．重回帰分析 → Excel：分析ツール「回帰分析」→ 目的と要因の関係度合いがわかる＊アンケート設計の評価ができる
- 解析5．ポートフォリオ分析 → Excel：グラフウィザード「散布図」→ 重点改善項目がわかる
- 解析6．親和図 → Excel：図形 → 回答者ニーズがわかる

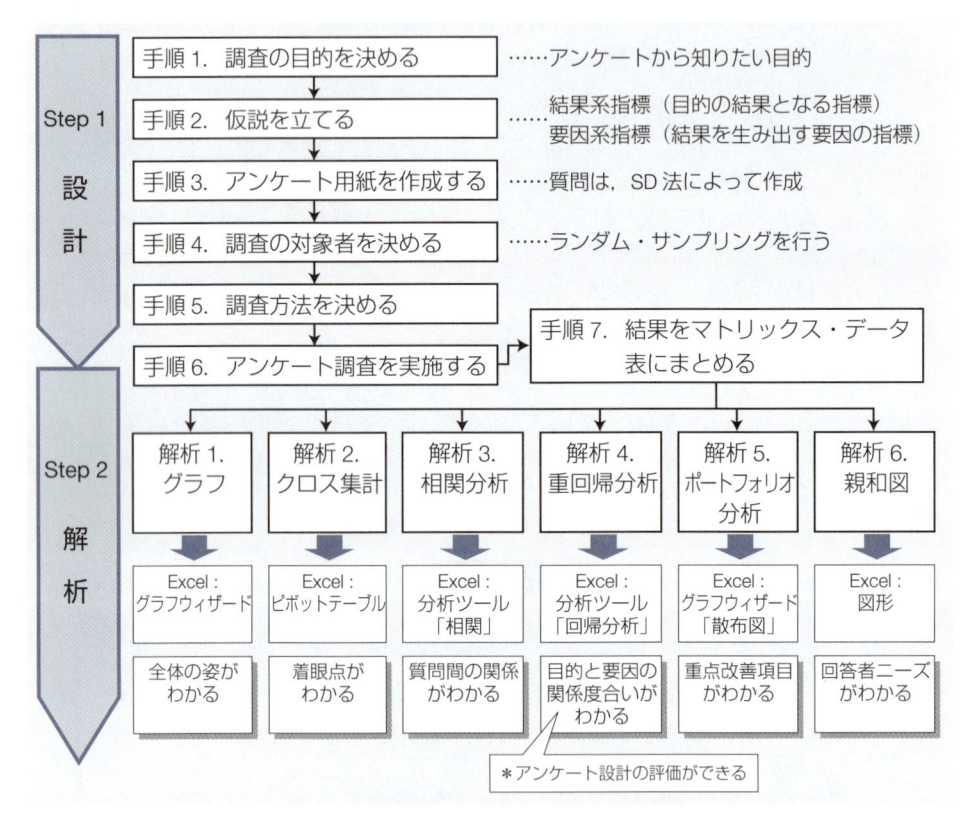

図1.5　効果的なアンケートの実施手順

Step 1. 設　計

設計では，アンケートを実施する目的を明確にする．そして，目的に合わせて，結果系指標と要因系指標の仮説を立てる．ここで立てた仮説をもとにアンケートの質問を考え，アンケート用紙を作成する．

実施するにあたって，調査対象者とサンプル数を決める．サンプル数は30～100程度を目安に考えるが，重回帰分析を行うには，質問数×3倍程度のサンプルが必要である．

併せて，調査方法を決める．調査方法には，アンケート用紙を郵送し回収する方法や，面談によるヒアリング方式，最近ではインターネットを活用することも多くなって

きている．これらの方法には，長所と短所があるため，目的に合わせて適切な方法を選択する．

設計の手順は次のとおりである．

  手順 1．調査の目的を決める
  手順 2．仮説を立てる（結果系指標と要因系指標）
  手順 3．アンケート用紙を作成する
  手順 4．調査の対象者を決める
  手順 5．調査方法を決める
  手順 6．アンケート調査を実施する

Step 2. 解　析

解析では，回収されたアンケートの結果をまとめ，得られる情報を抽出する．この解析にはいろいろな方法があるが，各解析の特徴を活かし，必要とする情報を得る解析方法を選択する．

具体的には，データをグラフ化，図化したり，クロス集計することから全体像や傾向をつかむことができる．相関分析から質問間の関係をみたり，重回帰分析から結果系指標の予測を行うことができる．また，ポートフォリオ分析から重点改善項目を抽出することができる．

解析の種類には，次の方法がある．

  手順 7．結果をマトリックス・データ表にまとめる
  解析 1．グラフから全体の姿や傾向をみる
  解析 2．クロス集計から着眼点をみる
  解析 3．相関分析から質問間の関係をみる
  解析 4．重回帰分析から目的に対する要因の関係度合いをみる
  解析 5．ポートフォリオ分析により重点改善項目をみる
  解析 6．親和図から回答者ニーズをみる

以上の解析から得られた情報より，今後の課題や方向性を検討する．

1.3.2 ● 目的に見合った解析方法を選ぶ

アンケートの結果を解析するにはいくつかの方法がある．それぞれの解析方法には特徴があるので，目的に見合った解析方法を選択する（表 1.1）．

グラフを書くことにより，全体の姿をつかむことができる．レーダーチャートから強み弱みがわかる．帯グラフは，評価ごとの回答数を比較することができる．平均値と標準偏差を計算し，棒グラフと折れ線グラフに表すことによって質問間のばらつきがわかる．クロス集計を行い，着眼点を見つけることができる．

表 1.1 解析の種類と特徴

解析の種類	方 法	解析の結果わかること	使う Excel 機能
解析 1. グラフ (詳細 p.134)	レーダーチャート 帯グラフ 棒グラフと折れ線グラフ 母平均の推定	・レーダーチャートから弱点質問項目を見つけることができる. ・帯グラフから評価点の比較ができる. ・平均値と標準偏差をグラフに表すと,質問間の比較とばらつきがわかる. ・点推定と区間推定から母平均の推定値が得られる.	グラフウィザード 関数 「AVERAGE」 「STDEV」 「TINV」
解析 2. クロス集計 (詳細 p.161)	クロス集計	・得られたデータをマトリックスに表すことにより,事象の大小を合計値で定量化し着眼点を明らかにできる.	ピボットテーブル
解析 3. 相関分析 (詳細 p.168)	相関係数 無相関の検定	・質問間の相関係数から,質問間の関係(相関)がわかる. ・無相関の検定を行うと相関の有無が判定できる.	関数 「CORREL」 「TINV」 分析ツール 「相関」
解析 4. 重回帰分析 (詳細 p.179)	重回帰分析	・結果系指標と要因系指標から重回帰分析を行うことによって,アンケートの設計の精度を評価できる.	分析ツール 「回帰分析」
解析 5. ポートフォリオ分析 (詳細 p.193)	重回帰分析 (標準偏回帰係数) 散布図	・横軸に標準偏回帰係数,縦軸に SD 値(平均値)を取った散布図を書くことによって重点改善項目を抽出することができる.	分析ツール 「回帰分析」 グラフウィザード
解析 6. 親和図 (詳細 p.212)	親和図	・自由記述欄から得られた言語情報を集約することができる.	図形

　統計解析を行うことによって,さらに有用な情報を得ることができる.相関係数を計算することによって,質問間の関係度合いをみることができる.相関の有無は,無相関の検定を行う.結果系指標を目的変数とし,要因系指標を説明変数とした重回帰分析を行うと,アンケート設計と実施の精度の評価ができる.また,標準化されたデータで重回帰分析を行い,得られた標準偏回帰係数を横軸に,質問ごとの平均値(SD 値とよぶ)を縦軸にとった散布図を書くと重点改善項目を抽出することができる.これをポートフォリオ分析という.

　また,自由記述質問の回答に書かれた言語情報は,親和図にまとめると,回答者のニーズを読み取ることができる.

　アンケートの解析には,上記のほかに主成分分析や因子分析などの多変量解析を行うこともできるが,本書では Excel の通常機能(グラフ,ピボットテーブル,関数,分析ツール)を使って集計や統計解析ができる方法を解説するものである.なお,ここで取り扱う Excel は,Excel 2000〜2003(Windows XP, 2000 対応)並びに Excel 2007

（Windows Vista 対応）である．

使用パソコンの環境

【対応 OS】　Windows XP, 2000, Vista

【対応 Excel】Excel 2000〜2003, Excel 2007

【活用機能】「グラフ」レーダーチャート，帯グラフ，棒グラフ，折れ線グラフ，
　　　　　　　　　　散布図
　　　　　　「ピボットテーブル」
　　　　　　「関数の統計」AVERAGE，COUNTIF，STDEV，TINV
　　　　　　「分析ツール」相関，回帰分析

【マウス操作の表示】本書でのマウス操作は，次のように表示する．

① 通常の左クリックを「クリック」としている．
② 右クリックが必要な場合は，「右クリック」としている．
③ ダブルクリックが必要な場合は，「ダブルクリック」としている．

1.4 設計から解析までを ISO 9001 お客様満足度評価の例で紹介する

ここでは，前述（1.1）にあったアンチーフが検討していた ISO 9001 内部監査指摘事項に関するお客様満足度と自分たちの仕事との関係を，アンケートで評価する例で解説する．

アンチーフが勤めている株式会社ケイ・クリエイツでは，ハイテク機器を企業や官公庁などに納入している．取引先は 100 社ほどあり，機器の販売とメンテナンスを行っている．

> **（1.1 の再掲）**
>
> 午前 10 時，アンチーフが，「今から会議を始めます」と呼びにきた．先日行われた ISO 9001 内部監査の指摘事項について，その対応策を検討するため，関係者が集った会議であった．
>
> アンチーフが経過報告と是正処置案の説明を行った．いろいろ議論した結果，自分たちの改善活動がお客様にどのように評価されているのだろうか，という意見が出た．そこで，「アンケートを取ってみては」という提案がスタッフのケイトから飛び出した．お客様満足度と企業活動の関係を測定してみようということで，アンチーフとケイトが中心になって「お客様満足度調査のアンケート」を企画することになった．

Step 1. アンケートの設計

手順 1. 調査の目的を決める

まず，問題や課題から目的を明確にする．

ここでは，ISO 9001 内部監査において「お客様からのクレームがあり，不満と感じている人たちがいるのではないか．この問題について実態を把握し，改善すべきである」という指摘事項があったため，「お客様の満足度を高める必要がある」という課題に取り組むことになった．そこで，目的を「お客様対応業務の実態評価とお客様満足度を評価する」とした（図 1.6）．

手順 2. 仮説を立てる

調査する目的が決まれば，次に仮説を考える．仮説は結果系指標と要因系指標で考える．

仮説を考えるには，目的を評価する結果系指標を真ん中に置いて，結果を生み出す要因群を要因系指標として，結果系指標の周りに書き出すとわかりやすい．

ISO 9001 内部監査指摘事項

お客様からのクレームがあり，不満と感じている人たちがいるのではないか．この問題について実態を把握し，改善すべきである．

課題

お客様の満足度を高める必要がある．

目的

お客様対応業務の実態評価とお客様満足度を評価する．

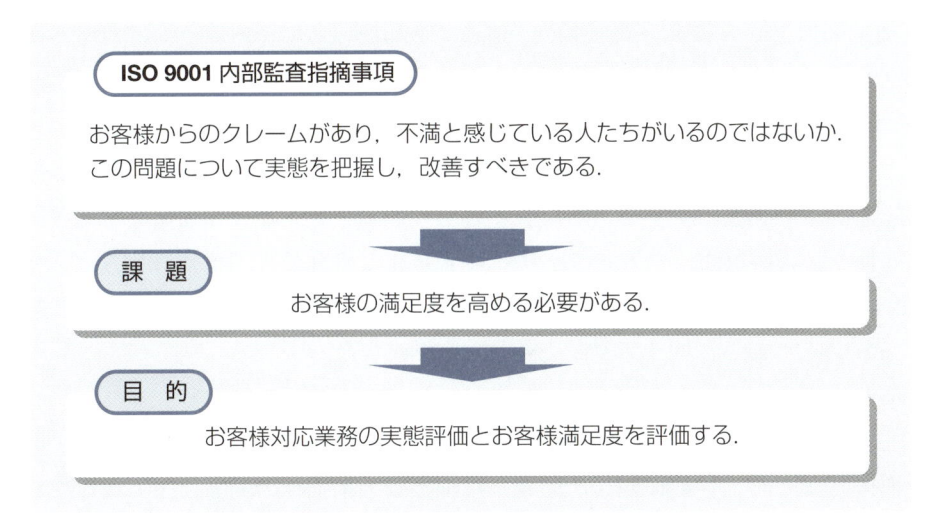

図 1.6　ISO 9001 内部監査指摘事項と調査の目的

ポイント1　結果系指標と要因系指標とは

結果系指標とは，目的を表す特性値を指標化したものであり，要因系指標とは，結果系指標を結果として生み出す要因群をいう．

アンチーフが，「目的がお客様満足度の評価だから，結果系指標に『お客様満足度』と置いてみよう」と言い，ホワイトボードの真ん中に大きな字で「お客様満足度」と書き，四角の枠で囲った．そして，「お客様が満足したり，不満に感じるのはどういったときなのか，みんなで意見を出し合ってみよう」と続けた．

スタッフのケイトが「お客様が電話で問い合わせてきたとき，たらい回しにされたり，横柄な態度で答えられたりしたら不愉快になるだろうね」と言った．続いてスタッフのクロスが「届いた商品が故障したり，うまく使えないときなども不満に感じるだろ

うな」と言った．さらにアンチーフが「逆に，文句を言ってやろうとかけた電話に対して親切な対応をされれば，怒りの気持ちもなくなるだろうし，クレーム対応が迅速に行われれば，好感を得られるようになるね」と続けた．

そこで，いろいろ出てきた意見を『お客様満足度』の周りに書いてみた．書き出された内容は『電話応対』，『クレーム対応』，『社員の明るさ』などの印象に関する評価や，『商品の良さ』，『信頼性』，『アフターサービス』などの商品に関する評価など，9項目が挙がった．これら9項目が要因系指標となる．それぞれの項目間の関連性（原因と結果）を矢印でつなぎ，図1.7の仮説構造図を作成した．

> **ポイント 2　仮説構造図とは**
>
> 仮説構造図とは，目的に対し，結果系指標と要因系指標の関係を図に表したものである．

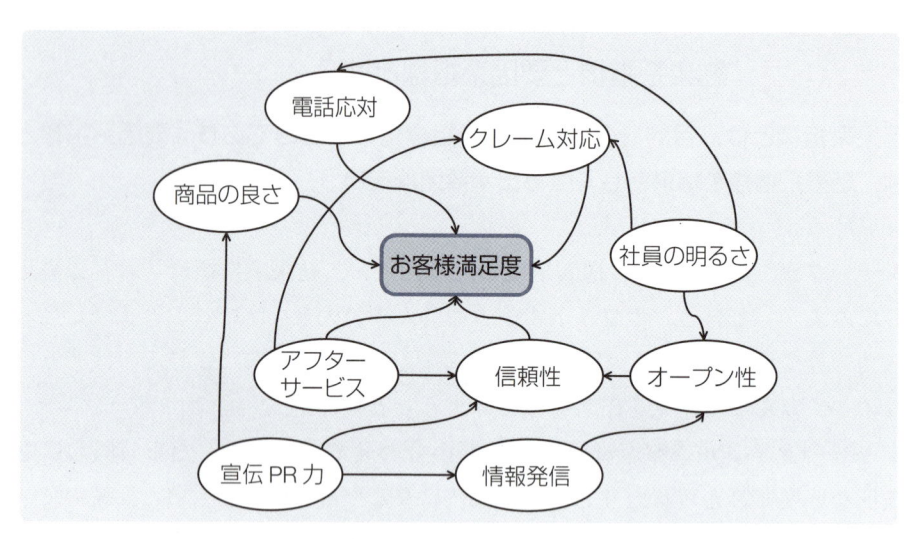

図1.7　お客様満足度を構成する要因群を考えた仮説構造図

手順3．アンケート用紙を作成する

仮説構造図ができれば，評価するための質問を考える．この質問を書き出したものがアンケート用紙になる．アンケート用紙には，まずアンケートのお願いとその趣旨をはっきりと書く．そして，評価する内容の質問を行う．質問には選択質問と自由記述質問があるが，目的の情報を的確に得るには，選択質問を取り入れた方がよい．ただし，主催者が思いもしなかった情報を得る場合のことを考えて，最後に自由記述質問を入れておくことも忘れないようにする．最後に，データを層別するための層別質問（性別，年齢，職業など）を入れ，謝辞とアンケート主催箇所を具体的に明記しておく．

アンケート用紙の中心となる選択質問は，次のように作成する．

手順2で立てた仮説構造図をもとに，評価するための質問を考える．例えば，目的

を評価する結果系指標「お客様満足度」から,「総合的に当社の対応に満足していますか」という質問が考えられる.回答者の評価は,「非常に満足している:5点」,「満足している:4点」,「どちらでもない:3点」,「不満である:2点」,「非常に不満である:1点」という5択方式をとる.この質問形式をSD法(Semantic Differential Scale)という.

> **ポイント3　SD法とは**
>
> SD法とは,ある事象に対して,個人がいだく印象を相反する評価の対を用いて測定するものである.それぞれの質問に対して対の答えを5段階(5, 4, 3, 2, 1点)などで設定し,回答を選択する方法である.

スタッフのケイトとクロスは,図1.7で書かれた仮説構造図の要因系指標から要因系指標の質問を考えてみた.

　　　電話応対…………→　Q1:当社の電話応対は適切でしたか.
　　　信頼性……………→　Q2:当社は信頼できますか.
　　　クレーム対応……→　Q3:クレーム時の対応は適切でしたか.
　　　オープン性………→　Q4:隠し事がない会社でしょうか.
　　　アフターサービス→　Q5:アフターサービスは充実していますか.
　　　社員の明るさ……→　Q6:当社の社員は明るく対応していますか.
　　　商品の良さ………→　Q7:当社の商品は良いものでしょうか.
　　　情報発信…………→　Q8:必要な情報が当社から発信されていますか.
　　　宣伝PR力………→　Q9:当社の宣伝PRはよく伝わっていますか.

最後に結果系指標の質問として,お客様満足度を考えた.

　　　お客様満足度……→　Q10:総合的に当社の対応に満足していますか.

アンケート用紙には,この10項目の質問のほかに,自由に意見を書いていただく自由記述質問を設け,データを層別するための層別質問として,取引先の業種を「製造業」,「サービス業」,「その他」から選択してもらうことにした.最後に「謝辞」を添えた.

以上により作成したアンケート用紙を図1.8に示す.

手順4.　調査の対象者を決める

サンプル数は30〜100程度必要である.解析に重回帰分析を行う場合は[質問数×3倍]を目安にする.

ポート課長の会社で販売しているハイテク機器の取引先は,製造業やサービス業など多種にわたっている.先ほど作成したアンケートの質問数が10項目であったため,必要サンプル数は,式(1.1)より30サンプルとなる.

『お客様満足度』についてのアンケート

　今回のアンケートは，当社の対応が皆様に満足いくものであるかどうかを評価するため，ご意見を頂くものです．このアンケートは，集約分析した結果を評価するものであり，他の目的に使用するものではありません．ご協力よろしくお願いいたします．

ご質問：各質問に対し，あなた自身の率直な気持ちをお聞かせください．
　　　　回答は5択です．
　　　　下記の質問項目ごとについて，それぞれ当てはまるところに○印を付けてください．

	非常に そう思う	そう思う	どちらで もない	そう 思わない	全く 思わない
Q1：当社の電話応対は適切でしたか．	5	4	3	2	1
Q2：当社は信頼できますか．	5	4	3	2	1
Q3：クレーム時の対応は適切でしたか．	5	4	3	2	1
Q4：隠し事がない会社でしょうか．	5	4	3	2	1
Q5：アフターサービスは充実していますか．	5	4	3	2	1
Q6：当社の社員は明るく対応していますか．	5	4	3	2	1
Q7：当社の商品は良いものでしょうか．	5	4	3	2	1
Q8：必要な情報が当社から発信されていますか．	5	4	3	2	1
Q9：当社の宣伝PRはよく伝わっていますか．	5	4	3	2	1
Q10：総合的に当社の対応に満足していますか．	5	4	3	2	1

Q11：当社に対して，ご意見やご要望など自由にお書きください．

Q12：あなたの所属する団体・企業に当てはまるところに○印を付けてください．
　　　1．製造業　　2．サービス業　　3．その他

　お忙しい中，ご協力ありがとうございました．

〇〇〇〇年〇月〇〇日

【調査依頼箇所】株式会社ケイ・クリエイツ　企画課
　　　　　　　　△△△△チーム　（担当：アン）
　　　　　　　　TEL　06-6355-****

図1.8　アンケート用紙

1.4 設計から解析までを ISO 9001 お客様満足度評価の例で紹介する

$$\text{必要サンプル数}=\text{質問項目数}\times 3 = 30\,\text{サンプル} \tag{1.1}$$

この必要サンプル数 30 を確保するため，回収率を 60％と想定すると，実施サンプル数は，式(1.2)より 50 サンプルとなる．

$$\text{実施サンプル数}=\text{必要サンプル数}\,30\div 0.60 = 50\,\text{サンプル} \tag{1.2}$$

対象となる取引先は 100 社ほどあるため，顧客ナンバーが奇数となっている会社に対し調査を行うこととした．この抽出方法をランダム・サンプリングという．

> **ポイント 4　ランダム・サンプリングとは**
>
> ランダム・サンプリングとは，全調査対象から無作為に必要サンプル数を抽出する方法である．方法として，「単純ランダム・サンプリング法」，「系統抽出法」，「多段抽出法」，「層別抽出法」がある．

手順 5．調査方法を決める

調査方法は，郵送で各社にお願いすることとし，次のように決定した．

　【調査方法】　配布方法：郵便でアンケート用紙と返信用封筒を送付する．
　　　　　　　無記名式：率直な意見を求めることから回答用紙を無記名とする．
　　　　　　　調査期間：5 日間

手順 6．アンケート調査を実施する

計画どおり実施し，回収率は 72％であった．

Step 2．アンケートの解析

手順 7．結果をマトリックス・データ表にまとめる

アンケート用紙を回収し，マトリックス・データ表を作成する（図 1.9）．

36 社のデータは，わかりやすくするためにサンプル番号（ID 番号）を付ける．ID 番号は，Excel の「ピボットテーブル」を使ってクロス集計を行うために必要な項目であり，番号自体に意味はない．誤集計とならないようにするため，A001, A002, ……といった文字記号にする．

また，結果系指標や層別項目は，左右の両端に置き，要因系指標を真ん中にまとめておく．図 1.9 では，「お客様満足度」を左端に，「業種」を右端に置いている．

サンプル番号(ID番号) / 結果系指標 / 要因系指標 / 層別項目

	A	B	C	D	E	F	G	H	I	J	K	L	M	N
1														
2		ID	お客様満足度	電話応対	信頼性	クレーム対応	オープン性	アフターサービス	社員の明るさ	商品の良さ	情報発信	宣伝PR力	業種	
3		CS01	3	3	3	3	3	4	3	4	3	2	製造業	
4		CS02	4	4	4	4	3	3	4	4	5	4	製造業	
5		CS03	1	2	3	3	3	3	2	4	3	4	その他	
6		CS04	4	3	4	4	5	2	4	4	2	4	製造業	
7		CS05	3	3	4	4	2	3	3	4	4	2	製造業	
8		CS06	2	2	3	3	4	3	2	5	4	2	製造業	
9		CS07	2	2	4	3	4	2	2	2	2	2	サービス業	
10		CS08	2	4	3	3	3	3	3	3	4	4	製造業	
11		CS09	3	4	3	3	4	2	3	4	3	5	製造業	
12		CS10	4	4	3	2	3	3	4	3	3	3	サービス業	
13		CS11	4	4	4	3	3	3	3	4	5	4	その他	
14		CS12	2	2	3	3	4	2	5	4	5	2	サービス業	
15		CS13	3	2	3	3	4	4	3	3	4	2	製造業	
16		CS14	3	3	4	3	2	3	3	3	4	2	製造業	
17		CS15	3	3	4	2	評価点		3	5	3	4	製造業	
18		CS16	2	3	3	3			2	3	3	4	サービス業	
19		CS17	3	3	3	3	3	3	3	5	3	2	製造業	
20		CS18	2	3	3	2	3	3	3	3	4	4	サービス業	
21		CS19	3	4	4	2	4	4	3	4	3	2	サービス業	
22		CS20	3	4	4	3	4	3	4	2	4	4	サービス業	
23		CS21	3	3	3	2	3	4	3	4	3	2	その他	
24		CS22	3	3	3	3	3	3	3	5	3	2	サービス業	
25		CS23	3	4	3	3	3	4	3	2	3	4	サービス業	
26		CS24	4	3	4	3	3	3	4	5	4	5	製造業	
27		CS25	4	4	4	3	3	3	4	4	2	4	サービス業	
28		CS26	3	3	3	3	3	3	4	4	4	3	製造業	
29		CS27	3	4	3	3	2	3	4	3	3	5	製造業	
30		CS28	2	2	3	3	4	2	2	2	2	2	サービス業	
31		CS29	2	2	4	3	4	2	2	2	2	2	サービス業	
32		CS30	4	3	4	3	4	4	4	5	5	5	製造業	
33		CS31	2	2	3	2	4	3	2	3	4	2	製造業	
34		CS32	3	4	3	4	3	4	3	4	5	4	サービス業	
35		CS33	3	3	4	2	4	2	3	5	2	4	サービス業	
36		CS34	4	4	3	3	5	2	3	4	2	4	製造業	
37		CS35	3	3	3	2	4	2	3	5	2	4	製造業	
38		CS36	4	3	4	3	4	4	4	5	4	5	その他	

図 1.9　マトリックス・データ表

解析1. グラフから全体の姿や傾向をみる
(1) レーダーチャートから強み弱みをつかむ

まず、各質問項目のSD値（平均値）と標準偏差を計算する（図1.10）．

SD値（平均値）は、Excel関数「=AVERAGE(C3:C38)」：お客様満足度のSD値（平均値）（セルC41）」で計算する．標準偏差は、Excel関数「=STDEV(C3:C38)：お客様満足度の標準偏差（セルC42）」で計算する．

> **ポイント5**　SD値とは
>
> SD値とは、SD法で評価したアンケート結果の評価点の合計値をサンプル数で割った値であり、評価点の平均値をいう．

図1.10の結果からSD値（平均値）をレーダーチャートに表すと、質問ごとの評価点がわかる（図1.11）．Excel 2007 (Windows Vista) でレーダーチャートを作成する

1.4 設計から解析までを ISO 9001 お客様満足度評価の例で紹介する

ID	お客様満足度	電話応対	信頼性	クレーム対応	オープン性	アフターサービス	社員の明るさ	商品の良さ	情報発信	宣伝PR力	業種
CS01	3	3	3	3	3	4	3	4	3	2	製造業
CS02	4	4	4	4	4	3	4	4	5	4	製造業
CS03	1	2	3	3	3	3	2	4	3	4	その他
CS04	4	3	4	4	5	2	4	4	3	4	製造業
CS05	3	3	4	4	2	3	3	4	4	2	製造業
CS06	3	2	3	3	3	4	2	5	4	4	製造業
CS07	2	2	3	3	4	2	2	2	2	2	サービス業
CS08	2	4	4	3	3	3	3	3	4	4	製造業
CS09	3	3	4	4	3	4	3	3	3	5	製造業
CS10	4	4	4	3	4	3	3	4	3	3	サービス業
⋯	2	2	3	3	3	4	3	4	5	4	その他
CS29	3	2	4	3	3	2	4	4	2	2	サービス業
CS30	4	3	4	3	4	4	4	3	4	4	製造業
CS31	2	3	4	3	3	3	3	5	4	2	製造業
CS32	3	3	4	3	4	2	4	4	5	4	サービス業
CS33	4	3	3	4	2	3	4	3	5	2	サービス業
CS34	4	4	4	4	3	5	2	4	4	4	製造業
CS35	3	3	3	3	4	3	2	3	3	4	製造業
CS36	3	2	3	4	4	4	4	5	4	4	その他

ID	お客様満足度	電話応対	信頼性	クレーム対応	オープン性	アフターサービス	社員の明るさ	商品の良さ	情報発信	宣伝PR力	業種
SD値(平均値)	2.97	3.11	3.61	2.92	3.44	3.11	3.03	3.92	3.42	3.36	
標準偏差	0.81	0.75	0.49	0.60	0.77	0.71	0.70	1.00	0.97	1.13	

SD 値（平均値）：関数「**AVERAGE**」で計算

標準偏差：関数「**STDEV**」で計算

図 1.10　質問項目ごとの SD 値（平均値）

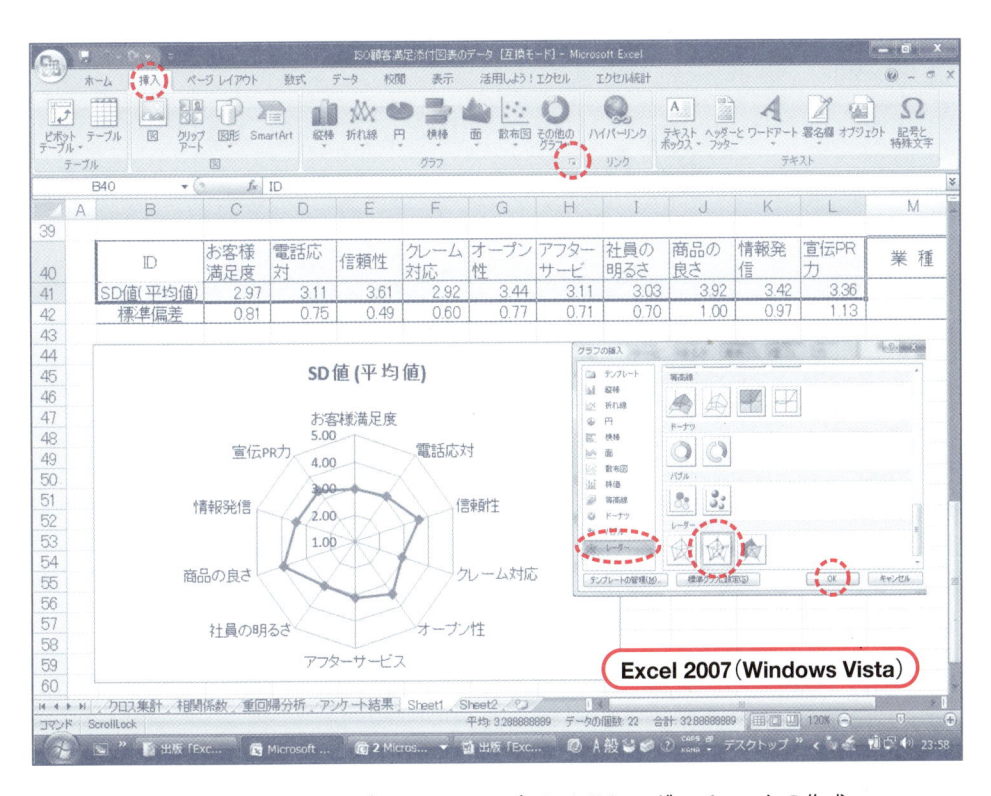

図 1.11　Excel 2007（Windows Vista）によるレーダーチャートの作成

には，Excel タブ「挿入」の「グラフ」から「レーダーチャート」を選択する（詳細は「3.3 グラフから全体の姿や傾向をみる」参照）．

Excel 2000～2003（Windows XP, 2000）でレーダーチャートを作成するには，Excel ツールバーの「挿入(I)」，「グラフ(H)」から「レーダー」を選択する（図1.12）．

図 1.13 のレーダーチャートから「お客様満足度」は SD 値＝2.97 であり，「満足とも不満足ともどちらでもない評価点」3 より低いものであった．このことから先日の ISO 9001 内部監査時に指摘された内容が納得できた．要因系指標のうち，SD 値の低いものを取り上げてみると，「クレーム対応 2.92」，「社員の明るさ 3.03」であった．一方，「商品の良さ 3.92」，「信頼性 3.61」の評価は高かった．

この結果をみたスタッフのケイトは，「商品は良い評価であるが，対応面は悪い評価なんだなあ」と言った．

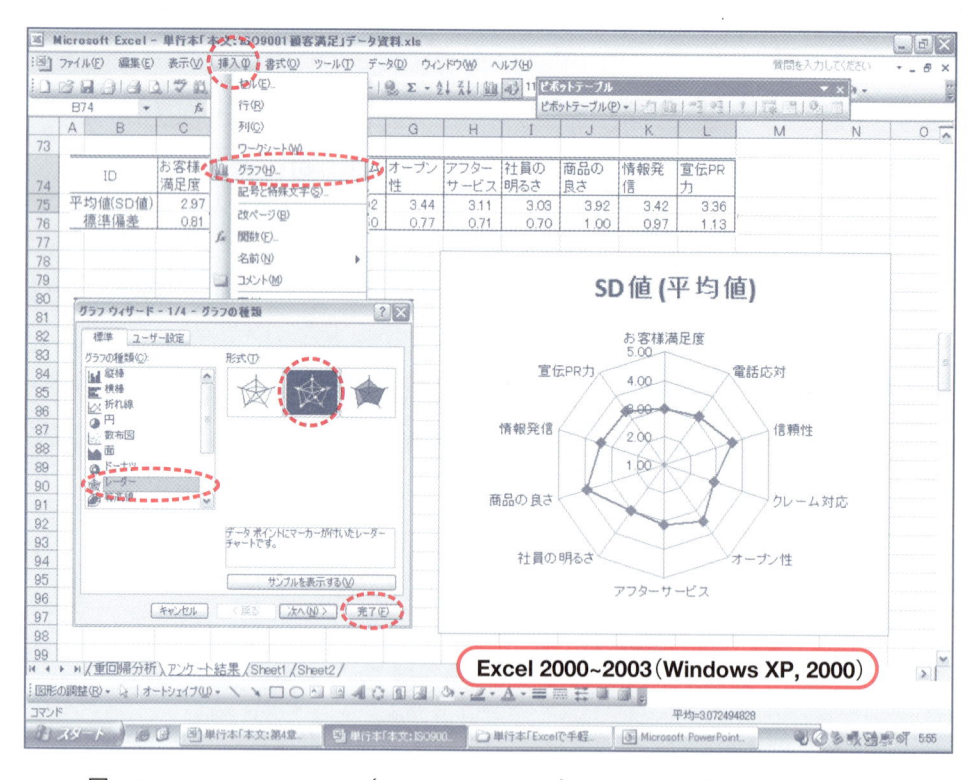

図 1.12　Excel 2000～2003（Windows XP, 2000）によるレーダーチャートの作成

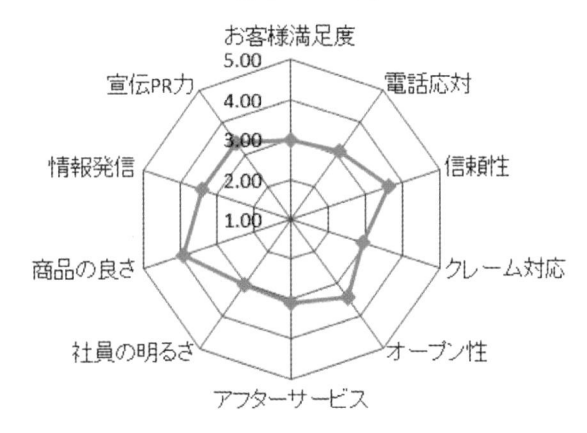

図 1.13　レーダーチャートによる弱点の探索

(2) 複合グラフからばらつきをみる

図1.14の質問ごとのSD値（平均値）と標準偏差を複合グラフに表してみる．ここでは，SD値（平均値）を棒グラフ，標準偏差を折れ線グラフで表した複合グラフを作成してみた．

Excel 2007（Winndows Vista）で複合グラフを作成するには，まず，Excelタブ「挿入」の「グラフ」から「棒グラフ」を選択する．その結果，SD値（平均値）と標準偏差の2つの棒グラフが表示されるので，「グラフの書式設定」より，標準偏差の棒グラフを折れ線グラフに設定することと，標準偏差の折れ線グラフを第2軸に設定することにより，図1.14に示す棒グラフと折れ線グラフの複合グラフを作成することができる（詳細は「3.3 グラフから全体の姿や傾向をみる」参照）．

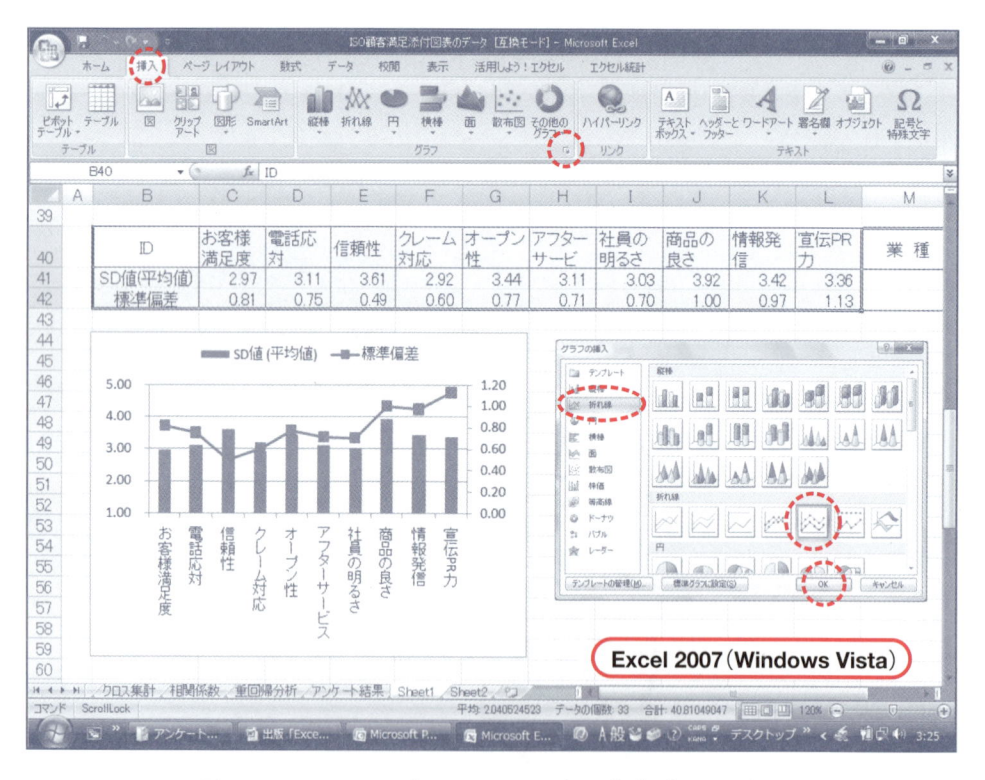

図1.14　Excel 2007（Windows Vista）で複合グラフを作成

Excel 2000〜2003（Windows XP, 2000）で複合グラフを作成するには，Excelツールバーの「挿入(I)」の「グラフ(H)」を選択し，「グラフウィザード」の画面の「標準」から「ユーザー設定」に変更し，「2軸上の折れ線と縦棒」を選択すると，図1.15に示す複合グラフを作成することができる（詳細は「3.3 グラフから全体の姿や傾向をみる」参照）．

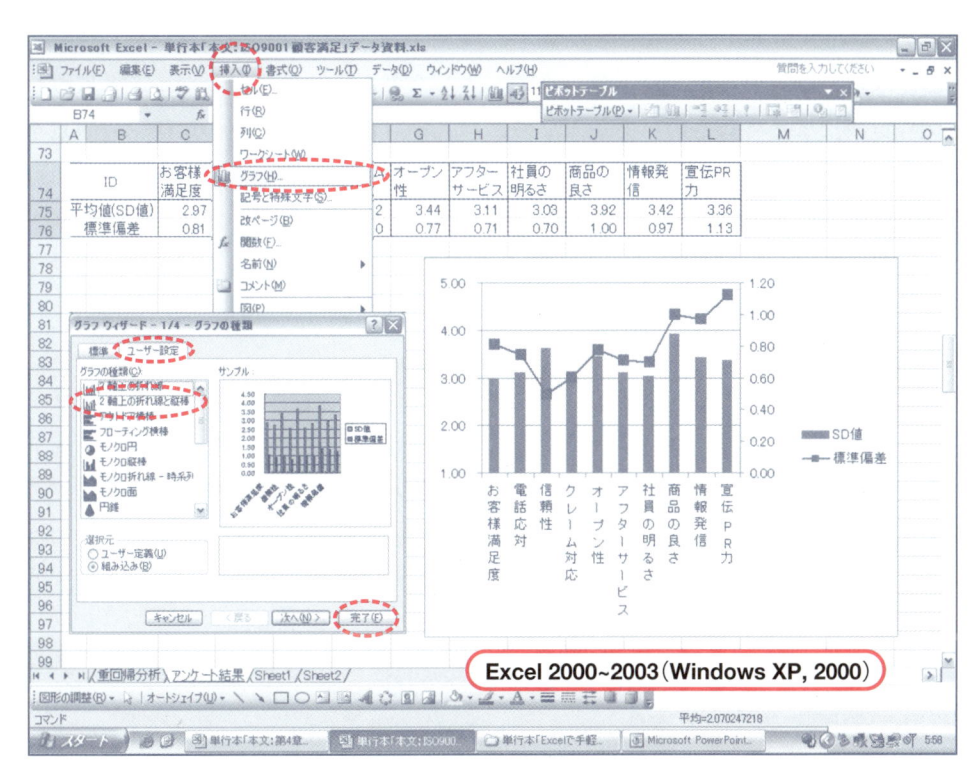

図 1.15　Excel 2000〜2003（Windows XP, 2000）で複合グラフを作成

　各質問のSD値（平均値）と標準偏差を計算したものを，棒グラフと折れ線グラフの複合グラフに表したものが，図1.16である．

　この図から，SD値の高い順に並べてみると，「商品の良さ3.92」，「信頼性3.61」，「オープン性3.44」となる．また，SD値の低い順に並べると，「クレーム対応2.92」，「アフターサービス3.11」，「電話応対3.11」となる．

　標準偏差の大きいのは「宣伝PR力1.13」，「商品の良さ1.00」，「情報発信0.97」であり，これらの評価は他の評価に比べると回答者によってばらつきが大きいものと思われる．

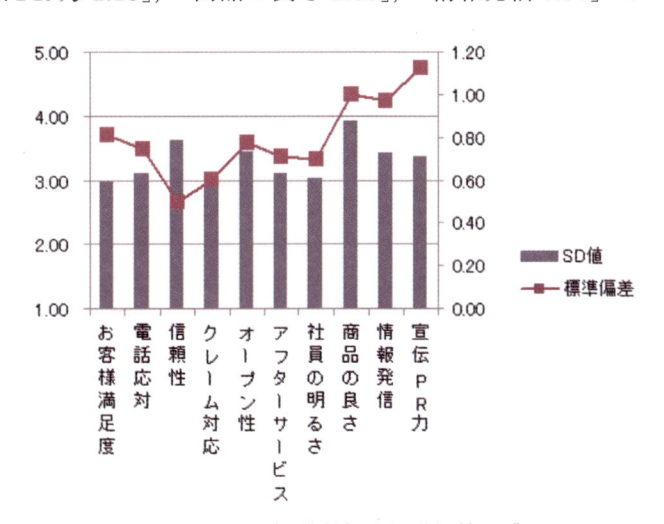

図 1.16　SD値（平均値）と標準偏差のグラフ

解析 2. クロス集計から着眼点をみる

クロス集計とは，得られたマトリックス・データ表から評価点のレベルごとにカウントし，一覧表にまとめたものである．このクロス集計から，項目間の比較や着眼点をみることができる．

Excel 2007（Windows Vista）でクロス集計を行うには，図 1.17 に示すように Excel タブ「挿入」の「ピボットテーブル」を選択する．「ピボットテーブル」起動後，マトリックス表の列項目と行項目を指定し，データは「ID」を指定する（詳細は「3.4 クロス集計から着眼点をみる」参照）．

Excel 2000〜2003（Windows XP, 2000）では，図 1.18 に示すように Excel ツールバーの「データ(D)」→「ピボットテーブルとピボットグラフレポート(P)」を選択して作成する（詳細は「3.4 クロス集計から着眼点をみる」参照）．

図 1.17 は，「お客様満足度」の評価を業種別に作成したクロス集計である．このクロス集計から，業種別には「満足している」と評価したのは製造業の方が多いということがわかる．

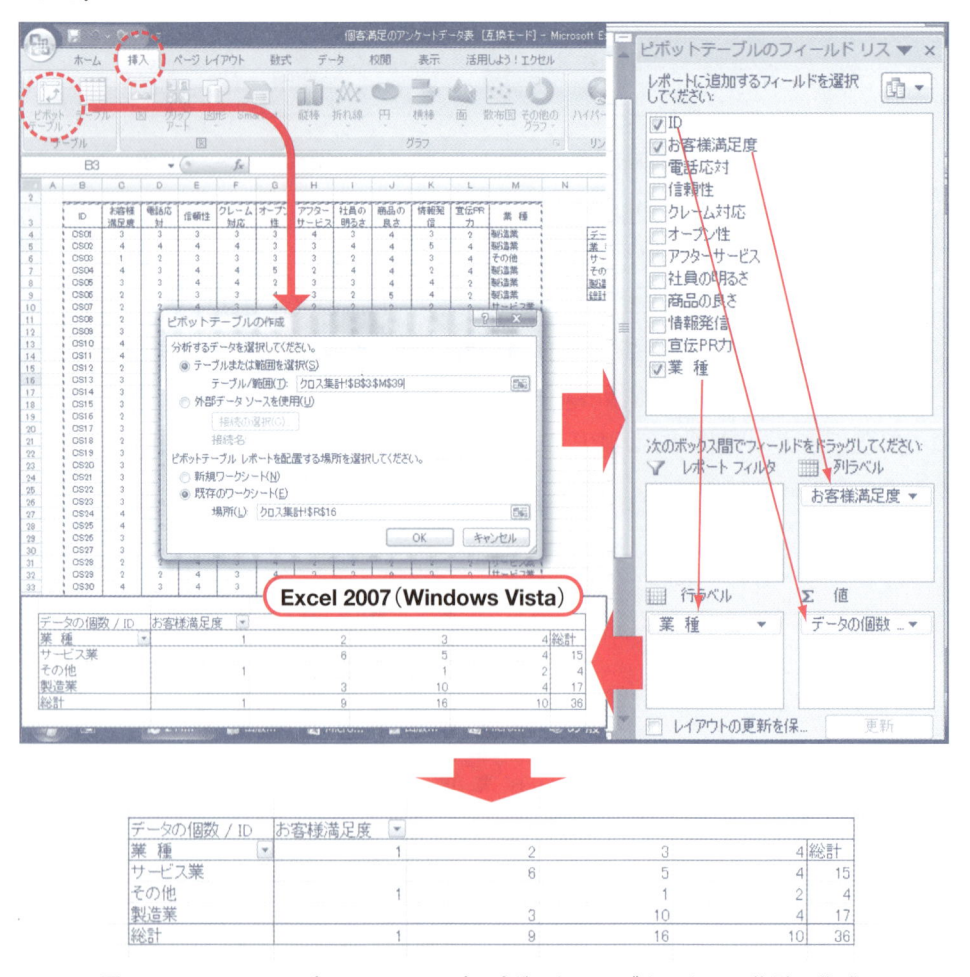

図 1.17　Excel 2007（Windows Vista）ピボットテーブルでクロス集計の作成

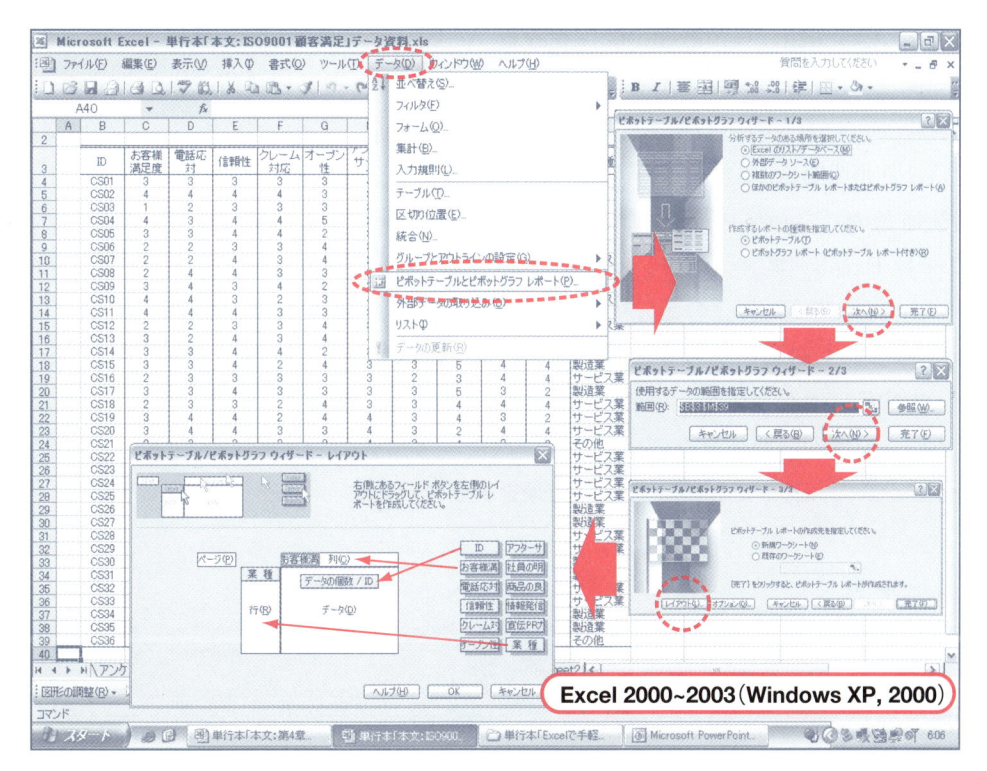

1.4 設計から解析までを ISO 9001 お客様満足度評価の例で紹介する

図 1.18 Excel 2000〜2003（Windows XP, 2000）ピボットテーブルでクロス集計を作成

解析3．相関分析から質問間の関係をみる

相関係数 r は，2つの変数における相関関係の強弱の程度を数値で表したものであり，いくつかの変数の間の相関係数を求めたものが相関係数行列である．この値が±1に近いほど相関関係が強いといえる．

相関係数の計算は，図1.19のお客様満足度のマトリックス・データ表からExcel 2007ではExcelタブ「データ」の「分析ツール」を使って，Excel 2000〜2003ではツールバーの「ツール(T)」の「分析ツール(D)」を使って作成することができる．

「分析ツール」の画面から「相関」を選択し，表示された「相関」の画面に必要データを入力することによって，表1.2に示す相関係数行列が表示される（詳細は「3.5 相関分析から質問間の関係をみる」参照）．

表1.2から，無相関の検定を行った結果を表1.3に示す．

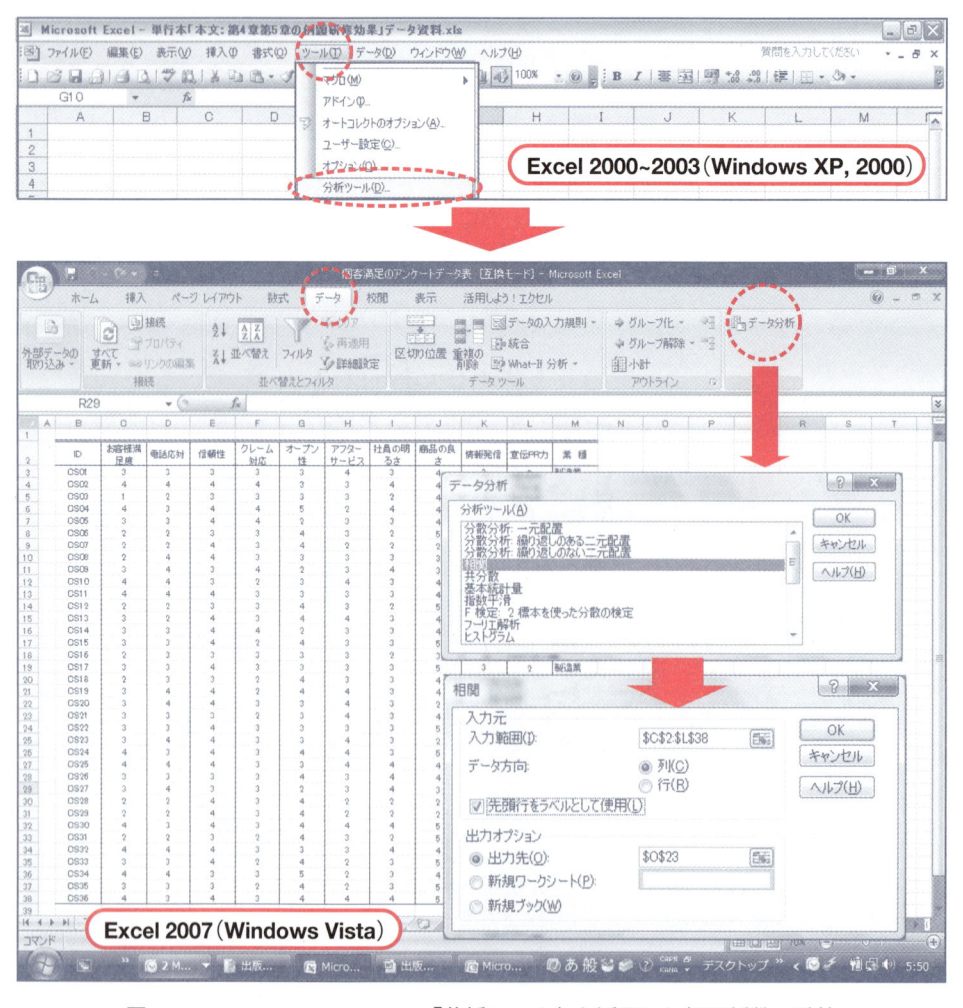

図1.19 Excel 2000〜2007の「分析ツール」を活用した相関係数の計算

1.4 設計から解析までを ISO 9001 お客様満足度評価の例で紹介する

表 1.2 相関係数行列

相関係数 r	お客様満足度	電話応対	信頼性	クレーム対応	オープン性	アフターサービス	社員の明るさ	商品の良さ	情報発信	宣伝PR力
お客様満足度	1									
電話応対	0.619	1								
信頼性	0.329	0.120	1							
クレーム対応	0.170	0.084	0.271	1						
オープン性	0.020	-0.385	0.017	-0.347	1					
アフターサービス	0.304	0.300	0.045	-0.111	-0.302	1				
社員の明るさ	0.761	0.653	0.198	0.278	-0.183	0.283	1			
商品の良さ	0.280	-0.141	-0.126	-0.249	0.235	0.135	0.168	1		
情報発信	0.161	0.171	0.110	0.159	-0.255	0.473	0.194	0.215	1	
宣伝PR力	0.419	0.461	0.054	0.088	0.007	0.163	0.570	0.028	0.225	1

表 1.3 無相関の検定(アミ掛け部分が有意)

t値	お客様満足度	電話応対	信頼性	クレーム対応	オープン性	アフターサービス	社員の明るさ	商品の良さ	情報発信	宣伝PR力
お客様満足度										
電話応対	4.59					棄却域	1.307			
信頼性	2.03	0.71								
クレーム対応	1.01	0.49	1.64							
オープン性	0.12	-2.43	0.10	-2.16						
アフターサービス	1.86	1.83	0.26	-0.65	-1.85					
社員の明るさ	6.84	5.02	1.18	1.68	-1.08	1.72				
商品の良さ	1.70	-0.83	-0.74	-1.50	1.41	0.79	0.99			
情報発信	0.95	1.01	0.64	0.94	-1.54	3.13	1.16	1.28		
宣伝PR力	2.69	3.03	0.32	0.51	0.04	0.97	4.05	0.16	1.35	

> **ポイント6 無相関の検定とは**
>
> 無相関の検定とは,データから得られた相関係数が意味あるものかどうか(母相関係数が $\rho \neq 0$ であるかどうか)を t 値を使って検定することである.

表 1.3 の結果,次の質問間に有意となり,相関が認められるということになる.
【相関が認められる指標間】
  「お客様満足度」と「電話応対」,「信頼性」,「アフターサービス」,「社員の明るさ」,「商品の良さ」,「宣伝PR力」
  「電話応対」と「オープン性」,「アフターサービス」,「社員の明るさ」,「宣伝PR力」

「信頼性」と「クレーム対応」

「クレーム対応」と「オープン性」,「社員の明るさ」,「商品の良さ」

「オープン性」と「アフターサービス」,「商品の良さ」,「情報発信」

「アフターサービス」と「社員の明るさ」,「情報発信」

「社員の明るさ」と「宣伝PR力」

「情報発信」と「宣伝PR力」

以上の結果を図に表したのが，図 1.20 である．

この結果をみていたアンチーフは「お客様満足度は電話応対や社員の明るさに正の相関があるんだ」とつぶやいていた．

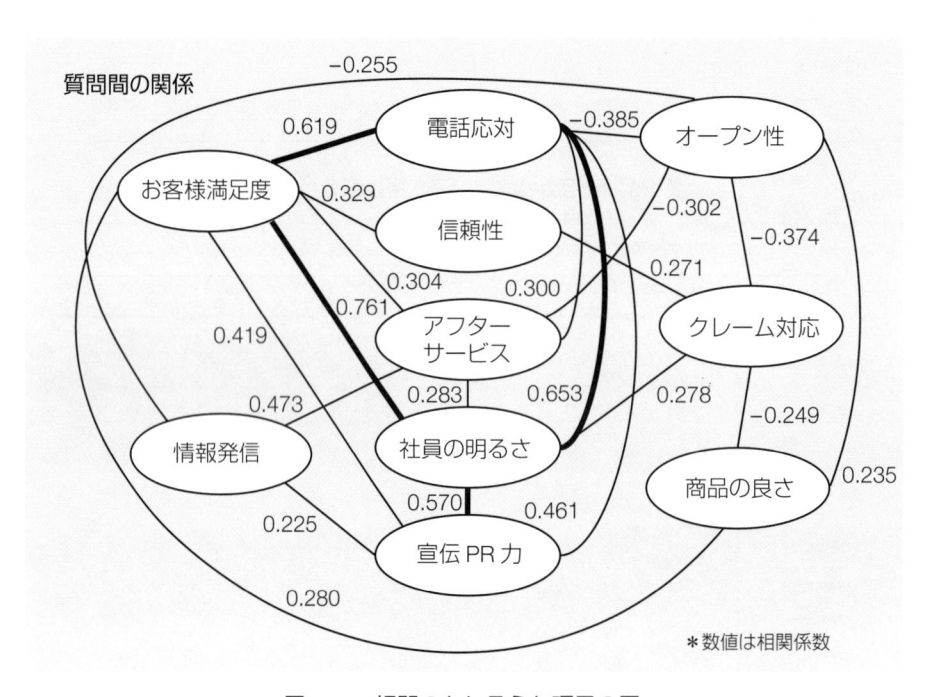

図 1.20 相関のありそうな項目の図

解析 4. 重回帰分析から目的に対する要因の関係度合いをみる

重回帰分析とは，目的変数（ここでは，結果系指標の「お客様満足度」）に対して，説明変数（ここでは，要因系指標「電話応対」，「信頼性」，「クレーム対応」，「オープン性」など）の関係度合いを偏回帰係数などで調べていく手法である（図 1.21）．重回帰分析は複雑な計算を行うが，Excel の「分析ツール」を使用すると簡単に計算することができる（詳細は「3.6 重回帰分析から目的に対する要因の関係度合いをみる」参照）．

重回帰分析の概念

目的変数（結果系指標）：お客様満足度

説明変数（要因系指標）：電話応対，信頼性，クレーム対応，オープン性，アフターサービス，社員の明るさ，商品の良さ，情報発信，宣伝PR力

重回帰式

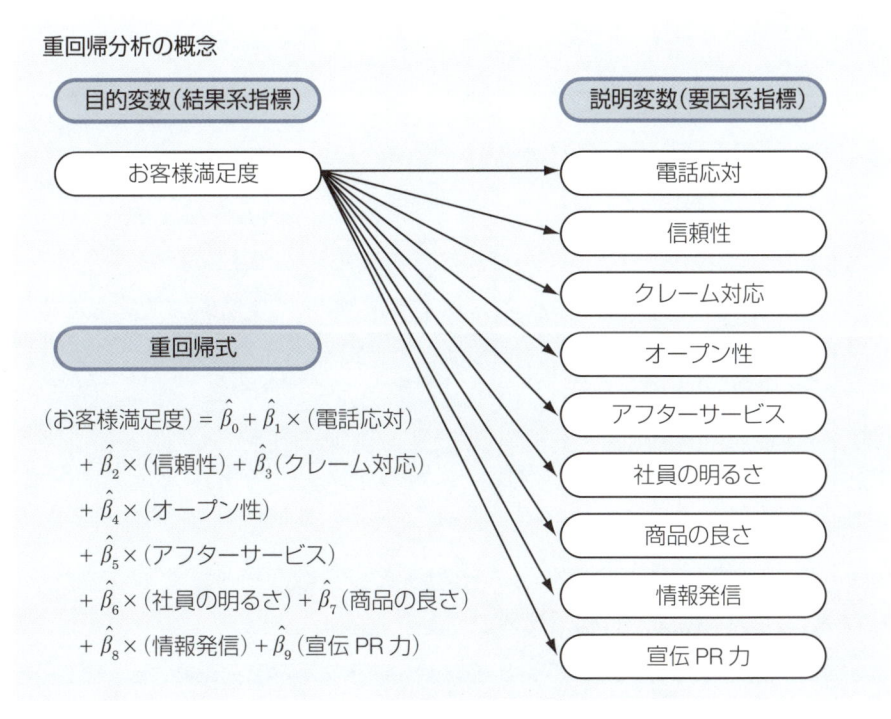

$$(\text{お客様満足度}) = \hat{\beta}_0 + \hat{\beta}_1 \times (\text{電話応対})$$
$$+ \hat{\beta}_2 \times (\text{信頼性}) + \hat{\beta}_3 \times (\text{クレーム対応})$$
$$+ \hat{\beta}_4 \times (\text{オープン性})$$
$$+ \hat{\beta}_5 \times (\text{アフターサービス})$$
$$+ \hat{\beta}_6 \times (\text{社員の明るさ}) + \hat{\beta}_7 \times (\text{商品の良さ})$$
$$+ \hat{\beta}_8 \times (\text{情報発信}) + \hat{\beta}_9 \times (\text{宣伝 PR 力})$$

図 1.21　重回帰分析の概念図

> **ポイント 7　偏回帰係数とは**
>
> 偏回帰係数とは，重回帰分析から求められる目的に対する各要因の関係度合いを表した係数である．この偏回帰係数から重回帰式ができる．

重回帰分析は，図 1.9 のお客様満足度のマトリックス・データ表から Excel 2007 では Excel タブ「データ」の「分析ツール」から，また，Excel 2000〜2003 ではツールバーの「ツール(T)」の「分析ツール(D)」を使って行うことができる（図 1.22）．

「分析ツール」画面から，「回帰分析」を選択し，「回帰分析」画面にデータ，データ方向などを入力することによって重回帰分析の結果が表示される．

ここで，重回帰分析を利用して，目的変数に結果系指標の「お客様満足度」を設定し，9 つの要因系指標を説明変数として解析を行ってみた．その結果を図 1.23 に示す．

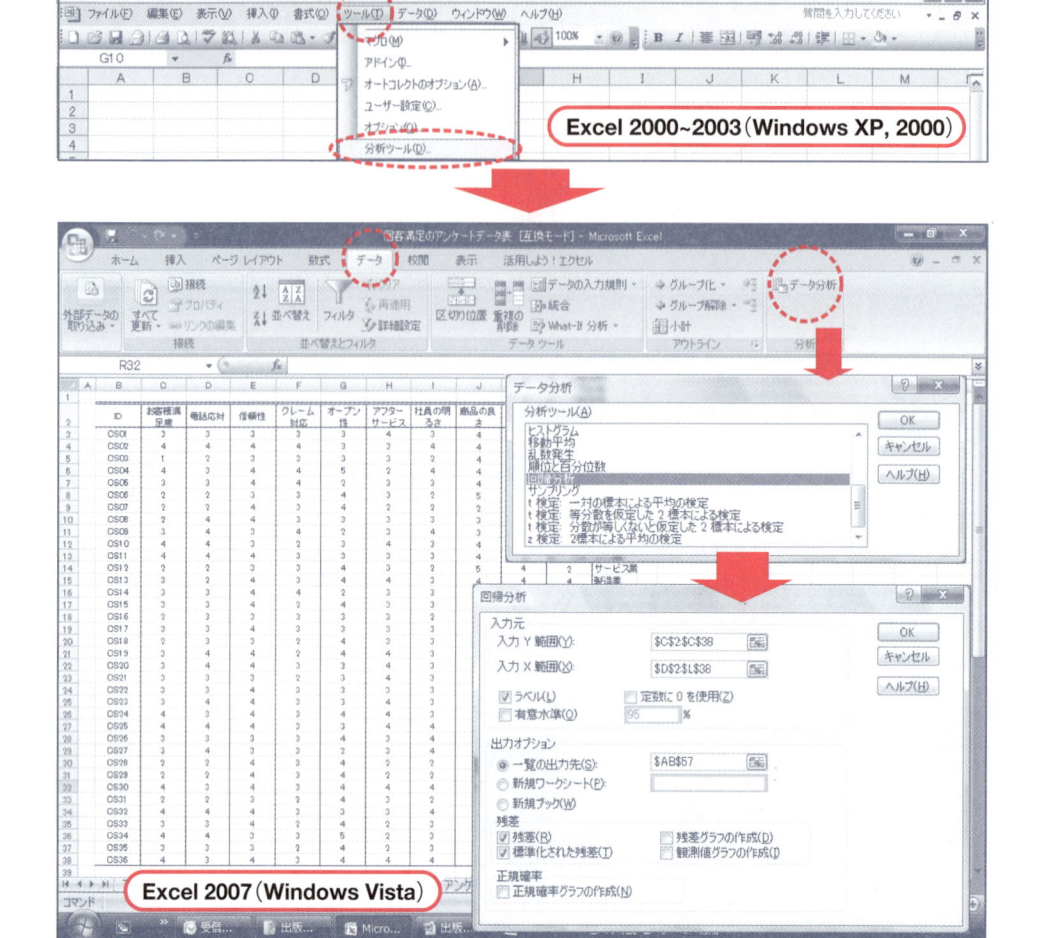

図 1.22　Excel 2000〜2007 の分析ツールを活用した重回帰分析

(1) 寄与率によるアンケート項目の過不足の検討

図 1.23 の重回帰分析結果から，重回帰式の当てはまりのよさの目安として，重決定 R2（寄与率 R^2）がある．

> **ポイント8　寄与率とは**
>
> 寄与率とは，取り上げた説明変数でどの程度目的変数を説明できるか，という割合である．重回帰分析では，説明する変数間に重複が考えられることから，寄与率は自由度調整済寄与率で評価する．

ここでは，

$$\text{重決定 R2（寄与率）}\quad R^2 = 0.772 \tag{1.3}$$

であり，結果系指標「お客様満足度」を予測する項目として，要因系指標「電話応対」

概要

回帰統計

重相関 R	0.878657
重決定 R2	0.7720382
補正 R2	0.6931283
標準誤差	0.4487928
観測数	36

分散分析表

	自由度	変動	分散	観測された分散比	有意 F
回帰	9	17.735432	1.9706036	9.7837975	2.313E-06
残差	26	5.23679	0.201415		
合計	35	22.972222			

	係数	標準誤差	t	P-値	下限 95%	上限 95%	下限 95.0%	上限 95.0%
切片	-4.035	1.105	-3.653	0.001	-6.306	-1.765	-6.306	-1.765
電話応対	0.538	0.162	3.311	0.003	0.204	0.871	0.204	0.871
信頼性	0.300	0.167	1.798	0.084	-0.043	0.643	-0.043	0.643
クレーム対応	0.268	0.169	1.589	0.124	-0.079	0.615	-0.079	0.615
オープン性	0.316	0.130	2.437	0.022	0.049	0.583	0.049	0.583
アフターサービス	0.204	0.137	1.491	0.148	-0.077	0.486	-0.077	0.486
社員の明るさ	0.409	0.192	2.135	0.042	0.015	0.803	0.015	0.803
商品の良さ	0.238	0.095	2.489	0.020	0.041	0.434	0.041	0.434
情報発信	-0.085	0.099	-0.865	0.395	-0.289	0.118	-0.289	0.118
宣伝PR力	-0.039	0.088	-0.442	0.662	-0.220	0.142	-0.220	0.142

図 1.23　重回帰分析結果

から「宣伝 PR 力」までの 9 項目で 77.2％説明できるということである．ただし，重回帰分析では，説明する変数間に重複が考えられることから，寄与率は<u>自由度調整済寄与率</u>を使う．Excel の結果は，「重決定 R2」の下の「補正 R2」で評価する．

ここでは，

$$補正 R2（自由度調整済寄与率）\quad R^{*2} = 0.693 \tag{1.4}$$

であり，結果系指標「お客様満足度」を予測する項目として，要因系指標「電話応対」から「宣伝 PR 力」までの 9 項目で 69.3％説明できるということである．

この補正 R2（自由度調整済寄与率）が 0.5 未満であると，結果系指標に対し，ここで設定した要因系指標以外にもっと重要な変数が抜けている可能性があるため，アンケートの質問項目の再検討が必要となる（図 1.24）．

ポイント 9　回帰関係の有意性とは

回帰関係の有意性とは，重回帰分析を行った結果から得られた重回帰式 $\hat{y} = \hat{\beta}_0 + \hat{\beta}_1 x_{1i} + \hat{\beta}_2 x_{2i} + \cdots + \hat{\beta}_n x_{ni}$ が有効であるかどうかを F 検定で判定するものである．

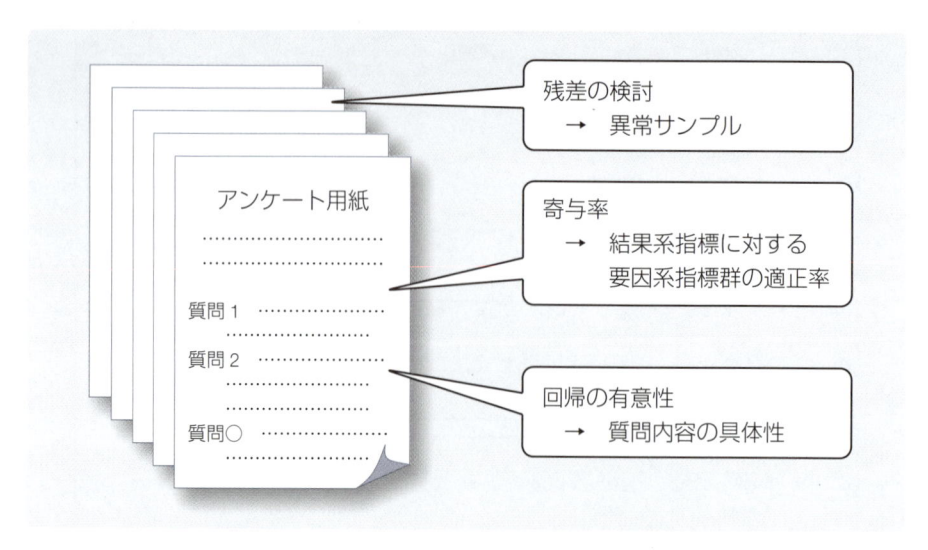

図1.24 重回帰分析によるアンケート設計の検討

(2) 回帰関係の有意性検討

重回帰式が成り立つかどうかは，回帰の分散分析を行う．図1.23では，分散分析表の「回帰」の欄をみて，「有意F」の値をみる．

ここでは，

$$\text{有意F} \quad 2.313\text{E-06} \tag{1.5}$$

であり，この「有意F」とは，回帰と残差の分散比がF分布表の確率Pの値を示している．有意F=2.313E-06=0.000002313=0.0002313％と非常に小さく，「回帰」が意味あること示している．一般的にこの値が5％より小さな値なら設定した重回帰式が有効になる．

$$\text{有意F}=2.313\text{E-06}<0.05 \tag{1.6}$$

仮に，有意F>0.05になれば，残差のばらつきの方が回帰の分散よりも大きくなるので，アンケートの回答があいまいになっていることが予想される．このような場合，アンケートの質問の表現を再チェックする必要がある．アンチーフは「今回のアンケート質問の設計は適切であったということね」とニコリとした（図1.23）．

(3) 残差による回答の精度の検討

また，得られた重回帰式の妥当性を検討するために，残差 $e_i = y_i - \hat{y}_i$ をみる．残差 e_i を誤差分散の推定値によって標準化した標準化残差 e_i' を求める．この e_i' の値が±3を超えているものがないかをみるとともに，各説明変数について点 (x_{ki}, e_i') を散布図に表して，曲線的な構造がないか，誤差の等分散性はあるかなどを確認する．表1.4の標準化残差で3を超えるものはなく，特に問題はみられない．したがって，「今回収集したサンプルのデータに信ぴょう性があるってことね」とアンチーフが言った．

表 1.4 残差の検討

	AA	AB	AC	AD	AE	AF
87			予測値: お客様満足度			
88		観測値		残差	標準残差	
89		1	2.890	0.110	0.285	
90		2	3.951	0.049	0.126	
91		3	1.661	−0.661	−1.708	
92		4	4.098	−0.098	−0.254	
93		5	2.852	0.148	0.383	
94		6	2.206	−0.206	−0.534	
95		7	1.761	0.239	0.618	
96		8	3.122	−1.122	−2.901	
97		9	3.230	−0.230	−0.594	
98		10	3.120	0.880	2.274	
99		11	3.274	0.726	1.877	
100		12	2.206	−0.206	−0.534	
101		13	2.804	0.196	0.506	
102		14	2.852	0.148	0.383	
103		15	3.108	−0.108	−0.278	
104		16	1.875	0.125	0.323	
105		17	3.223	−0.223	−0.577	
106		18	2.570	−0.570	−1.473	
107		19	3.775	−0.775	−2.005	
108		20	3.089	−0.089	−0.229	
109		21	2.522	0.378	0.978	
110		22	3.223	−0.223	−0.577	
111		23	3.089	−0.089	−0.229	
112		24	3.541	0.459	1.187	
113		25	4.144	−0.144	−0.373	
114		26	3.286	−0.286	−0.740	
115		27	2.962	0.038	0.098	
116		28	1.761	0.239	0.618	
117		29	1.761	0.239	0.618	
118		30	3.864	0.136	0.351	
119		31	1.938	0.062	0.159	
120		32	3.683	0.317	0.819	
121		33	3.075	−0.075	−0.193	
122		34	3.659	0.341	0.882	
123		35	2.775	0.225	0.583	
124		36	3.950	0.050	0.129	

ポイント10　残差の検討とは

残差とは，実測値と重回帰式から計算された予測値との差である．残差の値から，標準化残差（残差から標準偏差を割った値）を求め，この標準化残差が±3.00以上の場合，異常データであることが考えられる．したがって，標準化残差が±3.00以上あったサンプルは，異常データであるかどうかを検討し，異常である理由がみつかれば，そのサンプルを外して解析をやり直す．

注）Excelの「分析ツール」で計算された標準化残差は，残差自由度が「$n-1$」で計算されている．したがって，正確な標準化残差は，Excelの「分析ツール」の結果の「分散分析表」で得られた誤差分析「V_e」を使って計算を行う．また，概略的にはExcelで表示された標準化残差によって検討を行い，標準化残差の値が±2.50以上のデータが出てきた場合，正確な標準化残差を計算するというやり方でもよい．

(4) 変数の検討による要因系指標の選択

重回帰分析は，説明変数から目的変数を予測することができる．このとき，偏回帰係数の妥当性を確認し，有意性のある説明変数で目的変数を予測する式を作ってみる．図1.23（重回帰分析結果）の下表から，

$$\text{重回帰式} \quad \hat{y} = \hat{\beta}_0 + \hat{\beta}_1 x_1 + \hat{\beta}_2 x_2 + \cdots + \hat{\beta}_9 x_9$$

ここで，結果系指標「お客様満足度」が $\hat{y}$ であり，要因系指標が x_1（電話応対），x_2（信頼性），…，x_9（宣伝PR力）である．図1.23から回帰係数 $\hat{\beta}_i$ は，係数の欄に表示されている．したがって，図1.23から重回帰式を書いてみると，

$$(お客様満足度) = -4.005 + 0.538 \times (電話応対) + 0.300 \times (信頼性) + \cdots$$
$$-0.039 \times (宣伝PR力) \tag{1.7}$$

と表すことができる．この**回帰係数** $\hat{\beta}_i$ が有効かどうかを判定する指標として，図1.23下表の「t」値がある．図1.23の各係数の t 値から

$$t^2 = F < 2.00 \tag{1.8}$$

の項目は偏回帰係数の有意性が認められないので，対象となる要因系指標を取り除いて，もう一度重回帰分析を行う．これを**変数減少法**による**変数選択**という．

ポイント11　回帰係数の有意性検討とは

回帰係数の有意性検討とは，母回帰係数が $\beta \neq 0$ といえるかどうかの検討を t 値（または F 値）で検定を行うことである．検定の結果，有意となった母回帰係数は，計算された値が有効であると判断する．

ポイント12　変数の選択とは

変数の選択とは，ポイント11で判定した結果，有意でない母回帰係数を重回帰式から外して，もう一度重回帰分析を行うことである．

図1.25から「情報発信（$F=0.76<2$）」と「宣伝PR力（$F=0.19<2$）」を取り除き，再度重回帰分析を行うと，図1.26の結果が得られた．

$$(お客様満足度) = -3.951 + 0.511 \times 電話応対 + 0.399 \times 社員の明るさ + 0.312$$
$$\times オープン性 + 0.296 \times 信頼性 + 0.229 \times クレーム対応$$
$$+ 0.217 \times 商品の良さ + 0.149 \times アフターサービス \tag{1.9}$$

この重回帰式から，各説明変数の値を決めると目的変数の値が予測できるものである．

1.4 設計から解析までを ISO 9001 お客様満足度評価の例で紹介する

変数選択

目的変数(結果系指標): お客様満足度

説明変数(要因系指標) と T値(F値):
- 電話応対　3.31 (10.96)
- 信頼性　1.80 (3.24)
- クレーム対応　1.59 (2.53)
- オープン性　2.44 (5.95)
- アフターサービス　1.49 (2.22)
- 社員の明るさ　2.14 (4.58)
- 商品の良さ　2.49 (6.20)
- 情報発信　−0.87 (0.76)
- 宣伝PR力　−0.44 (0.19)

変数選択後の重回帰式

(お客様満足度) $= \hat{\beta}_0 + \hat{\beta}_1 \times$ (電話応対)
$+ \hat{\beta}_2 \times$ (信頼性) $+ \hat{\beta}_3$ (クレーム対応)
$+ \hat{\beta}_4 \times$ (オープン性)
$+ \hat{\beta}_5 \times$ (アフターサービス)
$+ \hat{\beta}_6 \times$ (社員の明るさ) $+ \hat{\beta}_7$ (商品の良さ)

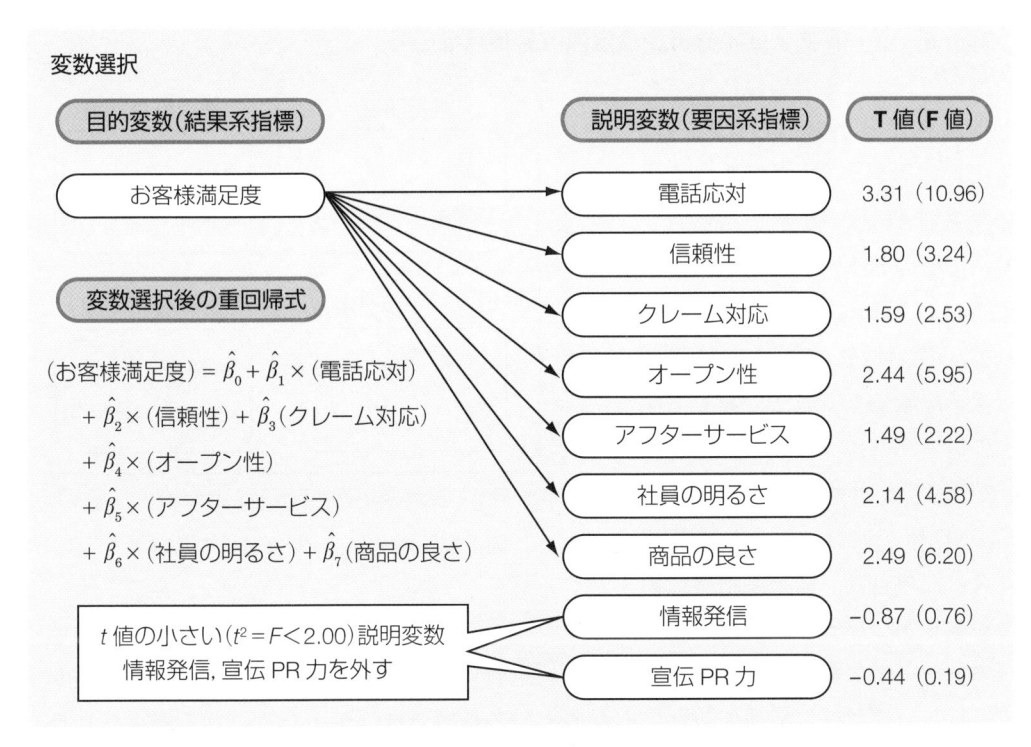

t 値の小さい ($t^2 = F < 2.00$) 説明変数 情報発信, 宣伝PR力を外す

図 1.25　取り込む説明変数の検討

回帰統計

重相関 R	0.872664
重決定 R2	0.761543
補正 R2	0.701928
標準誤差	0.442311
観測数	36

分散分析表

	自由度	変動	分散	観測された分散比	有意 F
回帰	7	17.49432	2.499189	12.77448	3.03E-07
残差	28	5.477898	0.195639		
合計	35	22.97222			

	係数	標準誤差	t	P-値	下限 95%	上限 95%	下限 95.0%	上限 95.0%
切片	−3.951	1.086	−3.639	0.001	−6.175	−1.727	−6.175	−1.727
電話応対	0.511	0.158	3.246	0.003	0.189	0.834	0.189	0.834
信頼性	0.296	0.163	1.821	0.079	−0.037	0.629	−0.037	0.629
クレーム対応	0.229	0.161	1.426	0.165	−0.100	0.559	−0.100	0.559
オープン性	0.312	0.124	2.519	0.018	0.058	0.566	0.058	0.566
アフターサービス	0.149	0.122	1.225	0.231	−0.100	0.399	−0.100	0.399
社員の明るさ	0.399	0.172	2.313	0.028	0.046	0.752	0.046	0.752
商品の良さ	0.217	0.089	2.446	0.021	0.035	0.398	0.035	0.398

図 1.26　変数減少後の重回帰分析

解析 5. ポートフォリオ分析から重点改善項目をみる

ポートフォリオ分析は，アンケート調査などから得られた各回答項目について，「要因系指標の結果系指標への影響度」と「要因系指標のSD値」を散布図に表し，4つの領域に分けることによって，各領域に位置する要因系指標を評価できる方法である（図1.27）．

図1.27に示す「影響度が強く，SD値が低い」重点改善領域に入った項目は，結果系指標に影響が強くかつ評価が低いことから，重点改善項目となる．

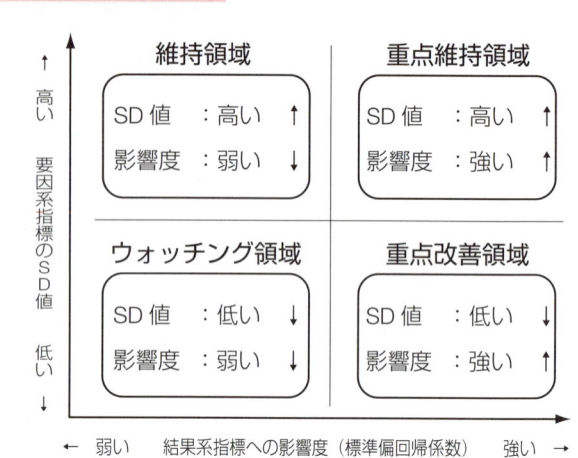

	維持領域	重点維持領域
高い ↑ 要因系指標のSD値 低い ↓	SD値：高い ↑ 影響度：弱い ↓	SD値：高い ↑ 影響度：強い ↑
	ウォッチング領域	重点改善領域
	SD値：低い ↓ 影響度：弱い ↓	SD値：低い ↓ 影響度：強い ↑

← 弱い　結果系指標への影響度（標準偏回帰係数）　強い →

図1.27　ポートフォリオ分析の見方

アンケートの結果から，まず重回帰分析を行い，標準偏回帰係数を計算する．解析4で計算した係数は偏回帰係数というもので，各指標の単位が異なることも考えられる．したがって，重回帰分析から要因系指標の結果系指標への影響度をみるには，**標準化**したデータ（平均0，標準偏差1）から重回帰分析を行い，求めた偏回帰係数を使う．この偏回帰係数を**標準偏回帰係数**という．

> **ポイント 13** データの標準化とは
>
> データの標準化とは，測定データの単位の違いをなくすため，原データから平均値を引いて標準偏差で割ることである．標準化によって得られたデータを標準化データという．

図 1.9 のデータ表を標準化した結果が，表 1.5 である．この標準化データから重回帰分析を行った結果が，図 1.28 である．

これらの「結果系指標への影響度」と「SD 値」の散布図を書いて，影響度の強弱と SD 値の高低を 4 つの領域に分けて，領域ごとに方向性を決める．ここでは，影響度が強いにもかかわらず SD 値が低い領域に入っている項目を重点的に改善することが要求される．

表 1.5 標準化されたデータ

	A	B	C	D	E	F	G	H	I	J	K	L	M	N
101		ID	お客様満足度	電話応対	信頼性	クレーム対応	オープン性	アフターサービス	社員の明るさ	商品の良さ	情報発信	宣伝PR力	業種	
102		CS01	0.034	-0.149	-1.235	0.138	-0.575	1.255	-0.040	0.084	-0.431	-1.210	製造業	
103		CS02	1.269	1.189	0.787	1.795	-0.575	-0.157	1.395	0.084	1.637	0.568	製造業	
104		CS03	-2.434	-1.486	-1.235	0.138	-0.575	-0.157	-1.475	0.084	-0.431	0.568	その他	
105		CS04	1.269	-0.149	0.787	1.795	2.014	-1.569	1.395	0.084	-1.465	0.568	製造業	
106		CS05	0.034	-0.149	0.787	1.795	-1.870	-0.157	-0.040	0.084	0.603	-1.210	製造業	
107		CS06	-1.200	-1.486	-1.235	0.138	0.719	-0.157	-1.475	1.087	0.603	-1.210	製造業	
108		CS07	-1.200	-1.486	0.787	0.138	0.719	-1.569	-1.475	-1.924	-1.465	-1.210	サービス業	
109		CS08	-1.200	1.189	0.787	0.138	-0.575	-0.157	-0.040	-0.920	0.603	0.568	製造業	
110		CS09	0.034	1.189	-1.235	1.795	-1.870	-0.157	1.395	-0.920	-0.431	1.457	製造業	
111		CS10	1.269	1.189	-1.235	-1.519	-0.575	1.255	-0.040	0.084	-0.431	-0.321	サービス業	
112		CS11	1.269	1.189	0.787	0.138	-0.575	-0.157	-0.040	0.084	1.637	0.568	その他	
113		CS12	-1.200	-1.486	-1.235	0.138	0.719	-0.157	-1.475	1.087	0.603	-1.210	サービス業	
114		CS13	0.034	-1.486	0.787	0.138	0.719	1.255	-0.040	0.084	0.603	0.568	製造業	
115		CS14	0.034	-0.149	0.787	1.795	-1.870	-0.157	-0.040	0.084	0.603	-1.210	製造業	
116		CS15	0.034	-0.149	0.787	-1.519	0.719	-0.157	-0.040	1.087	0.603	0.568	製造業	
117		CS16	-1.200	-0.149	-1.235	0.138	-0.575	-0.157	-1.475	-0.920	0.603	0.568	サービス業	
118		CS17	0.034	-0.149	0.787	0.138	-0.575	-0.157	-0.040	1.087	-0.431	-1.210	製造業	
119		CS18	-1.200	-0.149	-1.235	-1.519	0.719	-0.157	-0.040	0.084	0.603	0.568	サービス業	
120		CS19	0.034	1.189	0.787	-1.519	0.719	1.255	-0.040	0.084	-0.431	-1.210	サービス業	
121		CS20	0.034	1.189	0.787	0.138	-0.575	1.255	-0.040	-1.924	0.603	0.568	サービス業	
122		CS21	0.034	-0.149	-1.235	-1.519	-0.575	1.255	-0.040	0.084	-0.431	-1.210	その他	
123		CS22	0.034	-0.149	0.787	0.138	-0.575	-0.157	-0.040	1.087	-0.431	-1.210	サービス業	
124		CS23	0.034	1.189	0.787	0.138	-0.575	1.255	-0.040	-1.924	0.603	0.568	サービス業	
125		CS24	1.269	-0.149	0.787	0.138	0.719	1.255	-0.040	1.087	0.603	1.457	サービス業	
126		CS25	1.269	1.189	0.787	0.138	-0.575	1.255	1.395	0.084	-1.465	0.568	サービス業	
127		CS26	0.034	-0.149	-1.235	0.138	0.719	-0.157	1.395	0.084	0.603	-0.321	製造業	
128		CS27	1.269	-0.149	-1.235	0.138	-1.870	-0.157	1.395	-0.920	-0.431	1.457	製造業	
129		CS28	-1.200	-1.486	0.787	0.138	0.719	-1.569	-1.475	-1.924	-1.465	-1.210	製造業	
130		CS29	-1.200	-1.486	0.787	0.138	0.719	-1.569	-1.475	-1.924	-1.465	-1.210	サービス業	
131		CS30	1.269	-0.149	0.787	0.138	0.719	1.255	1.395	1.087	1.637	1.457	製造業	
132		CS31	-1.200	-1.486	-1.235	-1.519	0.719	-0.157	-1.475	0.084	0.603	-1.210	製造業	
133		CS32	1.269	1.189	0.787	0.138	-0.575	-0.157	1.395	0.084	1.637	0.568	サービス業	
134		CS33	0.034	-0.149	0.787	-1.519	0.719	-1.569	-0.040	1.087	-1.465	0.568	サービス業	
135		CS34	1.269	1.189	-1.235	0.138	2.014	-1.569	-0.040	0.084	-1.465	0.568	製造業	
136		CS35	0.034	-0.149	-1.235	-1.519	0.719	-1.569	-0.040	0.084	-1.465	0.568	製造業	
137		CS36	1.269	-0.149	0.787	0.138	0.719	1.255	1.395	1.087	0.603	1.457	その他	
139		ID	お客様満足度	電話応対	信頼性	クレーム対応	オープン性	アフターサービス	社員の明るさ	商品の良さ	情報発信	宣伝PR力	業種	
140		平均値(SD値)	0.00	0.00	0.00	0.00	0.00	0.00	0.00	0.00	0.00	0.00		
141		標準偏差	1.00	1.00	1.00	1.00	1.00	1.00	1.00	1.00	1.00	1.00		

図1.28 標準化データで行った重回帰分析

概要									
回帰統計									
重相関 R	0.878657								
重決定 R2	0.772038								
補正 R2	0.693128								
標準誤差	0.55396								
観測数	36								
分散分析表									
	自由度	変動	分散	観測された分散比	有意 F				
回帰	9	27.02134	3.002371	9.783797	2.31264E-06				
残差	26	7.978664	0.306872						
合計	35	35							
	係数	標準誤差	t	P-値	下限 95%	上限 95%	下限 95.0%	上限 95.0%	
切片	0.000	0.092	0.000	1.000	-0.190	0.190	-0.190	0.190	
電話応対	0.496	0.150	3.311	0.003	0.188	0.804	0.188	0.804	
信頼性	0.183	0.102	1.798	0.084	-0.026	0.392	-0.026	0.392	
クレーム対応	0.200	0.126	1.589	0.124	-0.059	0.458	-0.059	0.458	
オープン性	0.301	0.124	2.437	0.022	0.047	0.555	0.047	0.555	
アフターサービス	0.179	0.120	1.491	0.148	-0.068	0.425	-0.068	0.425	
社員の明るさ	0.352	0.165	2.135	0.042	0.013	0.691	0.013	0.691	
商品の良さ	0.292	0.117	2.489	0.020	0.051	0.533	0.051	0.533	
情報発信	-0.102	0.118	-0.865	0.395	-0.345	0.141	-0.345	0.141	
宣伝PR力	-0.054	0.122	-0.442	0.662	-0.306	0.197	-0.306	0.197	

図 1.28　標準化データで行った重回帰分析

　ポートフォリオ分析は，解析1で計算されたSD値と重回帰分析で計算された標準偏回帰係数の2変数から散布図を書いて行う．なお，Excelでは，各ポイントのデータ名表示はできない．したがって，手間ではあるが各点ごとに項目名を記入する．このとき，マウスのポインタを点に当てればデータ表示されるので，この機能を利用する（詳細は「3.7 ポートフォリオ分析により重点改善項目をみる」参照）．

表 1.6　標準偏回帰係数とSD値

	標準偏回帰係数	SD値
電話応対	0.496	3.11
信頼性	0.183	3.61
クレーム対応	0.200	2.92
オープン性	0.301	3.44
アフターサービス	0.179	3.11
社員の明るさ	0.352	3.03
商品の良さ	0.292	3.92
情報発信	-0.102	3.42
宣伝PR力	-0.054	3.36

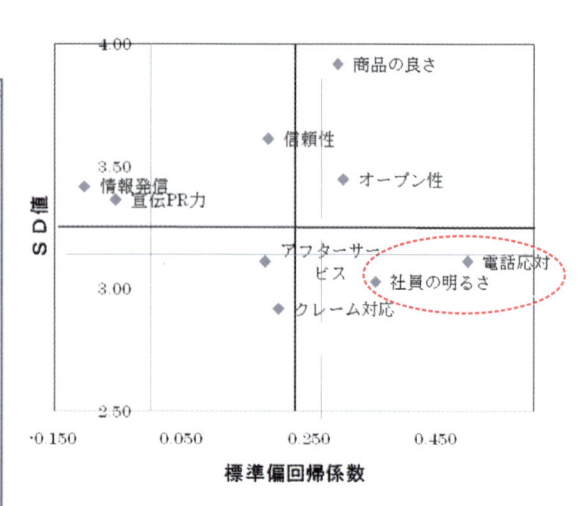

図 1.29　ポートフォリオ分析

> **ポイント14** 標準偏回帰係数とは
>
> 標準偏回帰係数とは，標準化されたデータ（平均0，標準偏差1）で重回帰分析を行った結果，得られた偏回帰係数のことである．

　図1.29は，ポートフォリオ分析を行った結果である．この結果から，顧客満足度に強い影響がある項目に，「電話応対」，「社員の明るさ」が挙げられ，この2項目は，SD値が他より低いことから，改善を要することがわかった．

アンケート結果のまとめ

以上のアンケート結果をまとめると次のようになる．

(1) アンケートの妥当性

　解析4の重回帰分析から，アンケートの質問項目に問題はなく，回答者も正確に評価しているものと思われる．

(2) 解析からわかったこと

　① レーダーチャートから「わが社は良い商品を提供できているが，サービス面では改善の余地がある」ということがわかった．

　② SD値と標準偏差から「宣伝PR力の評価はまあまあであるが，ばらつきが大きく，取引先によって評価が分かれるようである」ということがわかった．

　③ クロス集計から「業種別には，満足していると評価したのは製造業の方が多い」ということがわかった．

　④ 相関係数行列から「お客様満足度は電話応対や社員の明るさに正の相関がある」ということがわかった．

　⑤ ポートフォリオ分析から「電話応対」，「社員の明るさ」の2項目の改善が必要と思われることがわかった．

　今まで説明したアンケートの設計から解析までをまとめて記載したのが，図1.30と図1.31である．この2つの図を横に並べてＡ3判資料を作成しておくと，会議などでわかりやすく説明できるものになり，関係者とのコンセンサスも得やすくなる．

アンケート実施内容と結果『ISO 9001 お客様満足度評価』

● 設 計

所 属	株式会社ケイ・クリエイツ 企画課

目的	お客様対応業務の実態評価とお客様満足度を評価する

メンバー	ポート課長，アンチーフ，スタッフのクロス，スタッフのケイト

仮説構造図

(電話応対, クレーム対応, 商品の良さ, 社員の明るさ, アフターサービス, 信頼性, オープン性, 宣伝PR力, 情報発信 → お客様満足度)

結果系指標の質問

T1	総合的に当社の対応に満足していますか（お客様満足度）
T2	
T3	

要因系指標の質問

E1	当社の電話応対は適切でしたか（電話応対）
E2	当社は信頼できますか（信頼性）
E3	クレーム時の対応は適切でしたか（クレーム対応）
E4	隠しごとがない会社でしょうか（オープン性）
E5	アフターサービスは充実していますか（アフターサービス）
E6	当社の社員は明るく対応していますか（社員の明るさ）
E7	当社の商品は良いものでしょうか（商品の良さ）
E8	必要な情報が当社から発信されていますか（情報発信）
E9	当社の宣伝PRはよく伝わっていますか（宣伝PR力）
E10	
E11	
E12	
E13	
E14	
E15	
E16	

評価方式	SD法（5, 4, 3, 2, 1の5択評価方法）

● 実 施

調査対象者	○○機器取引先	サンプル数	50社	調査方法	郵送回収	調査日時	○○年○月○日～○日

● 解 析

【評価点】

質問No.	SD値
T1	2.97
T2	
T3	
E1	3.11
E2	3.61
E3	2.92
E4	3.44
E5	3.11
E6	3.03
E7	3.92
E8	3.42
E9	3.36
E10	
E11	
E12	
E13	
E14	
E15	
E16	

【解析1. グラフ】

(レーダーチャートおよび棒グラフ：SD値と標準偏差)

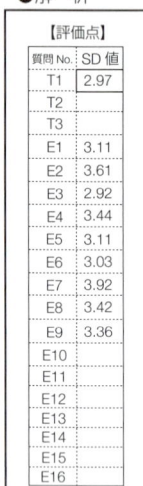

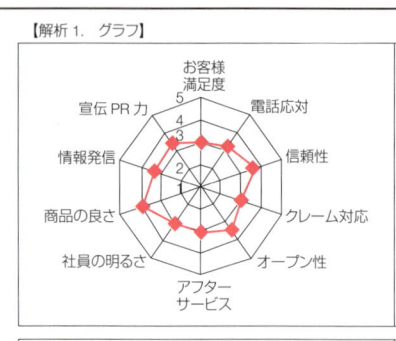

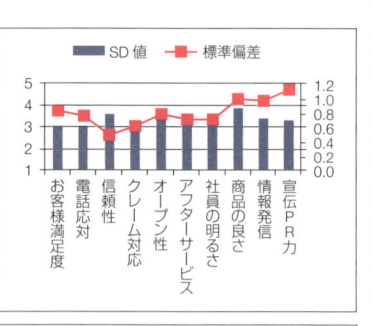

- 「お客様満足度」はSD値=2.97であり，低い．
- SD値の低いもの「クレーム対応」，「社員の明るさ」
- SD値の高いもの「商品の良さ」，「信頼性」

- 標準偏差の大きいのは「宣伝PR力」，「商品の良さ」，「情報発信」であり，これらの評価は他の評価に比べると回答者によってばらつきが大きいものと思われる．

【解析2. クロス集計】

データの個数 / ID

業 種	1点	2点	3点	4点	総計
サービス業		6	5	4	15
その他	1		1	2	4
製造業		3	10	4	17
総計	1	9	16	10	36

- 業種別には「満足している」と評価したのは製造業の方が多い

図1.30 アンケート実施結果のまとめシート（その1）

1.4 設計から解析までを ISO 9001 お客様満足度評価の例で紹介する

● 相関分析・重回帰分析

作成年月日

【解析3. 相関分析】

相関係数 r	お客様満足度	電話応対	信頼性	クレーム対応	オープン性	アフターサービス	社員の明るさ	商品の良さ	情報発信	宣伝PR力
お客様満足度	1									
電話応対	0.619	1								
信頼性	0.329	0.120	1							
クレーム対応	0.170	0.084	0.271	1						
オープン性	0.020	−0.385	0.017	−0.347	1					
アフターサービス	0.304	0.300	0.045	−0.111	−0.302	1				
社員の明るさ	0.761	0.653	0.198	0.278	−0.183	0.283	1			
商品の良さ	0.280	−0.141	−0.126	−0.249	0.235	0.135	0.168	1		
情報発信	0.161	0.171	0.110	0.159	−0.255	0.473	0.194	0.215	1	
宣伝PR力	0.419	0.461	0.054	0.088	0.007	0.163	0.570	0.028	0.225	1

【解析4. 重回帰分析】

	偏回帰係数
電話応対	0.538
信頼性	0.300
クレーム対応	0.268
オープン性	0.316
アフターサービス	0.204
社員の明るさ	0.409
商品の良さ	0.238
情報発信	−0.086
宣伝PR力	−0.039

【解析4. 重回帰分析】

| 自由度調整済寄与 | 0.6931283 | （判定） | 要因系指標9項目で69.3％説明できる | 有意F 分散分析 | 2.313E-06 | （判定） | 回帰は有意である |

（コメント）
1) 相関分析から，「お客様満足度」に関係のある要因系指標は，電話応対，信頼性，アフターサービス，社員の明るさ，商品の良さ，宣伝PR力が挙げられる．
2) 重回帰分析から，今回立てた仮説の項目でお客様満足度を69.3％説明できることがわかった．

● ポートフォリオ分析

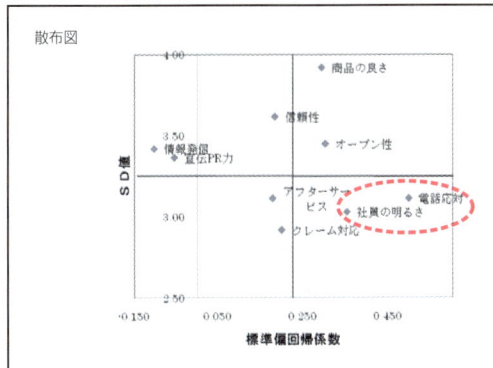

散布図

	標準偏回帰係数	SD値
電話応対	0.496	3.11
信頼性	0.183	3.61
クレーム対応	0.200	2.92
オープン性	0.301	3.44
アフターサービス	0.179	3.11
社員の明るさ	0.352	3.03
商品の良さ	0.292	3.92
情報発信	−0.102	3.42
宣伝PR力	−0.054	3.36

（コメント）
顧客満足に強い影響がある項目に，「電話応対」，「社員の明るさ」が挙げられ，この2項目は，SD値が他より低いことから，改善を要することがわかった．

● 考 察
1) 重回帰分析から，アンケートの質問項目に問題はなく，回答者も正確に評価しているものと思われる．
2) SD値と標準偏差から「宣伝PR力の評価はまあまあであるが，ばらつきが大きく，取引先によって評価が分かれるようである」ということがわかった．
3) 相関分析から「お客様満足度は電話応対や社員の明るさに正の相関がある」ということがわかった．
4) ポートフォリオ分析から「電話応対」，「社員の明るさ」の2項目の改善が必要と思われることがわかった．

図 1.31 アンケート実施結果のまとめシート（その2）

コーヒーたいむ 1

「とりあえずアンケート……」はやめよう

ボードを持った女性がおもむろに近づいてくる．
「ちょっといいですか～？　アンケートにご協力いただきたいのですが～」

居酒屋に置いてある「お客様ご意見シート」
ホテルの客室に置いてある「支配人あてゲストカード」
家電製品を買うと分厚い解説書とともに同封されている「商品の感想を書くハガキ」
『アンケート』といわれるものは氾濫している．

中には，
  ・（形式的に）満足していますか？　はい・いいえ
  ・どう思いますか．ご自由にお書きください．
  ・今後もこの商品を買いたいと思いますか？（まだ使ってもいないのに）

そんなアンケートに
  ・懇切ていねいに回答するか？（まずしない）
  ・自由記述を長々と書くか？（そんなヒマはない）
  ・わざわざ送ったりするか？（切手を貼ってなんて論外！！）

なにを聞きたいか？　がわからないアンケートでは，
お願いする人も，それに答える人も，欲しい情報は得られない．

やみくもに「とりあえずアンケートをとってみて」は，
お互い労力のムダである．

1.5 アンケートの実施事例を紹介する

アンケートの実施事例

事例1．ステップごとに実施した会社のイメージ評価
（関西電力株式会社 東海支社）

事例2．セルフアセスメントの好感度を評価
（九州電力株式会社 経営管理室）

事例3．改善活動指導会の有益性を評価
（株式会社NTTドコモ 関西支社）

事例4．CSR活動を職員とお客さまから評価
（財団法人関西電気保安協会 企画部）

事例5．受講後の感想を言語データで評価
（追手門学院大学）

事例1. ステップごとに実施した会社のイメージ評価

出典：関西電力株式会社　東海支社　広報グループ

　関西電力株式会社東海支社では，社員向け広報誌の新しい企画として「コミュニケーションスペース」，通称「コミスペ」を立ち上げた．「コミスペ」とは，テーマを決め，そのテーマについて社員からの声や意見を募集して，社内報を通じてコミュニケーションをとっていこうというものである．

　第1回目はテーマに「関西電力のイメージ」を取り上げてみた．まず，社員の代表5人が「関西電力のイメージ」について話し合ってみようということから始めた．

　最初は，意見が出にくいと思われたので，身近なものに例えてみた．関西電力という会社を「動物に例えると」と「食べ物に例えると」という2つのテーマでディスカッションを始めた．

　その結果，動物に例えると，「鉛筆を持ったサル」，「眠っている恐竜」，「ハイカラな犬」，「歩くテンポが早くなったゾウ」，「よく食べるゾウ」といったイメージが挙げられた．また，食べ物に例えると，「ごはん」，「ハンバーガー」，「オリエンタルカレー」，「宇治金時のかき氷」，「期間限定のケーキ」といったイメージが挙げられた（図1.32）．

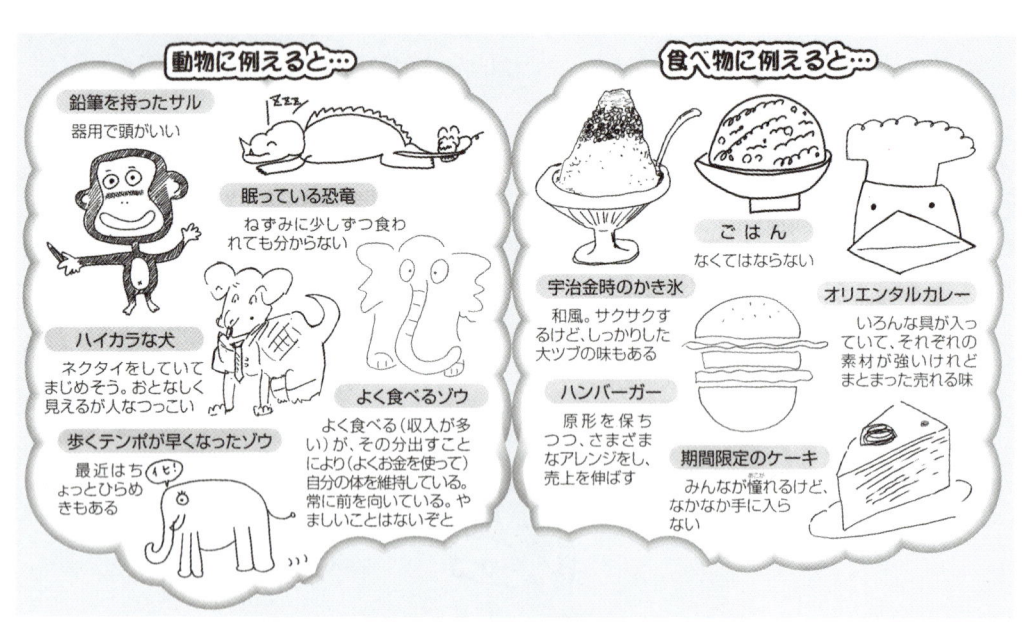

図1.32　関西電力のイメージ動物ランキング

　次に，関西電力のイメージとして，「良いイメージ」と「悪いイメージ」を考えて書き出したのが，図1.33である．

　「良いイメージ」としては，「どこに行っても誰でも知っていて信用がある」，「オレンジ色の車と社章は長い間親しまれていて存在感がある」など6項目が挙げられた．ま

事例1．ステップごとに実施した会社のイメージ評価　　55

図1.33　グループディスカッションで出された会社のイメージ

た，「社外の人から良いイメージとして，どんなふうに見られているか」という問いかけに，「安全運転でいいね」，「信用がある」，「電話応対がよく，感じがいい」，「安定している」の4項目が挙げられた．

「悪いイメージ」としては，「融通が利かず，形式にとらわれ過ぎている」，「建前がよくて，理想をつくることは上手」など5項目が挙げられた．また，「社外の人から悪いイメージとして，どんなふうに見られているか」という問いかけに，「飲み会が多い」，「電気料金が高い」，「気楽に立ち寄りにくい」など6項目が挙げられた．

以上の結果から，アンケート用紙を作成した（図1.34）．

アンケートの結果をまとめたものが，図1.35である．イメージを動物に例えると第1位が「カメ」，第2位「ライオン」，第3位「クジラ・ゾウ」という結果になった．また，食べ物にたとえると，ご飯などの「主食」が上位を占めた（図1.35）．

関西電力のイメージ項目を5択で聞いた結果は，図1.36のようになった．広報誌では，上に行くほど良いイメージのものであり，下に行くほど良くないイメージを表している．

広報グループは「皆さんが思っているイメージ，思っていた結果と比べていかがでしたでしょうか．電力自由化が始まり，効率化やコスト削減と会社も大きく変わりつつあるが，まだまだ安定した大きな会社，部門間の壁も残っている．さらに社外との付き合いは……．皆さんはどう思いますか？」とまとめている．また，質問項目のうち，一番値の高かった項目と低かった項目，年代で一番差の大きかった項目を上のグラフにした．年代別による大きな差はなかったが，見方によっては面白い結果が見えてきた．

社内報「Tokai」アンケート

4月号で「関西電力のイメージ」のテーマで，リ・クリエイターズなど5人で関西電力のイメージを動物に例えたり，食べ物に例えたりして，話し合った結果を掲載しました．いかがでしたでしょうか．

今回は，皆さん自身の「関西電力のイメージ」ついてお聞きしたいと思います．皆さんのご意見をお聞かせください．この結果は，5・6月号で掲載しますので，ぜひご協力をお願いします．みなさんの声をお聞かせください！！

Q1．あなたなら関西電力を動物に例えるとどんな風に表現しますか？
　　（例）動物に例えると……「歩くテンポの早くなったゾウ」
　　　　　　その理由………「最近はちょっとひらめきもある」
Q1-1　動物に例えると　[　　　　　　　]
Q1-2　その理由　　　　[　　　　　　　]

Q2．あなたなら関西電力を食べ物に例えるとどんな風に表現しますか？
　　（例）食べ物に例えると……「ごはん」
　　　　　　その理由………「なくてはならない」
Q2-1　食べ物に例えると　[　　　　　　　]
Q2-2　その理由　　　　　[　　　　　　　]

Q3．ここからは5択です．質問項目はリ・クリエイターズから出た関西電力のイメージからです．皆さん自身の「関西電力のイメージ」はどうですか？
　下記のイメージについてそれぞれ該当するものを選んでください．

No.	質問	非常にそう思う	そう思う	どちらでもない	そう思わない	全く思わない
3-1	オレンジ色の車や社章は長い間親しまれている	5	4	3	2	1
3-2	自らの努力で仕事を変えられる会社	5	4	3	2	1
3-3	信用がある	5	4	3	2	1
3-4	地図に記載される発電所を造っている会社	5	4	3	2	1
3-5	福利厚生が充実している	5	4	3	2	1
3-6	コミュニケーションを大切にする会社	5	4	3	2	1
3-7	意外と風通しがいい会社	5	4	3	2	1
3-8	社員や地域にやさしい会社	5	4	3	2	1
3-9	プロがいる会社	5	4	3	2	1
3-10	安心して働ける会社	5	4	3	2	1
3-11	景気に左右されない会社	5	4	3	2	1
3-12	お客さまに対して親切で感じのいい会社	5	4	3	2	1
3-13	融通が利かず，形式にとらわれ過ぎている	5	4	3	2	1
3-14	社員を信用していないところがある	5	4	3	2	1
3-15	縦割り（部門）が強い	5	4	3	2	1
3-16	建前がよく，理想をつくることは上手	5	4	3	2	1
3-17	中央集権的なところがある	5	4	3	2	1
3-18	車の運転が遅い	5	4	3	2	1
3-19	飲み会が多い	5	4	3	2	1
3-20	電気料金が高い	5	4	3	2	1

図 1.34　企業イメージを評価するためのアンケート用紙

3-21	仲間同士でまとまりはある	5	4	3	2	1
3-22	閉鎖的なところがある	5	4	3	2	1
3-23	気楽に立ち寄りにくい会社	5	4	3	2	1
3-24	他企業と比べて競争の点では遅れている	5	4	3	2	1
3-25	宣伝・PRの仕方が下手	5	4	3	2	1

Q4. 上記以外であなたの関西電力のイメージがありましたら自由に記入してください．

ご協力ありがとうございました．

〇〇〇〇年〇月〇日
東海支社　広報担当　〇〇〇〇〇

図 1.34　（続き）

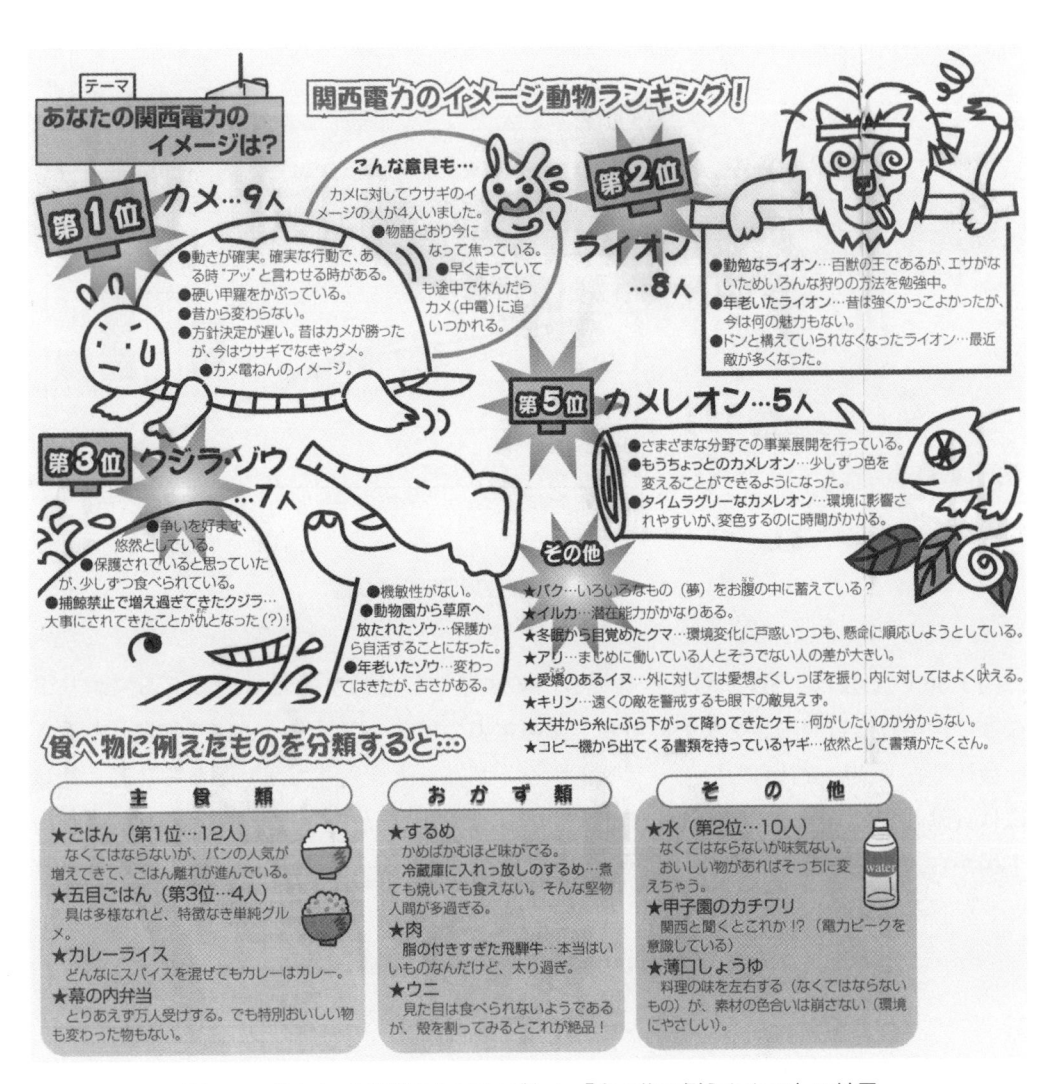

図 1.35　「イメージ動物ランキング」と「食べ物に例えたもの」の結果

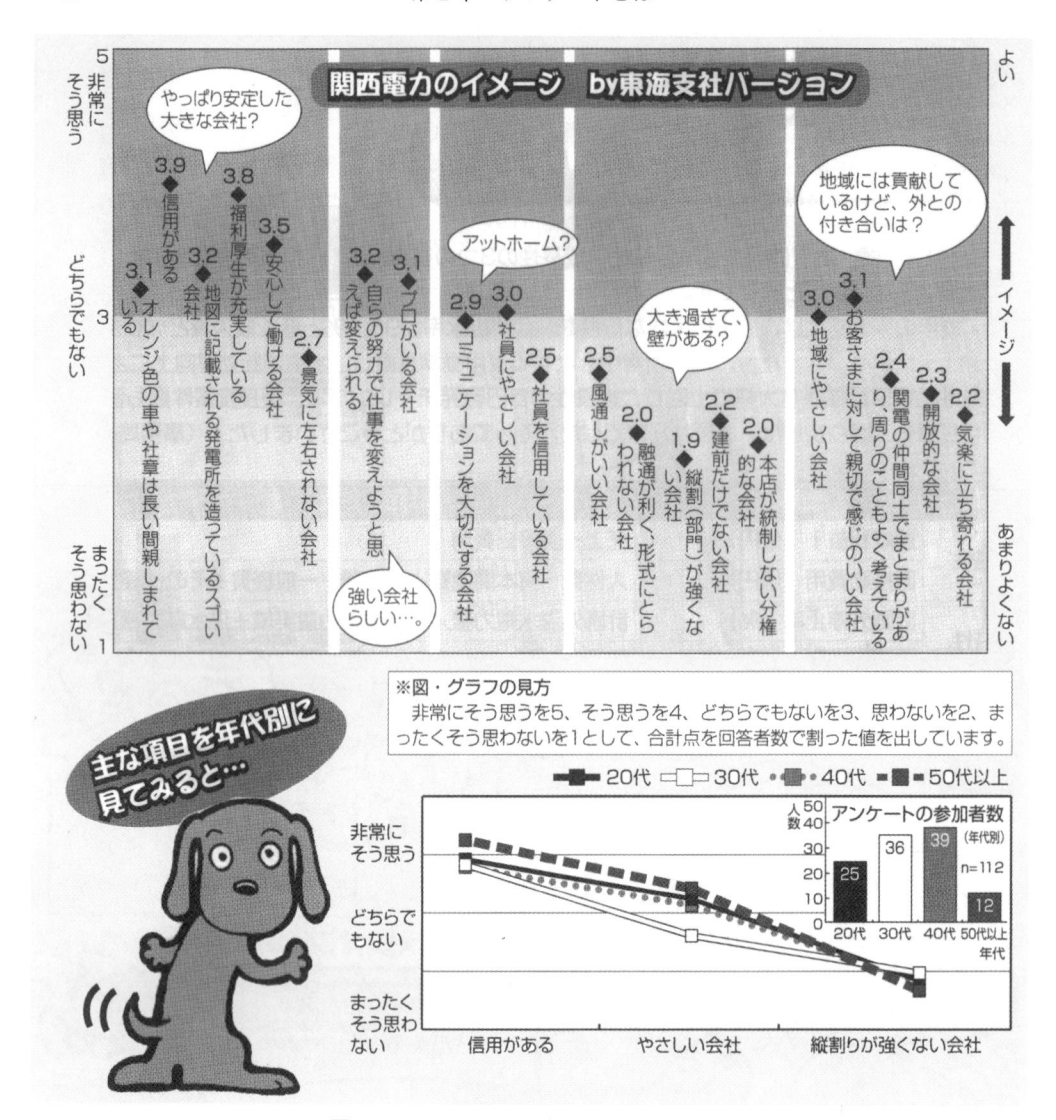

図 1.36 アンケート質問項目別の SD 値

　図 1.36 の上図は，SD 値の大きさで 5 つのエリアに分けてみたものである．エリアごとに含まれる質問内容をまとめると，関西電力のイメージは「やっぱり安定した大きな会社？」，「強い会社らしい」，「アットホーム？」，「大き過ぎて，壁がある？」，「地域には貢献しているけど，外との付き合いは？」ということになった．また，図 1.36 の下図から，「信用があるが，縦割りが強く，やさしさには少し欠ける会社」というイメージが読みとれた．

事例 2. セルフアセスメントの好感度を評価

出典：九州電力株式会社 経営管理室

1. 背　景

九州電力株式会社では，「セルフアセスメント」という業務の評価システムを導入している．このセルフアセスメント評価から，改善改革活動に対する指摘事項「改善改革活動を業務に根付かせる必要がある」を取り上げて検討することとなった．

まず，この指摘事項に対し実態を調べてみたところ，「改善改革活動の展開について，各種施策を試行錯誤している状況」であることがわかった．この実態から3つの課題「出前改革支援のあり方の検討が必要」，「セルフアセスメントと業務計画を結びつけることが必要」，「情報提供を効果的に行うことが必要」が浮かび上がった．これらの課題を事務局側と実施部門側より評価した結果，『セルフアセスメントと業務計画をいかに結びつけるか』をテーマに取りあげることにした（図1.37）．

目的の明確化
問題・課題抽出シート

指摘事項	左記に対する実態	問題・課題	事務局側	実施部門側	評価
改善改革活動を業務に根付かせる必要がある	改善改革活動の展開について，各種施策を試行錯誤している状況	・出前改革支援のあり方の検討が必要	・支援の目的が不明確	・受講側のニーズが不明	○
		・セルフアセスメントと業務計画を結びつけることが必要	・アセスメントと改善改革の支援が別々	・アセスメントが業務と別物	◎
		・情報提供を効果的に行うことが必要（イントラネットの活用）	・特定の担当のみ活用している	・業務計画策定との重複感がある ・親しみやすい画面やコンテンツの不足	△

テーマ：セルフアセスメントと業務計画をいかに結びつけるか
目　標：セルフアセスメントと業務計画の結びつけを1年後までに70%達成する

図1.37　セルフアセスメントの指摘事項から課題を抽出

このテーマを取り組むにあたり，実態を把握するため「セルフアセスメントと業務計画が結びついていない」ということに対し，この問題を発生させていると思われる要因群を関係者で洗い出し，図1.38に示す仮説構造図にまとめてみた．

この仮説構造図で得られた要因群をアンケートによって検証することにした．

仮説の設定
● 目的に対する要因系指標の抽出

```
                                                            問題の特徴

     アセスメントをすること          教育のやり方が
     自体が目的になっている          適切でない
                                                         アセスメントの
                            教育が                        進め方を理解して
                            実践的でない                   いない
  アセスメントと業務計画       実感する成果が
  策定との重複感がある         確認できない    アセスメントに
                                          やらされ感がある
                                                        アセスメントを
                                                        業務計画に生かす
   アセスメントを     アセスメントと業務   成果が業務計画に    方法を知らない
   行うことで手一杯   を別物と思っている   反映されていない
                                セルフアセスメントと業務計画
                                が結びついていない         アセスメントと
     上位機関も                                          業務計画の関係が
     アセスメントと業務計画                                分からない
     を結びつけていない
                      部門間のコンセンサス              アセスメントが
   他のツール（EMS, TPM   がとれていない      各々の支援体制が  業務の中に組み
   等）の対応に時間が                       ばらばら       込まれていない
   取られる．また，
   重複感がある．         アセスメントの  アセスメント中
                        合議の時間が    メンバー間の話し   マンパワー不足
                        とれない        合いが足りない

    関係する他の問題                                    背後の問題
```

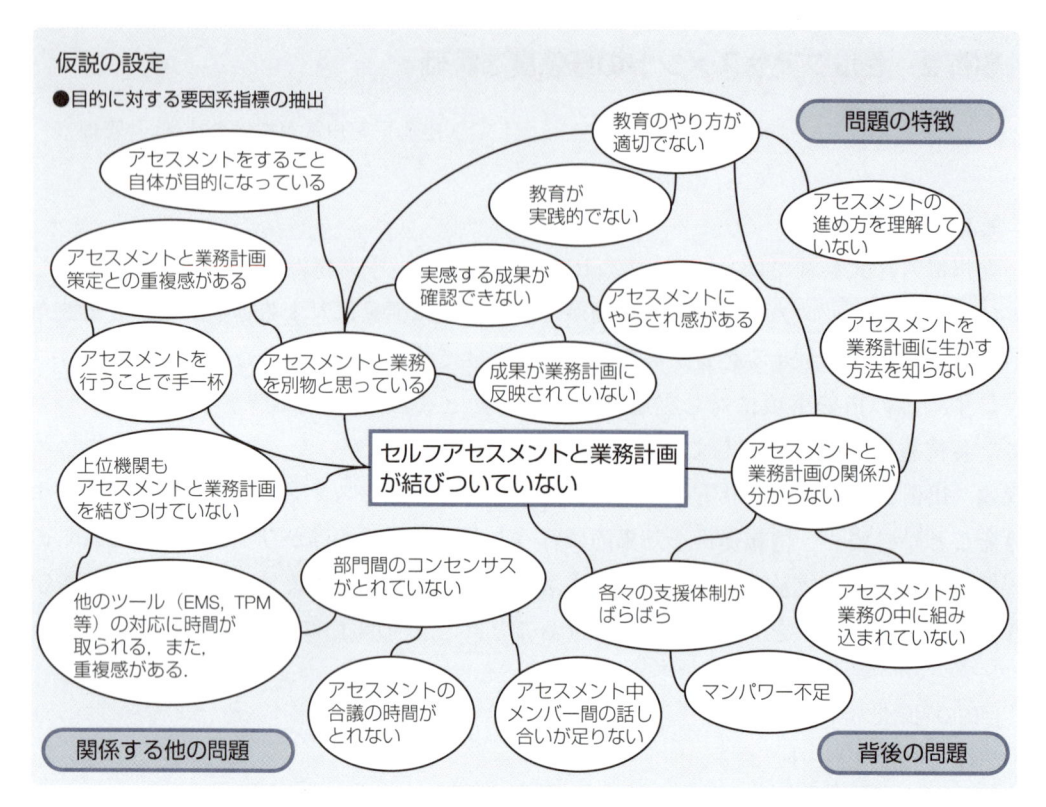

図 1.38 「セルフアセスメントが業務計画に結びついていない」の仮説構造図

2. アンケートの設計

まず，アンケートを実施する目的を次のように設定した．
① セルフアセスメントと業務計画を結びつけること．
② セルフアセスメントを充実したものにするために，何が必要かヒントを得ること．

この目的から2つの結果系指標を次のように設定した．
① アセスメントは業務に役立っている（役立ち度）．
② アセスメントをすることは楽しい（満足度）．

この結果系指標に関連する要因系指標を図 1.38 の仮説構造図から 15 項目設定した．

【要因系指標】
① アセスメントを業務計画策定にどう活かすのか知っている（活用理解度）
② アセスメントと業務計画策定をすることに重複感がある（重複感）
③ アセッサー研修で習ったことは実践の場で使えない（教育効果）
④ アセスメントが業務の中に組み込まれていない（業務密着度）
⑤ アセスメントの進め方を理解していない（手順理解度）
⑥ アセスメント中のメンバー間の話し合いが足りない（コミュニケーション）
⑦ アセスメントの合議の時間が取れない（合議必要性）

⑧ アセスメントをするためのマンパワーが不足している（メンバー数）
⑨ アセスメントと他の活動（EMS, TPM等）との重複感がある（ツール重複感）
⑩ アセスメントをしても実感できる成果が感じられない（達成感）
⑪ アセスメントをすること自体が目的となっている（目的意識）
⑫ アセスメントから改善改革実施までの支援が一貫していない（支援体制）
⑬ 本店はアセスメントを率先して実施している（リーダーシップ）
⑭ アセスメントの結果が業務計画へ反映されていない（業務反映度）
⑮ アセスメントにやらされ感がある（やらされ感）

【結果系指標】
⑯ アセスメントは業務に役立っている（役立ち度）
⑰ アセスメントをすることは楽しい（満足度）

以上の結果系指標と要因系指標をアンケートの質問にし，図1.39に示すアンケート用紙を作成した．

3. アンケートの結果

作成したアンケート用紙を使って，24名の管理者クラスに回答をお願いした．その結果，SD値（平均値）を計算したところ，表1.7の結果が得られた．

なお，アンケートの質問から，5点を良い評価とする場合と悪い評価とする場合があるので，集計後は，5点をすべて良い評価に統一するよう計算をし直した．したがって，表1.7のSD値は，点が高いほど「良い評価」であり，低いほど「悪い評価」になっている．

表1.7 質問ごとのSD値（平均値）

No.	内容	SD値（平均値）	No.	内容	SD値（平均値）
①	活用理解度	4.33	⑩	達成感	2.83
②	重複感のなさ	2.46	⑪	目的意識	2.79
③	教育効果	3.46	⑫	支援体制	2.83
④	業務密着度	3.46	⑬	リーダーシップ	2.71
⑤	手順理解度	3.33	⑭	業務反映度	3.75
⑥	コミュニケーション	2.96	⑮	やらされ感のなさ	2.50
⑦	合議必要性	2.58	⑯	役立ち度	3.38
⑧	メンバー数	2.75	⑰	満足度	2.08
⑨	ツール重複感のなさ	2.54			

表1.7の結果からレーダーチャートを書いたのが，図1.40である．

図1.40のレーダーチャートから，業務計画策定にアセスメント結果を活かし，反映する「活用理解度」や「業務反映度」の評価が高い．一方，セルフアセスメント実施と業務計画策定の「重複感」，アセスメントへの「満足度」および「やらされ感」の評価

「セルフアセスメント」に関するアンケート

セルフアセスメントの実態把握と今後の実施方法の参考としますので，アンケートへのご協力をお願いします（回答は漏れなく行ってください）．

なお，このアンケートは，今回のスキルアップコースに参加された方を対象として，試行的に実施するものです．

	質問内容	非常にそう思う	そう思う	どちらともいえない	そう思わない	全く思わない
①	アセスメントを業務計画策定にどう活かすのか知っている	5	4	3	2	1
②	アセスメントと業務計画策定をすることに重複感がある	5	4	3	2	1
③	アセッサー研修で習ったことは実践の場で使えない	5	4	3	2	1
④	アセスメントが業務の中に組み込まれていない	5	4	3	2	1
⑤	アセスメントの進め方を理解していない	5	4	3	2	1
⑥	アセスメント中のメンバー間の話し合いが足りない	5	4	3	2	1
⑦	アセスメントの合議の時間が取れない	5	4	3	2	1
⑧	アセスメントをするためのマンパワーが不足している	5	4	3	2	1
⑨	アセスメントと他の活動（EMS，TPM等）との重複感がある	5	4	3	2	1
⑩	アセスメントをしても実感できる成果が感じられない	5	4	3	2	1
⑪	アセスメントをすること自体が目的となっている	5	4	3	2	1
⑫	アセスメントから改善改革実施までの支援が一貫していない	5	4	3	2	1
⑬	本店はアセスメントを率先して実施している	5	4	3	2	1
⑭	アセスメントの結果が業務計画へ反映されていない	5	4	3	2	1
⑮	アセスメントにやらされ感がある	5	4	3	2	1
⑯	アセスメントは業務に役立っている	5	4	3	2	1
⑰	アセスメントをすることは楽しい	5	4	3	2	1

1. 現在のあなたの仕事（部門）は？
   ①総・労・経・資　②企画・広報・事業開発　③工務・給電　④通信　⑤土木　⑥営業・エネルギーソリューション　⑦用地　⑧配電　⑨火力　⑩原子力　⑪その他（　　　　　）
2. 現在のあなたの職場は？
   ①本店　②支店　③営業所　④電力所　⑤発電所・建設所・調査所

ご協力ありがとうございました．

経営管理室

図1.39　アンケート用紙

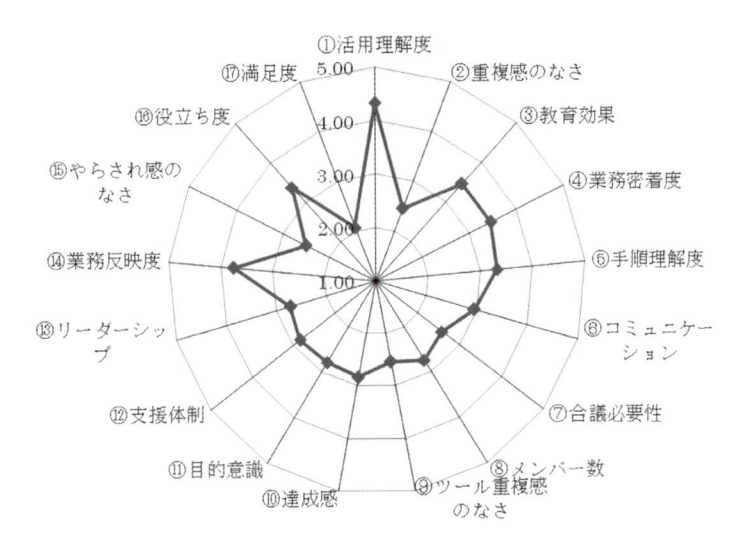

図1.40 質問ごとのSD値（平均値）のレーダーチャート

が低いということがわかった．

次に，結果系指標ごとに要因系指標と重回帰分析を行い，得られた標準偏回帰係数を横軸，SD値を縦軸に，散布図を書いて，ポートフォリオ分析を行った．その結果，結果系指標「⑰満足度」に関しては，要因系指標「⑩達成感」と「⑮やらされ感」が検討事項として挙げられた．さらに，結果系指標「⑯役立ち度」に関しては，要因系指標「⑦合議必要性」と「⑮やらされ感」が検討事項として挙げられた（図1.41）．

4. 分析を踏まえた今後の方向性

アセスメントの知識や業務計画立案時のアセスメント結果活用方法について，引き続き教育や支援を行う一方，他の業務との重複感等から生じる負担感のふっしょくが必要であることがわかった．

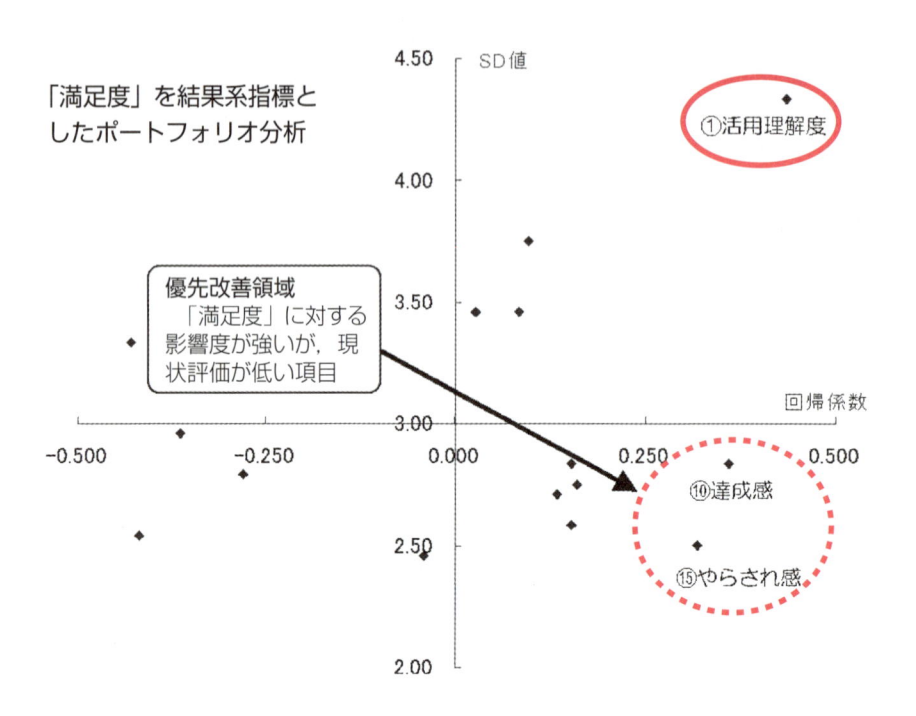

「満足度」を結果系指標と
したポートフォリオ分析

①活用理解度

優先改善領域
「満足度」に対する
影響度が強いが，現
状評価が低い項目

⑩達成感
⑮やらされ感

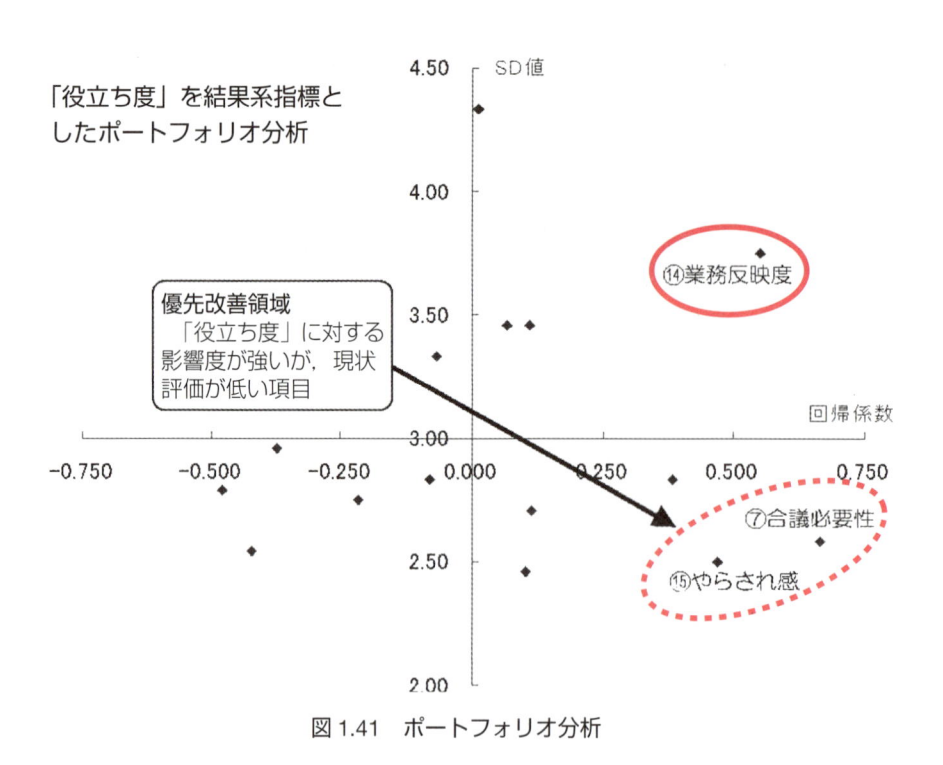

「役立ち度」を結果系指標と
したポートフォリオ分析

⑭業務反映度

優先改善領域
「役立ち度」に対する
影響度が強いが，現状
評価が低い項目

⑦合議必要性
⑮やらされ感

図 1.41　ポートフォリオ分析

事例3. 改善活動指導会の有益性を評価

出典：株式会社 NTT ドコモ 関西支社

1. 改善指導会の概要とアンケートの設計

株式会社 NTT ドコモ 関西支社[*]が改善活動の支援・推進を担当している．現在，活動の実践研修として，社外講師による活動プロセスの指導会を定期的に行っている．

本社内活動指導会を，表 1.8 に示す内容で実施した．

表 1.8 活動指導会の実施概要

項　目	内　　　容
実 施 名	活動指導会【本社内組織対象】
実施日時	10 月 21 日・24 日・28 日
実施場所	本社 3F　レクチャールーム・20 階会議室
参加者数	47 名
講　　師	今里　健一郎　(財)日本規格協会 関西支部

改善活動の実態把握と，今回実施した活動指導会を評価するため，図 1.42 に示すアンケート用紙を作成した．このアンケートを，活動指導会の参加者に記入をお願いし，27 名の回答があった．

2. アンケート結果の集約

27 名の回答結果をまとめてみた．

まず，Q 1～Q 13 の質問に対し，評価点ごとの人数を集計した結果が表 1.9 である．

表 1.9 評価点ごとの人数

質　問	Q1 参加しやすさ	Q2 進め方	Q3 時間	Q4 開催時期	Q5 今後の活動の役立ち	Q6 講師指導の適切さ	Q7 活動の進捗度	Q8 PTAの興味度	Q9 PTAの指導	Q10 指導会の必要性	Q11 業務改善の重要性	Q12 改善活動の重要性	Q13 指導会の有益性
非常にそう思う	1	3	6	1	8	10	1	2	3	2	15	4	1
そう思う	15	14	16	10	17	15	3	15	12	11	9	7	19
どちらともいえない	8	10	4	13	2	1	13	6	7	11	2	11	7
そう思わない	2	0	1	2	0	0	9	1	2	1	1	3	0
全くそう思わない	1	0	0	1	0	1	1	3	3	2	0	2	0

---

[*]「活動指導会」実施時は，株式会社 NTT ドコモ関西 CS 推進部．

改善活動指導会アンケート

現在行っている改善活動の指導会についてご意見をお聞きしたいと思います．
下記の質問にお答えいただきますようご協力よろしくお願いいたします．

1. 活動指導会について，下記の質問に対し，5段階で評価してください．質問に対し，「非常にそう思う」5点，「そう思う」4点，「どちらともいえない」3点，「そう思わない」2点，「全くそう思わない」1点を評価欄に記入してください．

非常にそう思う：5　そう思う：4，　どちらともいえない：3，　そう思わない：2，　全くそう思わない：1

質問 No.	質 問 内 容	評価
Q 1	個別指導の活動指導会は参加しやすいと思いますか？	
Q 2	活動指導会の進行方法（進め方・報告方法等）は適切だと思いますか？	
Q 3	活動指導会の時間は適切だと思いますか？	
Q 4	開催時期は適切だと思いますか？	
Q 5	今回の活動指導会は今後の活動に役立つ内容だと思いますか？	
Q 6	講師の指導・アドバイスはわかりやすく，適切だと思いますか？	
Q 7	改善活動の進捗は良いと思いますか？	
Q 8	管理者（PTA）は改善活動に興味があると思いますか？	
Q 9	管理者（PTA）は改善活動に指導をしていると思いますか？	
Q 10	今後もこのような活動指導会は必要だと思いますか？	
Q 11	業務改善は重要だと思いますか？	
Q 12	改善活動は重要だと思いますか？	
Q 13	今回の活動指導会全体を5段階評価してください． 【とても良い：5　良い：4　普通：3　悪い：2　とても悪い：1】	

2. 今回の活動指導会についてご意見，ご要望を記入願います．

ご協力ありがとうございます．

CS 推進部

図 1.42　アンケート用紙

表 1.9 の結果から，良い評価である評価点「5」と「4」の人数の割合を折れ線グラフに表したのが図 1.43 である．

評価「4」「5」の割合

- 参加しやすさ: 59%
- 進め方: 63%
- 時間: 81%
- 開催時期: 41%
- 今後の活動の役立ち: 93%
- 講師指導の適切さ: 93%
- 活動の進捗度: 15%
- PTAの興味度: 63%
- PTAの指導: 56%
- 指導会の必要性: 48%
- 業務改善の重要性: 89%
- 改善活動の重要性: 41%
- 指導会の有益性: 74%

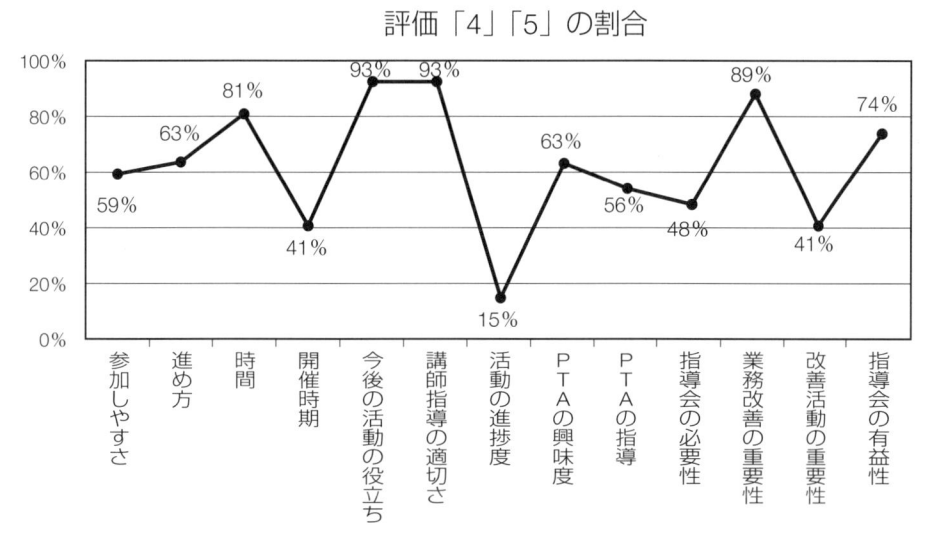

図 1.43　良い評価点「5」と「4」の割合

また，意見，要望欄に記載されていたコメントを書き出したのが次の内容である．

良かった点
- 全体の流れがスムーズであるかどうか，適切であるかどうかを検証いただき，有効なアドバイスがいただけた．
- 実際に取り組んでいる中で客観的に我々が気づかない点を指摘していただけたことで，今後の活動の方向性を見直せたと思う．

改善した方がよいと思われる点
- 改善活動のあり方について再検討願いたい．社内発表のための資料作りという印象がある．資料作成の稼働面からも今後の運用方法について改善を検討願います．会社全体で統一したテーマを課題にしたらいかがでしょうか？
- あの人数で大きな会場でやる必要はないのではと思いました．
- 活動の目的や意味の意識付けも重要になってくるかと思います．
- 理想を言えば，必要なときに指導を受ける仕組みがあるとよい．
- 1回目に参加したサークルが続けて参加と聞いたが，指導を受けたいサークルが参加する方が良いのではないでしょうか．
- この指導会に関しては特にテーマの選定，要因分析，課題解決策の立案といったときにいろいろなアドバイスを頂けると，活動に幅が生まれ有意義と思います．

図1.43と意見・要望のコメントから次のことがわかった．

- 指導会全体の評価としては，74％が「良い」以上を評価している．しかし，今後も活動指導会は必要かの問いに対しては，48％しか必要性を感じていない．
- 開催時期については，必要なときに受講できるシステムづくりや，各段階ごとの指導等の意見があった．
- 受講者の意識でも「業務改善」と「改善活動」とのギャップがまだまだ埋まっていない．

3. 質問間の比較

アンケート結果から質問間の比較をしてみた．

まず，5段階の評価を質問ごとに帯グラフに表したのが，図1.44である．

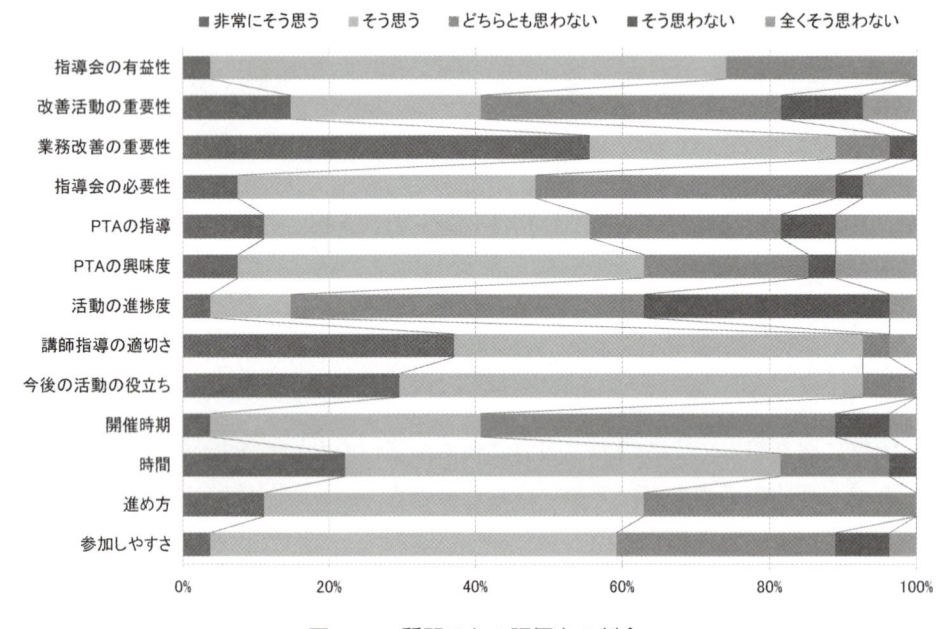

図1.44　質問ごとの評価点の割合

この帯グラフから，改善活動の重要性や活動の役立ちは理解できるが，なかなかうまくいかないのが現状であるということが，感じ取られる．

次に，SD値（平均値）を計算し，その結果をレーダーチャートに示したのが図1.45である．

このレーダーチャートから，SD値が3.50以上と3.50未満を分けてみると次のようになった．

事例 3．改善活動指導会の有益性を評価　　　　　　　　　　　　69

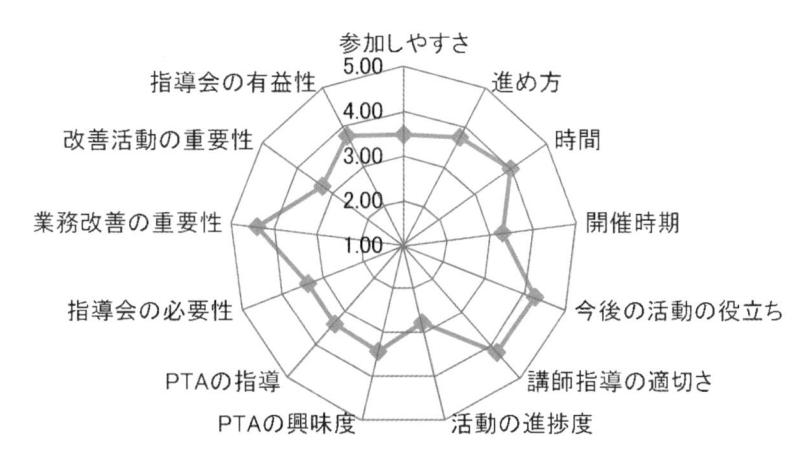

図 1.45　質問間の SD 値（平均値）のレーダーチャート

【SD 値：3.50 以上】
  Q 2．進め方
  Q 3．時間
  Q 5．今後の活動の役立ち
  Q 6．講師指導の適切さ
  Q 11．業務改善の重要性
  Q 13．指導会の有益性

【SD 値：3.50 未満】
  Q 1．参加しやすさ
  Q 4．開催時期
  Q 7．活動の進捗度
  Q 8．PTA の興味度
  Q 9．PTA の指導
  Q 10．指導会の必要性
  Q 12．改善活動の重要性

4. ポートフォリオ分析

結果系指標「Q 13. 指導会の有益性」を目的変数とし，要因系指標「Q 1. 参加しやすさ」～「Q 12. 改善活動の重要性」を説明変数とした重回帰分析を行い，標準偏回帰係数を求めた（データは基準化されたデータを使用）．

この標準偏回帰係数を横軸に，SD 値（平均値）を縦軸にとった散布図を書き，ポートフォリオ分析を行った結果が，図 1.46 である．

図 1.46 の結果，右上に位置する「Q 5. 今後の活動の役立ち」，「Q 6. 講師指導の適切さ」は良い評価であり，今後とも指導会を継続していく方向性で検討を行うことにした．

また，右下のゾーンは，結果系指標である「Q 13. 指導会の有益性」に関連が強い項目でありながら，SD 値が低いものであり，要改善項目として検討をする必要がある．ここでは，「Q 1. 参加しやすさ」，「Q 4. 開催時期」，「Q 12. 改善活動の重要性」がこれにあたり，今後，改善の検討項目として取り上げることとした．

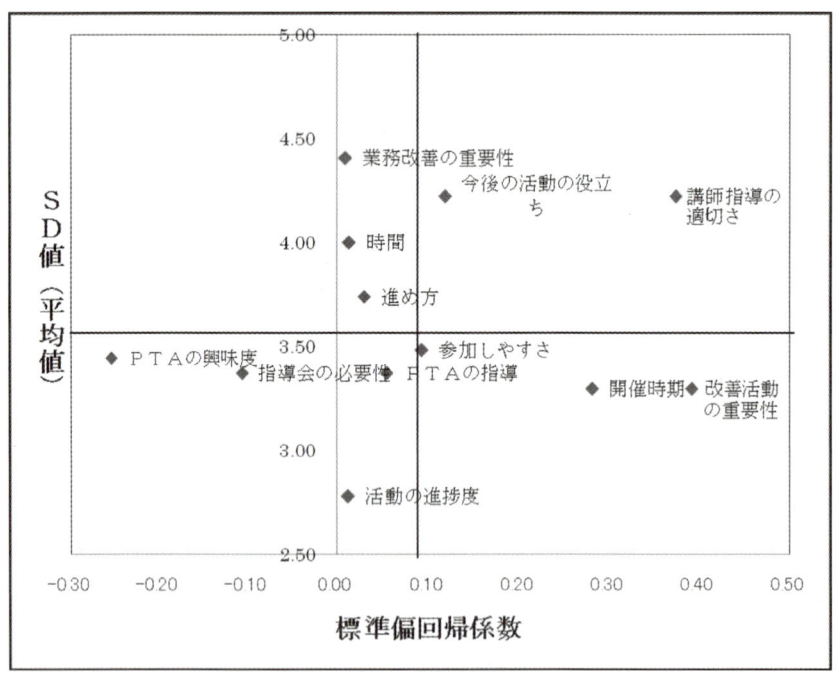

図 1.46 ポートフォリオ分析

事例 4．CSR 活動を職員とお客さまから評価

出典：財団法人関西電気保安協会 企画部

1．職員アンケートによる活動評価
(1) CSR の取り組み概要

財団法人関西電気保安協会では，2006 年 4 月に CSR 活動の取り組みを始めた．まず，CSR 行動憲章を策定した．

【CSR 行動憲章】

関西電気保安協会の事業活動は，お客さま，地域社会のみなさま，お取引先，従業員，そのほか社会の多くのみなさまにより支えられています．こうしたみなさまから頂戴する信頼こそが，お客さまのお役に立つ法人として事業活動を推進していくための基盤となります．

関西電気保安協会は，コンプライアンスや透明性の確保など，社会の一員としての責務を確実に果たすとともに，協会の事業活動に対してお客さま，地域社会のみなさま等から寄せられる期待に誠実にお応えすることにより社会に貢献し，みなさまからの信頼を確固たるものとしていきたいと考えています．このような認識のもと，関西電気保安協会は，以下の原則に基づき，すべての事業活動を展開し，公益法人としての社会的責任（CSR: Corporate Social Responsibility）を全うしていきます（図 1.47）．

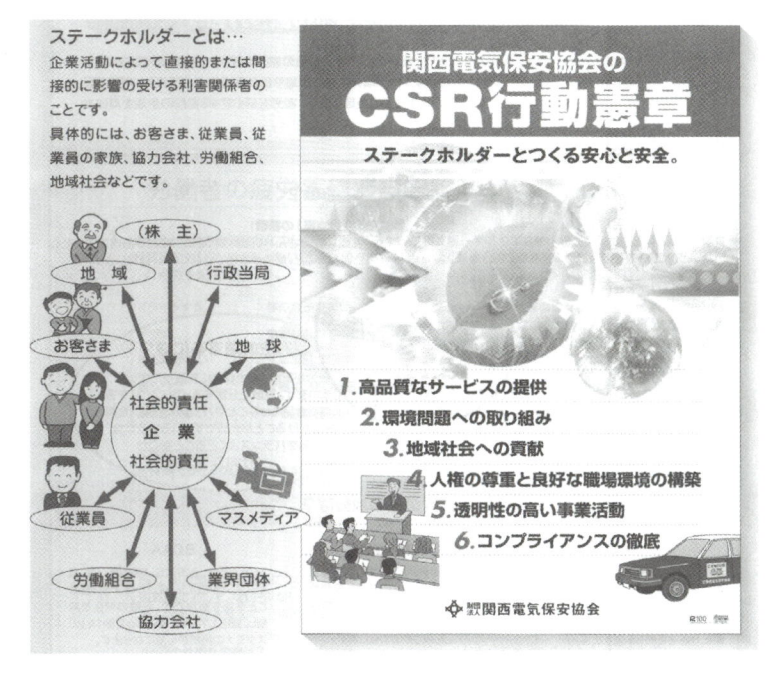

図 1.47　関西電気保安協会 CSR 行動憲章

このCSR行動憲章を展開するにあたり，以下の「行動規範」を作成した．

【CSR行動規範】

関西電気保安協会（以下，「協会」という．）の役員及び従業員は，協会指針の「誠実・親切・正確」をモットーとして「協会のCSR行動憲章」のもと，一人ひとりが法令，社会倫理及び協会内ルールを遵守するとともに，安全を基盤として業務を遂行し，お客さまをはじめ，社会のみなさまのために自らの最善を尽くします．

1. 高品質なサービスの提供

私は，お客さまに高品質なサービスを提供するため自己研鑽に努め，持てる技術を最大限に発揮し，業務を迅速かつ的確に遂行します．

① 安全を第一に，作業を行います．
② お客さま電気設備の状況を把握し，確実な点検と的確な診断を行います．
③ お客さま電気設備の不具合については，具体的な改修方法をお知らせし，電気故障の発生防止に努めます．
④ お客さまとの対話を大切にし，説明や報告は分かりやすく丁寧に行います．
⑤ お客さまからの要請・要望や相談などには，迅速かつ的確に対応します．

2. 環境問題への取り組み

私は，環境保全のために，省エネルギーや省資源などに努めます．また，お客さまの省エネルギー対策についても提案します．

⑥ 効率的な電気の使用方法や最新の省エネルギー技術・機器情報などを活かした提案を行います．
⑦ 過度な冷暖房を行わず，不要照明は消灯するなど自ら率先し，省エネルギーに努めます．
⑧ 廃棄物3R活動（Reduce：発生抑制，Reuse：再使用，Recycle：再生利用）に努めます．
⑨ 不要なアイドリングや空ふかし，急加速などをせず，環境に配慮した車両の運転を行います．

3. 地域社会への貢献

私は，地域社会の一員として，地域の取り組みなどに参加・協力するように努めます．

⑩ 電気使用安全及び電気利用合理化に関する啓発・周知のための活動に努めます．
⑪ 地域の美化活動や，こども110番などの安全活動にも参加します．

4. 人権の尊重と良好な職場環境の構築

私は，基本的人権を尊重するとともに，安全衛生に配慮し，誰もが快適に働ける

職場環境となるように行動します．
⑫ 差別やハラスメント（いやがらせ）などにより，相手に不快な思いをさせないように行動します．
⑬ 職場がいつも安全・清潔であるように取り組みます．
⑭ 報告・連絡・相談を確実に行い，風通しのよい明るく活力ある職場となるように努めます．

5. コンプライアンスの徹底

私は，業務遂行にあたって，関連する法令および協会内ルールを確実に遵守します．また，業務外であっても社会人として，良識ある行動をとります．

⑮ お客さまとの契約に基づき，調査や点検等の業務を的確に行います．
⑯ 安全用具等を確実に使用し，作業災害の防止に努めます．
⑰ 交通ルールを守り，安全運転に努めます．
⑱ 個人情報など，協会が保有する情報は他への流用や漏洩がないように取り扱います．
⑲ 業務遂行上のコンプライアンス違反については，勇気を持って是正を求めます．

(2) アンケート用紙の作成

CSR活動が職場にどの程度浸透しているのか，上記「CSR行動規範」をもとにアンケートを作成した．具体的には，CSR行動規範の各項目を質問にした．

そのアンケート用紙を図1.48に示す．

(3) アンケートの実施

このアンケートを8〜9月に実施した職員CSR活動研修の受講者120名に依頼した．

(4) アンケートの結果

アンケートの回答を集計したのが，表1.10であり，この表からSD値と標準偏差を計算した結果を表1.11に示す．

表1.11のSD値からレーダーチャートを作成したのが図1.49である．

レーダーチャートからわかることは，作業や安全に関することはおおむね良い評価になっているが，「効率的な電気使用の提案」，「産廃物3R活動の推進」，「地域活動への参加」，「コンプライアンス違反」の評価が低いように思われる．

CSR 行動規範についてのアンケート

皆様の職場で取り組まれている CSR 活動について,率直にお答えください.
評価の方法は,5 点法で次の評価基準で該当する数値を評価点の欄にご記入下さい.

事務局

[評価点]　大変よくできている:5 点　　よくできている:4 点
　　　　　どちらともいえない:3 点
　　　　　できていない:2 点　　　　　全くできていない:1 点

	質問内容	評価点
1	安全を第一に,作業していますか	
2	お客さま電気設備の状況を把握し,確実な点検と的確な診断を行っていますか	
3	お客さま電気設備の不具合については,具体的な改修方法をお知らせし,電気故障の発生防止に努めていますか	
4	お客さまとの対話を大切にし,説明や報告は分かりやすく丁寧に行っていますか	
5	お客さまからの要請・要望や相談などには,迅速かつ的確に対応していますか	
6	効率的な電気の使用方法や最新の省エネルギー技術・機器情報などを活かした提案を行っていますか	
7	過度な冷暖房を行わず,不要照明は消灯するなど自ら率先し,省エネルギーに努めていますか	
8	廃棄物 3R 活動(Reduce:発生抑制,Reuse:再使用,Recycle:再生利用)に努めていますか	
9	不要なアイドリングや空ふかし,急加速などをせず,環境に配慮した車両の運転を行っていますか	
10	電気使用安全及び電気利用合理化に関する啓発・周知のための活動に努めていますか	
11	地域の美化活動や,こども 110 番などの安全活動にも参加していますか	
12	差別やハラスメント(嫌がらせ)などにより,相手に不快な思いをさせないように行動していますか	
13	職場がいつも安全・清潔であるように取り組んでいますか	
14	報告・連絡・相談を確実に行い,風通しのよい明るく活力ある職場となるように努めていますか	
15	お客さまとの契約に基づき,調査や点検等の業務を的確に行っていますか	
16	安全用具等を確実に使用し,作業災害の防止に努めていますか	
17	交通ルールを守り,安全運転に努めていますか	
18	個人情報など,協会が保有する情報は他への流用や漏洩がないように取り扱っていますか	
19	業務遂行上のコンプライアンス違反については,勇気を持って是正を求めていますか	

図 1.48　CSR 行動規範に関するアンケート用紙

事例 4．CSR 活動を職員とお客さまから評価

表 1.10　アンケートの結果

	1 安全第一作業の遂行	2 確実な点検と診断	3 適切な改修案提示	4 丁寧な説明や報告	5 要望の迅速な対応	6 効率的な電気使用の提案	7 自主的な省エネ推進	8 廃棄物3R活動の推進	9 環境に配慮した運転	10 電気利用への啓発と周知	11 地域活動への参加	12 嫌がらせのない職場	13 職場の安全と清潔	14 報連相の確実な実施	15 調査・点検業務の的確さ	16 安全用具の確実使用	17 安全運転の遂行	18 個人情報漏洩防止	19 コンプライアンス違反の是正
A01	5	2	4	5	3	2	2	2	2	3	2	4	5	5	2	5	5	3	3
A02	4	4	4	3	4	2	3	2	4	4	5	5	3	3	4	4	5	5	1
A03	4	4	3	4	4	4	5	4	4	4	4	4	4	4	4	5	5	5	3
A04	4	5	4	4	5	3	3	4	3	5	3	5	3	4	5	3	4	5	3
A05	4	3	4	4	4	3	3	5	3	4	4	4	4	4	3	4	4	5	2
A06	4	3	3	4	4	2	3	4	3	4	4	4	4	3	2	4	3	4	3
A07	4	3	3	4	3	2	3	2	3	3	3	4	4	4	3	4	3	2	1
A08	5	3	4	3	2	3	3	5	4	3	3	4	5	3	5	5	4	5	3
A09	5	4	5	4	4	3	3	3	4	3	3	4	4	4	5	5	5	4	3
A10	5	4	4	5	4	2	4	3	3	3	1	5	3	3	3	3	3	3	3
A11	5	4	4	4	4	2	2	3	2	3	2	3	4	4	5	5	4	3	3
A12	5	4	4	3	5	3	3	3	5	2	2	3	3	4	5	5	5	3	3
A13	4	3	4	4	3	2	3	2	3	2	2	4	3	3	4	4	4	4	2
A14	5	5	4	5	5	4	3	3	3	4	4	4	4	5	4	5	5	5	3
A15	3	3	3	3	3	2	3	3	2	3	3	3	3	3	4	4	3	2	3
A16	4	3	3	4	3	2	2	4	3	2	3	3	4	3	4	3	4	4	3

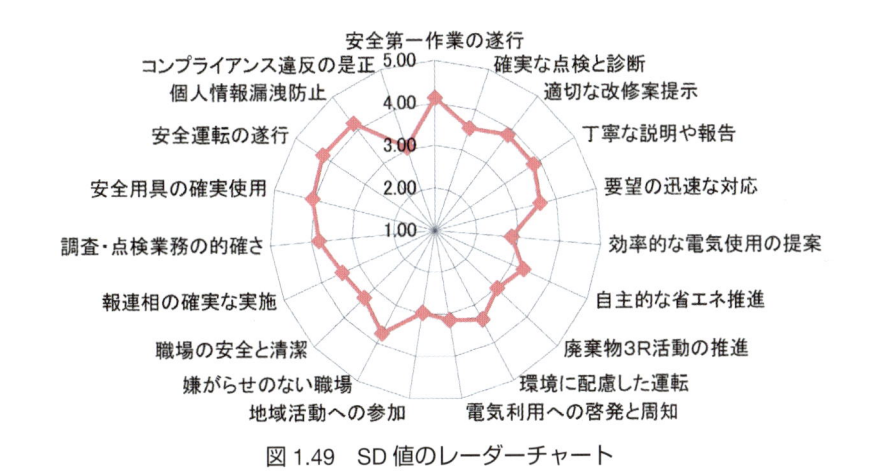

表 1.11　SD 値と標準偏差

	1 安全第一作業の遂行	2 確実な点検と診断	3 適切な改修案提示	4 丁寧な説明や報告	5 要望の迅速な対応	6 効率的な電気使用の提案	7 自主的な省エネ推進	8 廃棄物3R活動の推進	9 環境に配慮した運転	10 電気利用への啓発と周知	11 地域活動への参加	12 嫌がらせのない職場	13 職場の安全と清潔	14 報連相の確実な実施	15 調査・点検業務の的確さ	16 安全用具の確実使用	17 安全運転の遂行	18 個人情報漏洩防止	19 コンプライアンス違反の是正
SD値	4.11	3.53	3.83	3.81	3.58	2.83	3.31	3.03	3.39	3.15	2.97	3.75	3.34	3.46	3.82	4.05	4.23	4.19	3.05
標準偏差	0.70	0.75	0.72	0.83	0.85	0.79	1.05	0.88	1.11	0.79	1.20	1.00	0.94	0.93	0.83	0.74	0.82	0.79	1.04

図 1.49　SD 値のレーダーチャート

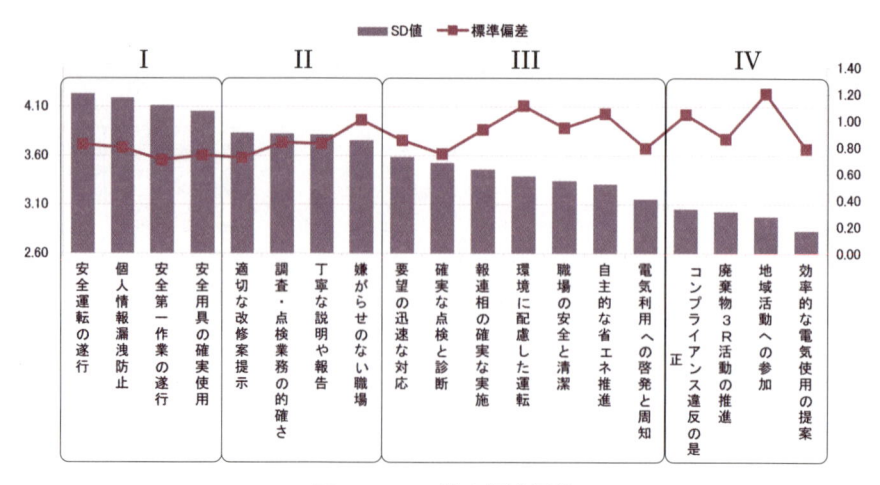

図1.50　SD値と標準偏差

図1.50のSD値を分類してみると，

SD値の高いエリア【I】には，「安全運転の遂行」，「個人情報漏洩防止」，「安全第一作業の遂行」，「安全用具の確実使用」などが挙げられ，業務の基本となる安全・安心は日ごろから，十分に気を使って仕事をしているものと思われる．

次のSD値が少し高いエリア【II】には，「適切な改修案提示」，「調査・点検業務の適切さ」，「丁寧な説明や報告」，「嫌がらせのない職場」など，業務の正確さや職場の快適さなどが挙げられた．

SD値が少し低いエリア【III】には，「要望の迅速な対応」，「確実な点検と診断」，「報連相の確実な実施」，「環境に配慮した運転」，「職場の安全と清潔」，「自主的な省エネ推進」，「電気利用への啓発と周知」など，業務の遂行と新しい提案活動などが挙げられる．

SD値が低いエリア【IV】には，「コンプライアンス違反の是正」，「廃棄物3R活動の推進」，「地域活動への参加」，「効率的な電気使用の提案」などが挙げられ，最近話題になってきた企業活動がまだできあがっていないと思われる．

以上のことから，仕事の内容はしっかりとできていると評価している．反面，環境面や報連相，清潔さなど職場環境や自主的に行う活動が弱いと評価している．

2. お客さまからみた関西電気保安協会をアンケートで評価する

お客さま満足度アンケートの結果をまとめたのが，図1.52，図1.53である．

事例4．CSR活動を職員とお客さまから評価　　　　　　　　77

平成18年度「お客さま満足度アンケート」調査結果の概要
企画部

この度、当協会では、協会の現在の事業活動に対するお客さまの評価ならびにご意見をおうかがいし、今後の事業活動の向上や改善に役立てるため、お客さま満足度アンケート調査を実施いたしました。お忙しい中、アンケートにご協力いただいたお客さまに御礼申し上げます。以下にその概要を紹介させていただきます。

実施期間　平成18年11月～12月
発送数　　1,300件（任意抽出）
回答数　　900件

図1.51　お客さま満足度アンケートの調査概要

丁寧で適切な対応

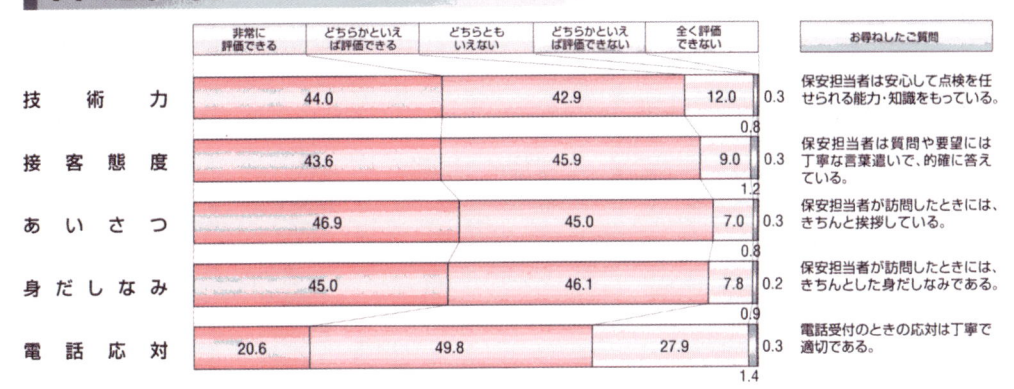

項目	非常に評価できる	どちらかといえば評価できる	どちらともいえない	どちらかといえば評価できない	全く評価できない	お尋ねしたご質問
技術力	44.0		42.9	12.0	0.3 / 0.8	保安担当者は安心して点検を任せられる能力・知識をもっている。
接客態度	43.6		45.9	9.0	0.3 / 1.2	保安担当者は質問や要望には丁寧な言葉遣いで、的確に答えている。
あいさつ	46.9		45.0	7.0	0.3 / 0.8	保安担当者が訪問したときには、きちんと挨拶している。
身だしなみ	45.0		46.1	7.8	0.2 / 0.9	保安担当者が訪問したときには、きちんとした身だしなみである。
電話応対	20.6	49.8		27.9	0.3 / 1.4	電話受付のときの応対は丁寧で適切である。

事故・緊急時・災害時の対応力

項目	非常に評価できる	どちらかといえば評価できる	どちらともいえない	どちらかといえば評価できない	全く評価できない	お尋ねしたご質問
連絡体制	30.2	42.2		25.1	0.8 / 1.7	保安担当者に至急連絡をとりたい場合は、すぐに連絡がとれるようになっている。
説明	28.3	41.2		28.1	0.6 / 1.8	故障、事故、災害等の場合、故障内容や原因について丁寧に説明している。
即応力	27.9	36.7		33.1	0.3 / 2.0	故障、事故、災害等の場合、出動を依頼したらすぐに駆けつけている。
応急処置	24.7	37.7		35.2	0.7 / 1.8	故障、事故、災害等の場合には、すぐに復旧できるよう処置している。
出動体制	26.2	37.2		33.3	0.8 / 2.4	24時間365日、故障・事故等に対応できる体制をとっている。
受電設備保証保険	10.4	17.1	67.0		1.9 / 3.6	雷害と水害の場合、被害を保証する保険制度に協会が入っている。

図1.52　お客さま満足度アンケートの結果（その1）

コンサルティング力

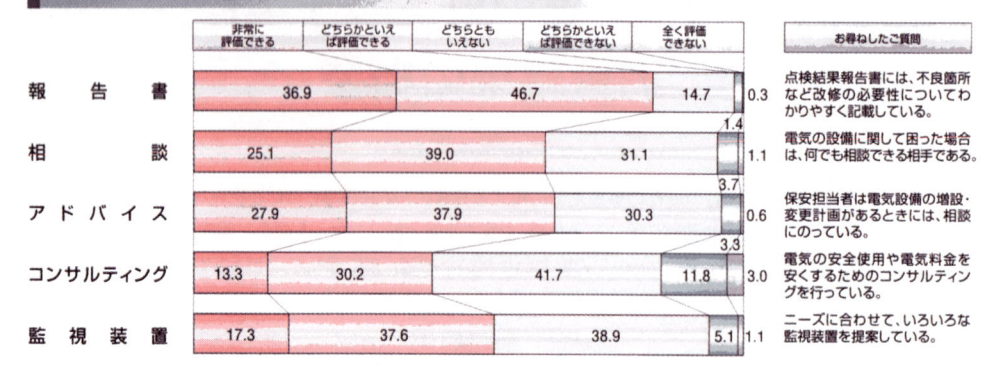

項目	非常に評価できる	どちらかといえば評価できる	どちらともいえない	どちらかといえば評価できない	全く評価できない	お尋ねしたご質問
報告書	36.9	46.7	14.7	1.4	0.3	点検結果報告書には、不良箇所など改修の必要性についてわかりやすく記載している。
相談	25.1	39.0	31.1	3.7	1.1	電気の設備に関して困った場合は、何でも相談できる相手である。
アドバイス	27.9	37.9	30.3	3.3	0.6	保安担当者は電気設備の増設・変更計画があるときには、相談にのっている。
コンサルティング	13.3	30.2	41.7	11.8	3.0	電気の安全使用や電気料金を安くするためのコンサルティングを行っている。
監視装置	17.3	37.6	38.9	5.1	1.1	ニーズに合わせて、いろいろな監視装置を提案している。

ホームページ・広報誌の閲読経験

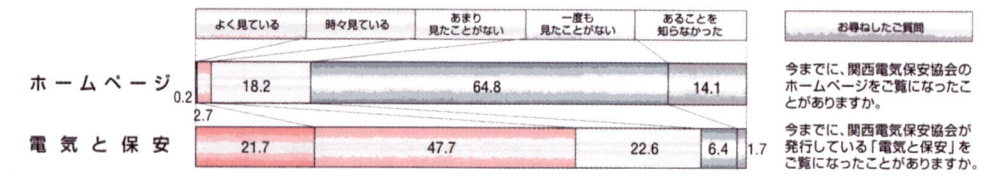

項目	よく見ている	時々見ている	あまり見たことがない	一度も見たことがない	あることを知らなかった	お尋ねしたご質問
ホームページ	0.2	18.2	64.8	14.1	2.7	今までに、関西電気保安協会のホームページをご覧になったことがありますか。
電気と保安	21.7	47.7	22.6	6.4	1.7	今までに、関西電気保安協会が発行している「電気と保安」をご覧になったことがありますか。

情報の受発信

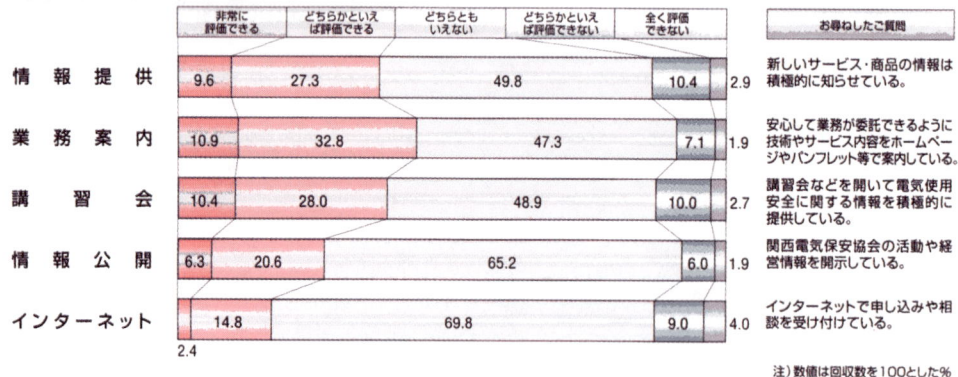

項目	非常に評価できる	どちらかといえば評価できる	どちらともいえない	どちらかといえば評価できない	全く評価できない	お尋ねしたご質問
情報提供	9.6	27.3	49.8	10.4	2.9	新しいサービス・商品の情報は積極的に知らせている。
業務案内	10.9	32.8	47.3	7.1	1.9	安心して業務が委託できるように技術やサービス内容をホームページやパンフレット等で案内している。
講習会	10.4	28.0	48.9	10.0	2.7	講習会などを開いて電気使用安全に関する情報を積極的に提供している。
情報公開	6.3	20.6	65.2	6.0	1.9	関西電気保安協会の活動や経営情報を開示している。
インターネット	2.4	14.8	69.8	9.0	4.0	インターネットで申し込みや相談を受け付けている。

注）数値は回収数を100とした％

今回のアンケート調査結果をもとに、
さらに高品質なサービスの提供を目指して、業務の改善に努めてまいります。
今後とも、お客さまとのコミュニケーションを大切にし、
お客さまのご期待やご要望に誠実・的確におこたえすることにより、
よりご満足いただける協会を目指してまいります。皆様のご愛顧をお願い申し上げます。

図1.53 お客さま満足度アンケートの結果（その2）

事例 5. 受講後の感想を言語データで評価

～携帯電話とパソコンで発想（追手門学院大学「特色ある教育」今里健一郎）～

1. 教育のねらい

「体験にもとづく発見的・自己開発的な学習」を目指して，「親和図によるアイデア・サポートの方法」を講義に取り入れてみたものである．具体的には，発想を自由にさせ，ユビキタス社会への入門として携帯電話メールを言語情報の作成と収集の手段として活用し，各自のアイデアを書いて通信するものとした．さらに，パソコンを活用して言語情報を親和図にまとめ発表させることによって，プレゼンテーション能力の向上も図った．

今回の教育を通して，生徒個人での着想を書きとめ言語データ化し，パソコンにより画像も含めてレポートを作成することによって，卒業論文の作成に役立てられるものと思われる．さらに，グループ演習を行うことによって，いろいろな人たちとの合意形成を図ることにも効果があるものと思われる．

2. 教育の実施方法と時間数

最初に，紙ベース（カード形式）による親和図の講義を行い，『今年の夏休みにやりたいこと』を自由にカードに書き出し，親和図でまとめる演習を行った．次に，言語データの書き出しに携帯電話（ユビキタス：図 1.54 の左図）を使い，メールによって講師のメールボックスへ集めるようにした．

その結果を，図 1.54 の右図にあるようにパソコンプロジェクターで全員が発表をするといった教育を 1.5 時間×6 回＝計 9 時間で行った．

3. 成　果

教育の成果を「教育研究所セミナー　学生による『体験型学習』報告会」で発表し，好評を得た．その内容は，図 1.55 のとおりである．

4. 受講生の教育に対する感想およびまとめ

教育中並びに教育終了時いつでも気がついたときに，感じたことを携帯電話（ユビキタス）のメールで送ってもらった．

その結果をパソコンで親和図を作成し，図 1.56 のようにまとめてみると，次のことがわかった．

　　① パソコンと携帯電話を使った授業は多少難しかったが，楽しく勉強になった．
　　② 楽しく実践に役に立つ授業だった．

①については，「やり方は難しかったがおもしろかった」，「パソコンを使っての授業

図1.54 携帯電話とパソコンで発想する授業の内容

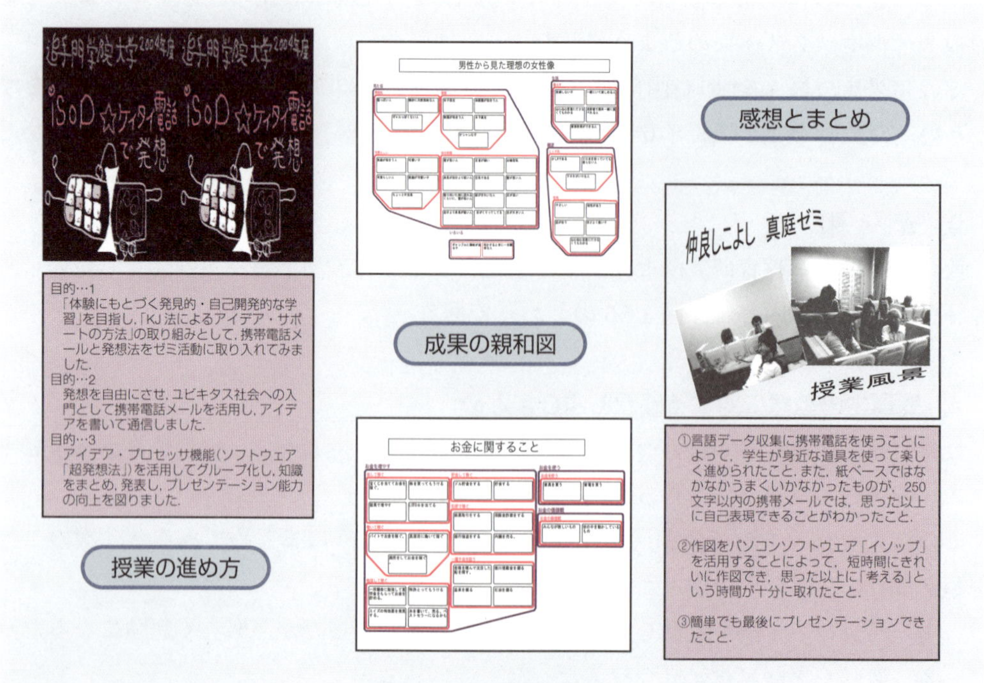

携帯電話（ユビキタス）による言語データの作成

グループで作成した親和図の発表風景

教育の日程

Step 1. 5月12日（水）3時限　イントロダクション親和図：基礎1／言語データとは
Step 2. 5月19日（水）3時限　親和図：基礎2／カードによる親和図の作図演習
Step 3. 6月 2日（水）3時限　親和図：パソコン実習／パソコンの使い方
Step 4. 6月 9日（水）3時限　親和図：グループワーク／携帯電話による言語データの作成
Step 5. 6月16日（水）3時限　親和図：グループワーク／パソコンによる親和図の作成
Step 6. 7月 7日（水）3時限　グループ実習の成果を発表

図1.55 成果の発表

授業の進め方

目的…1
「体験にもとづく発見的・自己開発的な学習」を目指し、「KJ法によるアイデア・サポートの方法」の取り組みとして、携帯電話メールと発想法をゼミ活動に取り入れてみました。

目的…2
発想を自由にさせ、ユビキタス社会への入門として携帯電話メールを活用し、アイデアを書いて通信しました。

目的…3
アイデア・プロセッサ機能（ソフトウェア「超発想法」）を活用してグループ化し、知識をまとめ、発表し、プレゼンテーション能力の向上を図りました。

成果の親和図

感想とまとめ

① 言語データ収集に携帯電話を使うことによって、学生が身近な道具を使って楽しく進められたこと。また、紙ベースではなかなかうまくいかなかったものが、250文字以内の携帯メールでは、思った以上に自己表現できることがわかったこと。

② 作図をパソコンソフトウェア「イソップ」を活用することによって、短時間にきれいに作図でき、思った以上に「考える」という時間が十分に取れたこと。

③ 簡単でも最後にプレゼンテーションできたこと。

は勉強になった」,「携帯電話を使った風変わりな授業で楽しかった」,また,②については,「楽しい授業だったので続けて参加できそうだ」,「授業内容は思ったより簡単であった」,「今回の授業内容は実践で役立つものであった」と,受講生にとってパソコンと携帯電話を組み合わせた授業は,従来の講義方法よりも興味が増すものと思われた.

興味をもてば,多少難解な授業内容であっても習得していく意欲がわいてくるものである.今回の授業の中では2方法の親和図を行ったが,カードを使ったときにあまり出なかった言語データが,ユビキタスを使った携帯電話ではより多くの具体的な言語データが集まってきたことは,注目するところである.

教育の場面で,携帯電話の活用が今後の教育効果を引き上げる手段として大いに活用できることが実証された試みであった.

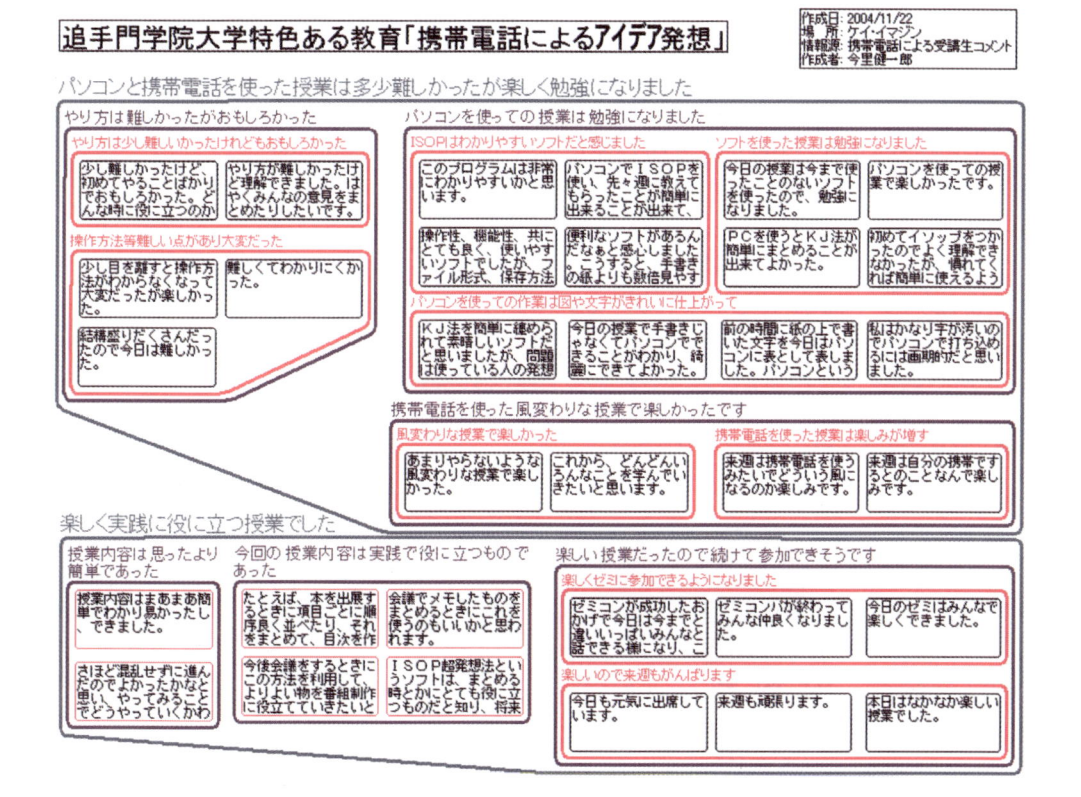

図1.56 受講者の感想コメントより作成した親和図

コーヒーたいむ 2

うまくいかない！

アンケートの実施事例（p.53〜p.81）をみた．
なるほど，ふむふむ．これならできそう．
いざやってみた．
ん?!　うまくいかないなぁ．
今回の場合はこうだから……．でも……（悩）（悩）（悩）．

掲載事例は，いわばサクセスストーリー．
あーでもない，こーでもないという
紆余曲折を繰り返しながら，
ボツになった資料とアンケート用紙の山，
その上に仕上がったもの．
「よしやろう」ですぐできたわけではない．

まずは一生懸命考えよう．
皆で議論しよう．
目的はなに？　仮説はなに？
ここで手を抜かないことが，アンケート成功のカギになる．

そうはいっても……　というあなた！
次のページに，その手順が書いてある．

coffeetime.

第2章 アンケートの設計

しっかりした設計が，良いアンケートに導く．
設計とは，アンケートを行う目的を明確にし，
その目的の仮説を考えることである．

2.1 アンケートの設計は仮説を立てて進める

　アンケートを設計するには，まずアンケートを実施する目的「何を評価したいのか」を明確にする．次に，この目的に対し，結果系指標と要因系指標を考え，仮説を立てる．このとき，仮説構造図を書くと抜けが少なく，仮説の構造がみえてくる．

　要因系指標を洗い出すときは，できるだけ多くの関係者を集めてディスカッションを行うとよい．また，日ごろ口うるさい人たちに聞いてみると，いろいろな意見が出てきておもしろい．

　仮説を立てることができれば，結果系指標や要因系指標からアンケートで聞く質問を考える．質問形式には2択，SD法，自由記述などいろいろな方法がある．解析に重回帰分析やポートフォリオ分析を行う場合は，質問はSD法で作成するとよい．自由記述回答は回答者に負担をかけるため，できる限り少なくするよう設計するのがコツである．しかし，アンケート企画者が気がつかない点を教えてくれる情報もあるので，1アンケートに1〜3程度の質問を最後に入れておくのもよい方法である．

　アンケートの調査用紙ができれば，質問に回答いただく調査対象者を決める．必要なサンプル数は，社外のお客様や取引先など多数となる場合は，30〜100サンプルをランダムに抽出する．ランダムに抽出する方法として，「単純ランダム・サンプリング法」，「系統抽出法」，「多段抽出法」，「層別抽出法」などがある．調査対象者が社内の場合は，「全数調査法」や「単純ランダム・サンプリング法」，「系統抽出法」などでサンプリングが行われることが多い．

　調査方法は，アンケート用紙を配布し回収する方法や，郵送，最近ではインターネットによる方法などいろいろあるが，コストと精度を考えて，実施方法を決定する．

　以上のアンケートを設計する手順を，図2.1に示す．

2.1 アンケートの設計は仮説を立てて進める

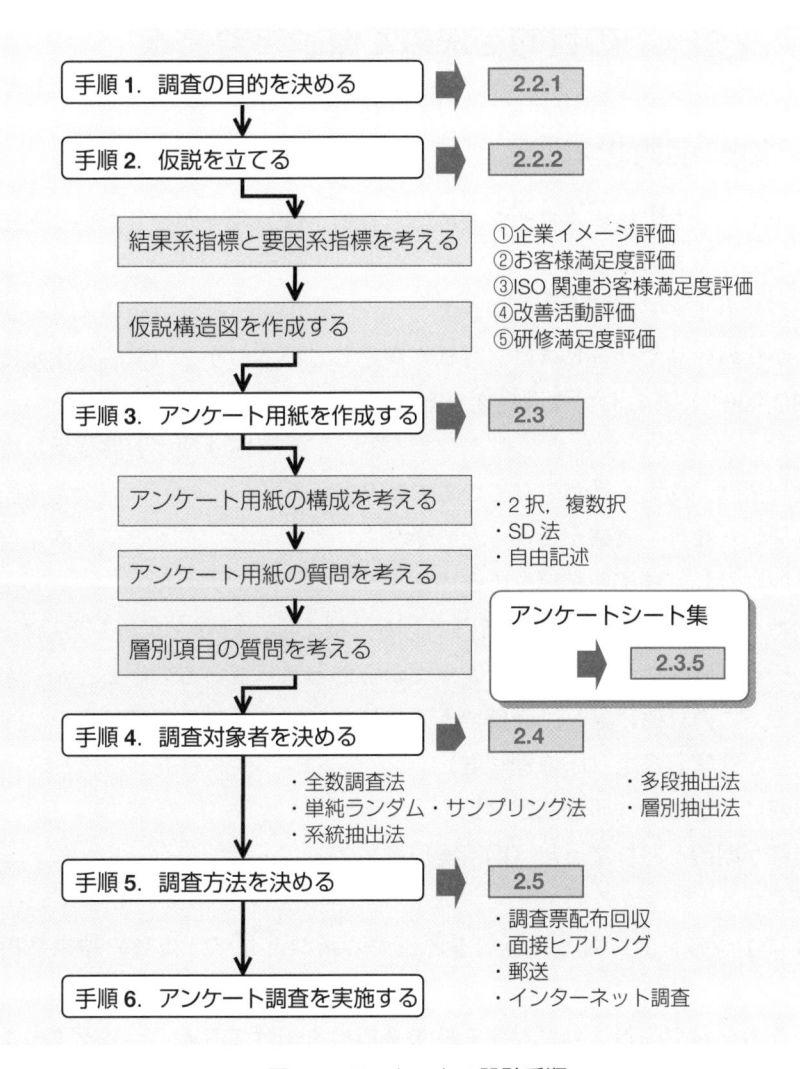

```
手順1. 調査の目的を決める    → 2.2.1
        ↓
手順2. 仮説を立てる          → 2.2.2
        ↓
  結果系指標と要因系指標を考える    ①企業イメージ評価
        ↓                          ②お客様満足度評価
  仮説構造図を作成する              ③ISO関連お客様満足度評価
        ↓                          ④改善活動評価
手順3. アンケート用紙を作成する → 2.3  ⑤研修満足度評価
        ↓
  アンケート用紙の構成を考える     ・2択，複数択
        ↓                          ・SD法
  アンケート用紙の質問を考える     ・自由記述
        ↓
  層別項目の質問を考える          アンケートシート集 → 2.3.5
        ↓
手順4. 調査対象者を決める    → 2.4
        ↓     ・全数調査法           ・多段抽出法
              ・単純ランダム・サンプリング法  ・層別抽出法
              ・系統抽出法
        ↓
手順5. 調査方法を決める      → 2.5
        ↓     ・調査票配布回収
              ・面接ヒアリング
              ・郵送
              ・インターネット調査
手順6. アンケート調査を実施する
```

図2.1 アンケートの設計手順

2.2 アンケートの目的を決めて仮説を考える

2.2.1 ● 調査の目的を決める

まず，アンケートを実施する目的を決める．目的とは，我々が知りたいことである．例えば，次のようなものである．

① わが社のイメージはどうなのか？　　　　　　　　　　（企業イメージ評価）
② わが社の商品やサービスにお客様が満足しているのか？（お客様満足度評価）
③ ISO 9001 にあるお客様満足度をどう測定すればよいのか？
　　　　　　　　　　　　　　　　　　　　　　　　（ISO 関連お客様満足度評価）
④ 改善活動がうまく進められているのか？　　　　　　　　　（改善活動評価）
⑤ 実施した教育・研修がよかったのか？　　　　　　　　　（研修満足度評価）

以上の目的に対し，結果系指標を設定する．

結果系指標とは，目的を評価する指標である．例えば，研修を実施した場合，「今回実施した○○基礎研修において，受講者がよかったと思っているのかどうか」が知りたい目的である．この目的に対し，評価できる指標としての結果系指標は，

① 内容が理解できた（研修理解度）
② 研修に満足した（研修満足度）
③ 研修が期待どおりだった（期待実現度）

などが挙げられる．

このように1つの目的に対し，目的を評価する指標として，複数の結果系指標が考えられる．

上記①～⑤の業務や改善活動に対する結果系指標を挙げてみると，表2.1のようなものが考えられる．

2.2.2 ● 目的から結果系指標と要因系指標の仮説を立てる

調査する目的が決まれば，仮説を考える．仮説は結果系指標と要因系指標で考える．結果系指標（図2.2の T1～T3）とは，アンケートを行う目的を指標化したもので，表2.1の内容である．

要因系指標（図2.2の E1～E5）とは，結果系指標を結果として生み出す要因群であり，企業で行われているいろいろな活動などがこれにあたる．

仮説を立てるには，関係者が集まってディスカッションを行ったり，数名の人にヒアリングを行って，要因系指標を書き出す．このとき，目的に特に関係している人たちや関心のある人たちを集めるとよい．

表 2.1　目的と結果系指標

目的		結果系指標	
①企業イメージ評価	わが社のイメージはどうなのか	信頼できる企業	企業信頼度
		満足できる企業	お客様満足度
		好感が得られる企業	地域好感度
②お客様満足度評価	わが社の商品やサービスにお客様が満足しているか	利用してよかった	総合満足度
		もう一度利用してみたい	リピーター度
		知人に勧める	勧奨度
③ISO関連のお客様満足度評価	ISO 9001にあるお客様満足度をどう測定すればよいか	商品やサービスに満足している	総合満足度
		取引や利用を継続する	リピーター度
		品質保証体制は満足できる	品質保証満足度
④改善活動評価	改善活動がうまく進められているのか	活動が活発である	活動活発度
		活動が有意義である	活動有意義感
		活動成果が業務に活かされている	業務反映度
⑤研修満足度評価	実施した研修がよかったのか	内容が理解できた	研修理解度
		研修が期待どおりだった	期待実現度
		研修に満足した	研修満足度

　議論したり，聞き取った結果を，目的である結果系指標を真ん中に置いて，要因系指標をその周りに書き出す．このとき，仮説構造図を作成するとよい．

　仮説構造図とは，目的に対し，結果系指標と要因系指標の関係を図に表したものである．この仮説構造図の概念を図2.2に示す．

　仮説構造図の具体的な例として，図2.3の例では，企業イメージ評価「10年後に勝ち組になっている会社」が結果系指標であり，この結果系指標に影響を与えていると考えられる，「改善力」，「コミュニケーション」，「信頼度」，「お客様重視」などが要因系指標となる．

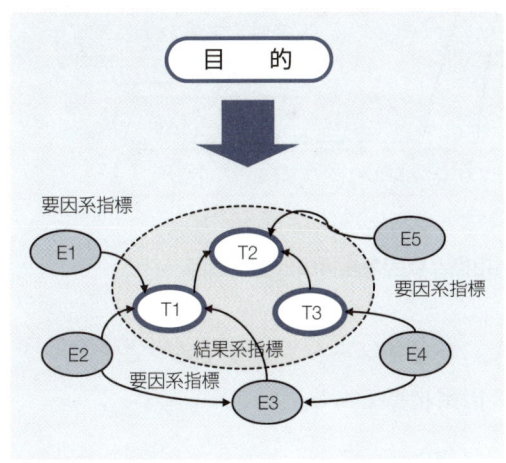

図2.2　結果系指標と要因系指標の仮説構造図　　　図2.3　仮説構造図の例

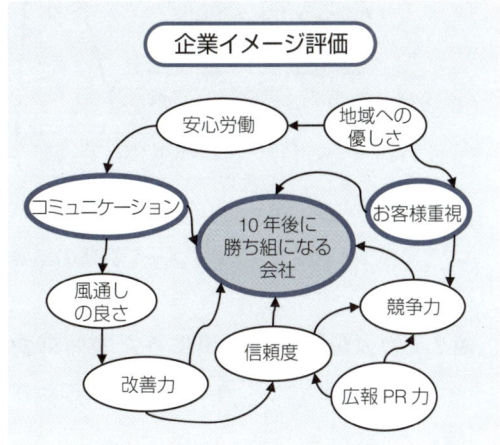

仮説 1．「わが社のイメージはどうなのか」の仮説を考える

ポート課長が，社内の CSR 推進委員会に出席していたとき，「わが社は，CSR に取り組んでいるが，ステークホルダーからみれば，本当に満足しているんだろか」という意見が出た．そこで，「お客様」，「地域社会」，「従業員」からみて満足のいく企業活動ができているのか，アンケートで調査することになった．

具体的には，各ステークホルダーからみた企業活動評価を考えることとした．まず，結果系指標として，「お客様満足度」，「地域好感度」，「企業信頼度」の 3 つを設定した．

【結果系指標】
- T–1　満足できる企業（お客様満足度）
- T–2　地域共生ができている企業（地域好感度）
- T–3　信頼できる企業（企業信頼度）

この結果系指標を真ん中に置き，「お客様」，「地域社会」，「社員」という立場に立って，企業イメージを考えて，仮説構造図を全員で作り上げた（図 2.4）．

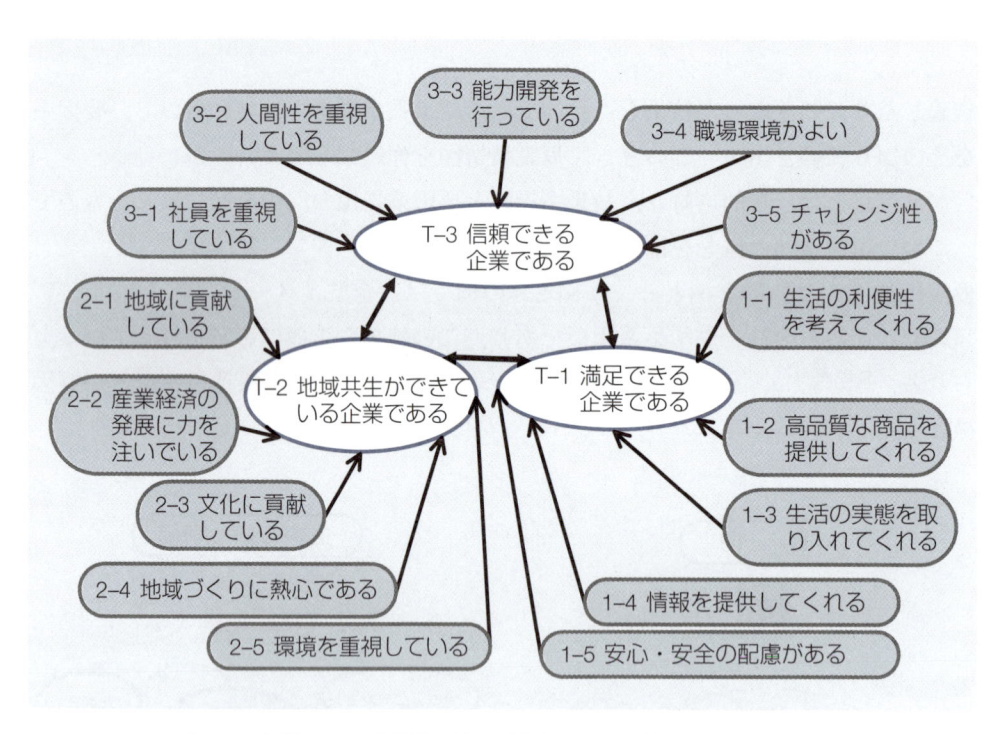

図 2.4　企業イメージ評価の結果系指標と要因系指標の仮説構造図

図 2.4 の仮説構造図で出てきた要因群から，企業イメージを評価する「ことば」と「キーワード」を表してみたのが，次に示す要因系指標である．

【要因系指標】
1. お客様に対して

- 1–1 生活をより便利にすることに力を注いでくれる企業（生活利便性）
- 1–2 質の高い製品・サービスを提供してくれる企業（高品質提供）
- 1–3 お客様の生活の実態を取り入れようとしている企業（生活実現性）
- 1–4 お客様に製品・サービスの情報を提供している企業（情報提供度）
- 1–5 お客様の安心・安全に気を配っている企業（安心・安全配慮）

2. 地域社会に対して
- 2–1 地域活性化に広く貢献している企業（地域貢献）
- 2–2 地域の産業経済の発展に力を注いでいる企業（産業経済発展）
- 2–3 地域の文化の発展に力を注いでくれる企業（文化貢献）
- 2–4 弱者に優しい地域づくりに貢献する企業（地域づくり）
- 2–5 環境の保全に気を配っている企業（環境重視）

3. 社員に対して
- 3–1 社員の生活向上のために気を配っている企業（社員重視）
- 3–2 社員の人間性を尊重している企業（人間性尊重）
- 3–3 社員の能力を発揮できる企業（能力開発）
- 3–4 職場環境が快適な企業（職場環境）
- 3–5 新しいことにチャレンジする雰囲気の企業（チャレンジ性）

☞ アンケート用紙は，2.3.5 シート 1（p.110–p.111）参照．

仮説2.「わが社のサービスにお客様が満足しているか」の仮説を考える

　フォリオ夫人がパートで勤めているホテルでは、「お客様に満足していただけているか」を知るために、客室にアンケートを置くことになった。そこで、フォリオ夫人がアンケート用紙をつくるため、居間でいろいろと思案していた。

　「ホテルにとっては、宿泊されたお客様が『いいホテルだったね』と感じ、『また来よう』、『今度はお友達も誘ってみよう』と言っていただければ満点なんだよね」とフォリオ夫人がポート氏に言った。

　ポート氏「そうだなあ」と言ってしばらく考えて、「今日、会社でアンケートが話題になったんだ。アンケートを考えるには、まず目的をはっきりさせ、仮説を立てることが重要なんだよ」と言って、近くにあった紙に図を書き出した（図2.5）。

　フォリオ夫人が言った3つのキーワードから結果系指標を考え、図の下に書いてみた。

【結果系指標】
　　T-1　今回泊ってよかったでしょうか（総合満足度）
　　T-2　もう一度泊まってみたいですか（リピーター度）
　　T-3　お友達を誘ってみようと思いますか（推奨度）

　ポート氏が言った、「泊ってよかった、悪かった、と思うのはなぜだと思う」。フォリオ夫人「泊った部屋が快適であること」、「それから、ホテル側の対応も気になるよね」。ポート氏「食事をホテルで取った場合、レストランの雰囲気や味、対応なども影響するだろう」と言いながら、結果系指標に影響を及ぼすと思われる要素を書き出してみた。その結果が、図2.5に示す仮説構造図である。この仮説構造図から、お客様が評価する要因系指標を考えてみた。

【要因系指標】
　1. ホテルの対応
　　　1-1　電話受付担当の対応が良かったか
　　　1-2　客室予約担当の対応が良かったか
　　　1-3　クロークの対応は良かったか
　　　1-4　フロントの対応は良かったか
　　　1-5　ルームサービスの対応は良かったか
　2. 客室の状況
　　　2-1　部屋は快適だったか
　　　2-2　室内の備品は使いやすかったか
　　　2-3　バスルームは清潔だったか
　　　2-4　ベットの寝心地はよかったか
　　　2-5　パジャマ・タオルなどはどうだったか

2.2 アンケートの目的を決めて仮説を考える

ホテルの対応
- 電話受付担当
- 客室予約担当
- クローク
- フロント
- ルームサービス

客室の状況
- 部屋の快適さ
- 室内備品の使いやすさ
- バスルームの清潔感
- ベッドの寝心地
- パジャマ・タオル

食事に関して
- レストランの雰囲気
- スタッフの対応
- 料理の味
- 料理の量
- 料理の待ち時間

T-2 もう一度泊まってみたい（リピーター度） ← T-1 今回泊まってよかった（総合満足度） → T-3 お友達を誘ってみよう（推奨度）

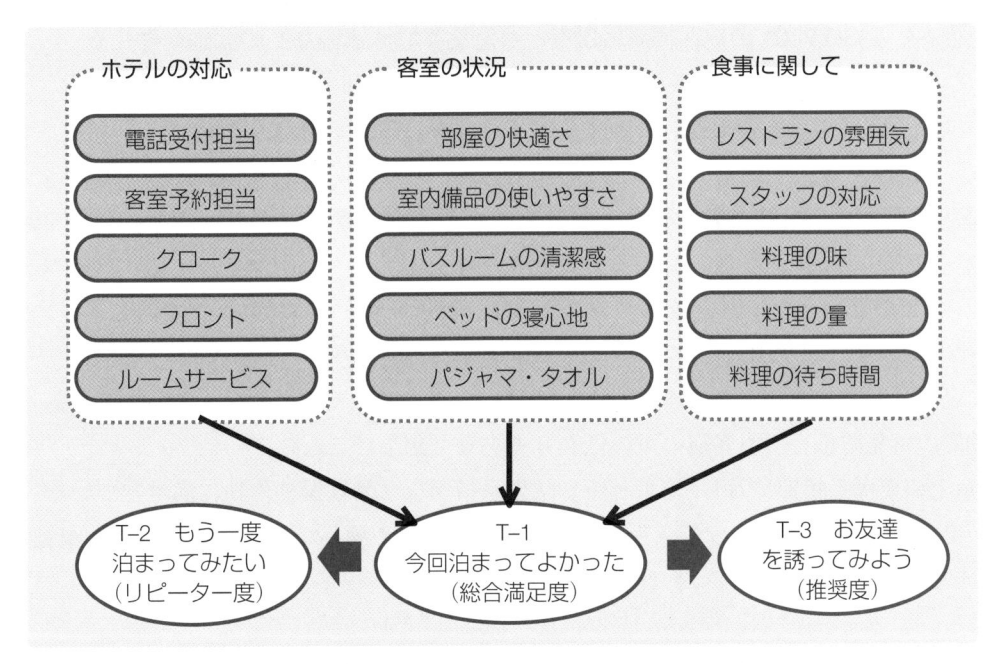

図 2.5　ホテルに宿泊されたお客様満足度の仮説構造図

3. 食事に関して
    3-1　レストランの雰囲気はどうだったか
    3-2　レストランスタッフの対応はどうだったか
    3-3　料理の味はどうだったか
    3-4　料理の量はどうだったか
    3-5　料理の待ち時間はどうだったか

☞　アンケート用紙は，2.3.5 シート 2（p.112–p.113）参照．

仮説 3.「ISO 9001 のお客様満足度をどう測定すればよいか」の仮説を考える

アンチーフが召集した会議において，ISO 9001 の内部監査員が集まって議論している中で，「顧客満足度の把握」をどう測定すればよいのかが検討された．

まず品質を考えてみたところ，「品質(Q)」，「コスト(C)」，「納期(D)」，「サービス(S)」の面から，当社の製品やサービスを評価してみようということになった．「品質(Q)」では，「品質が安定している」ことや「不良品の発生」，「難しい仕様に対する対応」などが挙がった．引き続き「コスト(C)」から「サービス(S)」まで同じように書き出してみた（図 2.6）．

次に，「品質マネジメントシステム（QMS）」の評価として，「不良発生時の対応」，「問題の再発防止」，「お客様の声の伝わり方」などが挙げられた．

以上の要因系指標に対し，結果となる結果系指標を「品質保証体制に満足している」，「製品やサービスに満足している」と「今後とも取引や製品の購入やサービスの継続を考えている」と設定してみた（図 2.6）．

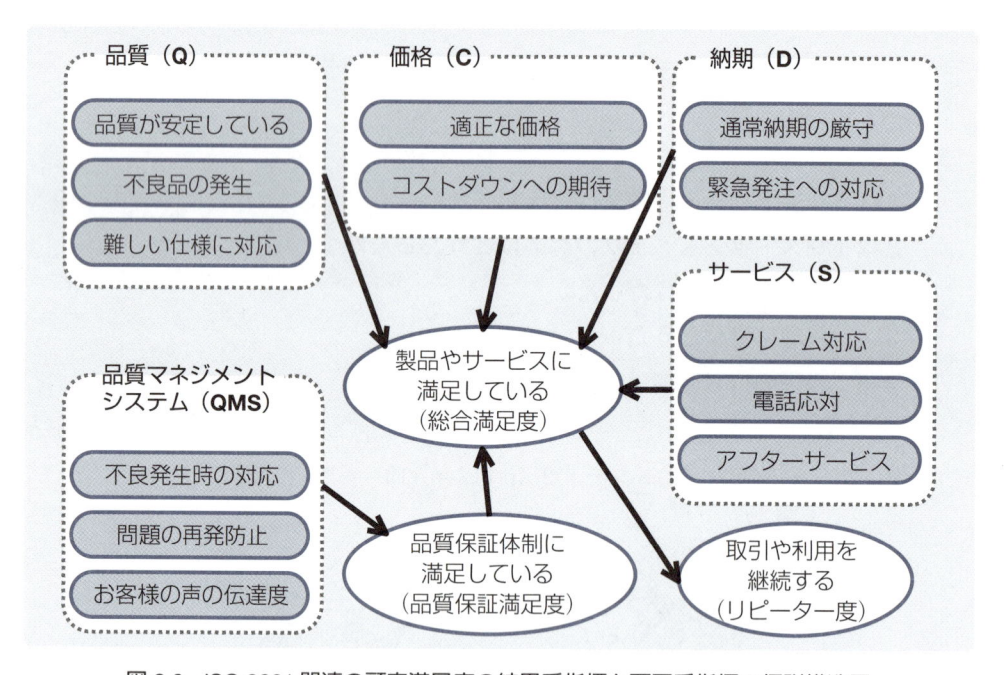

図 2.6　ISO 9001 関連の顧客満足度の結果系指標と要因系指標の仮説構造図

【結果系指標】
　T-1　当社の商品やサービスに満足している（総合満足度）
　T-2　当社との取引や利用を今後とも継続する（リピータ度）
　T-3　当社の品質保証体制は満足できるものである（品質保証満足度）

図 2.6 の仮説構造図から，次のように要因系指標を考えてみた．

【要因系指標】

1. Q「品質」について
    - 1–1 品質が安定している（品質評価）
    - 1–2 不良品が見受けられる（不良品発生度）
    - 1–3 難しい仕様でも対応できている（ニーズ対応度）
2. C「価格」について
    - 2–1 商品やサービスの価格が適正である（価格適正度）
    - 2–2 さらなるコストダウンを期待する（価格期待度）
3. D「納期」について
    - 3–1 通常発注分の納期は守られている（納期厳守度）
    - 3–2 緊急発注分の納期は対応できている（緊急納期達成度）
4. S「サービス」について
    - 4–1 クレーム対応は適切である（クレーム対応度）
    - 4–2 電話の応対は気持ちがよい（電話応対満足度）
    - 4–3 アフターサービスは満足できる（アフターサービス満足度）
5. QMS「品質マネジメントシステム」について
    - 5–1 不良発生にすぐ対応できている（不良対応度）
    - 5–2 再発防止ができている（再発防止度）
    - 5–3 営業に言ったことが技術に伝わっている（情報伝達度）

☞ アンケート用紙は，2.3.5 シート 3（p.114–p.115）参照．

仮説 4.「改善活動がうまく進められているか」の仮説を考える

スタッフのケイトは，職場で進められているQCサークル活動がうまく活動できていないことに悩んでいる推進事務局から相談を受けた．そこで，実態を把握するため，アンケートを行うことになった．

まずQCサークル活動の目的を考えて，3つの結果系指標を出した．ここでは，「QCサークル活動の活性度」，「QCサークル活動の有意義感」，「活動成果の業務反映度」の3つの結果系指標を設定した．

【結果系指標】

T-1　QCサークル活動は活発に活動しているか（活動活発度）

T-2　QCサークル活動は有意義か（活動有意義感）

T-3　QCサークル活動の成果が業務に活かされているか（業務反映度）

これらの結果系指標に対して3つの観点，「活動状況」，「設備環境」，「活動支援」から9項目の要因系指標を設定した．「活動状況」は，「活動時間の十分さ」，「会合への参加状況」，「定期的な会合の開催」とした．「設備環境」は，「会合場所の充実度」，「資料作成機材の充実度」，「書籍資料の充実度」とした．「活動支援」は，「相談者の有無」，「上司の支援度」，「事務局の支援度」とした．以上の結果を仮説構造図に表したのが図2.7である．

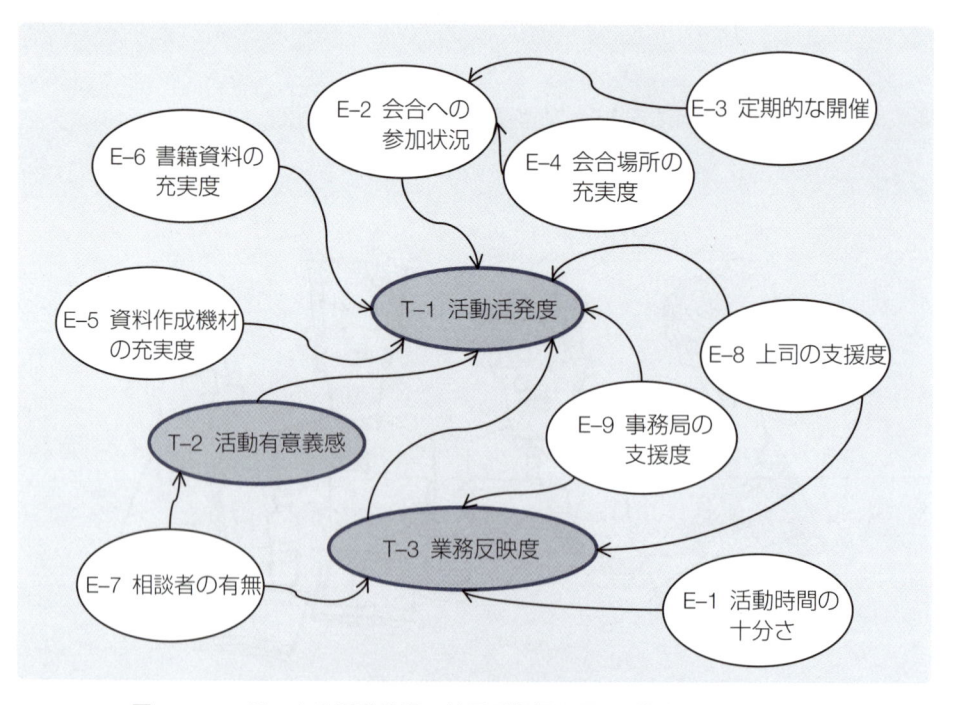

図2.7　QCサークル活動状況の結果系指標と要因系指標の仮説構造図

図 2.7 から要因系指標を次のように考えてみた．

【要因系指標】
1. 活動状況

    E–1　活動時間が十分にとれているか（活動時間の十分さ）

    E–2　会合への参加状況はどうか（会合への参加状況）

    E–3　会合は定期的に開催しているか（定期的な開催）

2. 設備環境

    E–4　会合場所の環境はどうか（会合場所の充実度）

    E–5　資料作成のための機材は充実しているか（資料作成機材の充実度）

    E–6　参考になる書籍・資料は充実しているか（書籍資料の充実度）

3. 活動支援

    E–7　必要なときに相談できる人がいるか（相談者の有無）

    E–8　上司が適切な指導をしてくれるか（上司の支援度）

    E–9　事務局が活動に対する支援・アドバイスをしてくれるか

    　　　　　　　　　　　　　　　　　　　　（事務局の支援度）

☞　アンケート用紙は，2.3.5 シート 4（p.116–p.117）参照．

研修 5. 「研修が良かったか」の仮説を考える

スタッフのクロスが，来週実施を予定している「改善アプローチスキルアップ研修」については，今回，受講者ニーズを反映してカリキュラムを変更するなどの改善を行った．その成果を測定するため，受講者に評価してもらうアンケート用紙の作成に取りかかった．

まず研修の目的を考えて，ここでは，「研修全体の理解度」，「研修への期待実現度」，「研修全体の満足度」の3つの結果系指標を設定した．

【結果系指標】

T–1　今回の研修は理解できたか（研修全体の理解度）
T–2　研修で事前に期待したことが満たされたか（研修への期待実現度）
T–3　今回の研修は満足できるものか（研修全体の満足度）

これら結果系指標に対して，3つの観点，「内容の理解度」，「テキスト評価」，「講師の進め方評価」から9項目の要因系項目を設定した．「内容の理解度」は，「QC手法の理解度」，「手法活用方法の理解度」，「QCストーリーの理解度」とした．「テキスト評価」は，「紹介事例の参考度」，「テキストの見やすさ」，「テキストのわかりやすさ」とした．「講師の進め方評価」は，「講師の話し方」，「講義の進め方」，「講義と演習の時間配分」とした．以上の結果を仮説構造図に表したのが図2.8である．

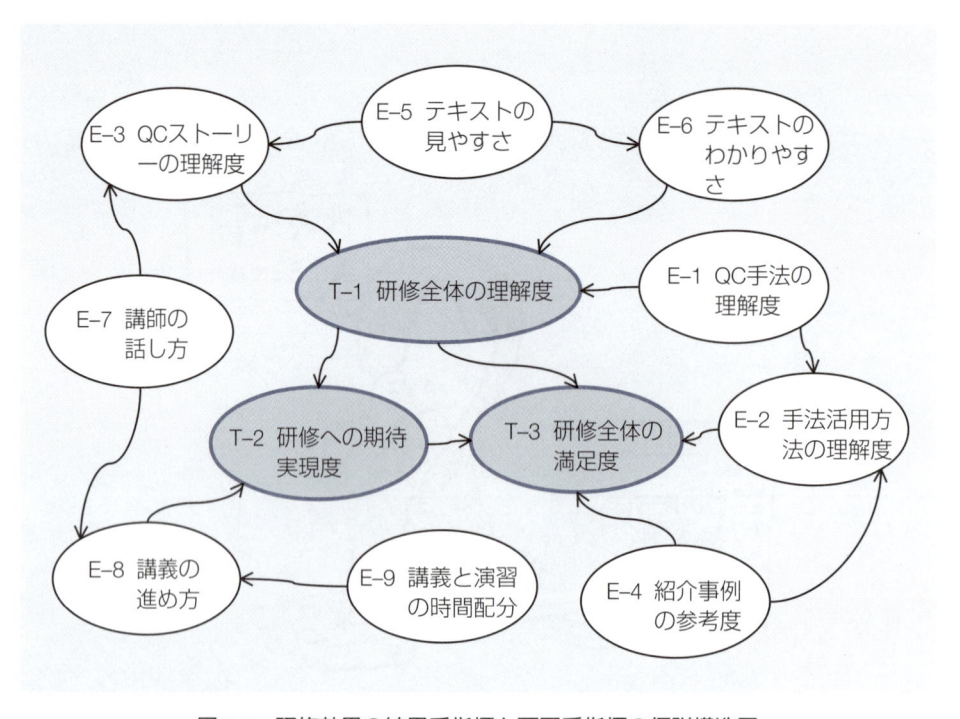

図2.8　研修効果の結果系指標と要因系指標の仮説構造図

図 2.8 から要因系指標を次のように考えた.

【要因系指標】

1. 内容の理解度

    E–1　QC 手法が理解できたか（QC 手法の理解度）

    E–2　QC 手法は活用できるようになったか（手法活用方法の理解度）

    E–3　QC ストーリーの手順とポイントは理解できたか

    　　　　　　　　　（QC ストーリーの理解度）

2. テキスト評価

    E–4　紹介した事例は参考になったか（紹介事例の参考度）

    E–5　テキストは見やすかったか（テキストの見やすさ）

    E–6　テキストはわかりやすかったか（テキストのわかりやすさ）

3. 講師の進め方評価

    E–7　講師の話し方はわかりやすかったか（講師の話し方）

    E–8　講義の進め方はよかったか（講義の進め方）

    E–9　講義と演習の時間配分は適切だったか（講義と演習の時間配分）

☞　アンケート用紙は，2.3.5 シート 5（p.118–p.119）参照.

2.3 アンケート用紙を作成する

2.3.1 ● アンケート用紙の構成を考える

アンケート用紙は，調査する目的や対象などによっていろいろ考えられるが，一般的には，「前書」，「本文」，「後書」で構成する（図2.9）．

「前書」では，タイトルと調査の主旨，データの取り扱いなどを書く．「本文」では，調査したい質問を書く．質問は大別すると，「結果系指標と要因系指標の質問」，「自由記述の質問」，「層別項目の質問」がある．「結果系指標と要因系指標の質問」は，前述の仮説から考える．「後書」では，お礼を述べ，主催者の所属，連絡先などを記載する．

アンケート用紙の構成を考えるときのポイントを次に示す．

アンケート用紙構成のポイント

【前　書】
① タイトルは一読で目的がわかるように表現する．
② 前書には，あいさつ，目的，データの取り扱いなどを書く．
③ 調査主催の会社名，所属を明記する．

【本　文】
(1) 結果系指標と要因系指標の質問
④ 「2.2 仮説を考える」で立てた仮説から質問文を考える．
⑤ 解析に重回帰分析，ポートフォリオ分析を行うには，SD法で質問文を考える．

(2) 自由記述の質問
⑥ 自由に記述してもらう項目は，できるだけ少なくする．
⑦ SD法による質問の後に自由記述の質問を行う．

(3) 層別項目の質問
⑧ データを層別（分類）するための質問を考える．
⑨ 年齢などを聞くときは，数値の記入より，カテゴリー選択の方がよい．
⑩ 個人名，会社名を聞く場合は，最後に記入してもらう．

【後　書】
⑪ お礼を述べる．
⑫ アンケートに関する問い合わせ，回収の連絡先を具体的に記入する．

2.3 アンケート用紙を作成する

[タイトル]

『皆様方への当社のサービス対応』についてのアンケート調査

今回のアンケートは，当社のサービスが満足いくものであるかどうかを評価するため，皆様方のご意見を頂くこととなりました．このアンケートは，集約分析した結果の傾向を評価するものですので，ご協力よろしくお願いいたします．　　　　　　　　　　　　　　　　〇〇〇〇株式会社

[前書]

ご質問：各質問に対し，あなた自身の率直な気持ちをお聞かせください．
　　　　回答は5択です．
　　　　下記の質問項目ごとについて，それぞれ当てはまるところに〇印を記入してください．

[結果系指標と要因系指標の質問]

	非常にそう思う	そう思う	どちらでもない	そう思わない	全く思わない
Q1：当社の電話応対は適切ですか．	5	4	3	2	1
Q2：当社は信頼できますか．	5	4	3	2	1
Q3：クレーム時の対応は適切ですか．	5	4	3	2	1
Q4：隠し事がない会社ですか．	5	4	3	2	1
Q5：アフターサービスは十分ですか．	5	4	3	2	1

[自由記述の質問]

Q11：当社に対して，ご意見やご要望などを自由にお書きください．

[層別項目の質問]

Q12：あなたの所属する団体・企業に当てはまる業種に〇印を付けてください．
　　　1. 製造業　　2. サービス業　　3. その他

[後書]

お忙しい中，ご協力ありがとうございました．
　　　　　　　　　　　　　　　　　　　　〇〇〇〇年〇月〇〇日

【調査依頼箇所】　〇〇〇〇株式会社　□□□□事業本部
　　　　　　　　　△△△△チーム　（担当：〇〇）
　　　　　　　　　TEL　06-6355-****

図2.9　アンケート用紙の構成

2.3.2 ● アンケートの質問を考える

(1) アンケート質問の種類

具体的な質問内容の作成については，どのように質問するか，またどのように回答してもらうかを十分に検討する必要がある．必要とする情報が的確に得られるような質問を行い，正確に回答してもらう方法を考えなければならない．

質問の回答方法には多くの方法があるが，ここでは，よく使われる回答方法を紹介する．

1) 二者択一の回答方法

2つの選択肢の中から1つを選ぶ回答方法である．

> 例：「基礎研修を受けていますか」　　1：はい　　2：いいえ
> 例：「性別をお聞かせください」　　1：男性　　2：女性

2) 多数選択の回答方法

多くの選択肢の中から選ぶ回答方法である．この方法には，1つを選ぶ「単一回答方法」と，複数を選ぶ「複数回答方法」がある．

「単一回答方法」

> 例：「手続きでわからないことがあったとき，あなたはまずどの方法を取りますか．よく取る方法を1つ選んでください．」
>   1：マニュアルをみる　　2：近くの人に聞く　　3：上司に相談する
> 例：「あなたの年代をお聞かせください」
>   1：20代　　2：30代　　3：40代　　4：50代　　5：60代以上

「複数回答方法」

> 例：「QC手法の中で知りたい手法にすべて○印を付けてください」
>   1：グラフ　　2：パレート図　　3：ヒストグラム　　4：散布図
>   5：管理図　　6：特性要因図　　7：チェックシート

3) 順位回答方法

重要度を高い順に順位をつける回答方法である．

> 例：「パソコンを購入するとき，重視する順位を記入してください」
>   ・機能□　　・容量□　　・デザイン□　　・メーカー□　　・価格□

4) 評価選択回答方法

SD法などを活用して，5段階などの尺度によって回答する方法である．アンケートでは，よく使われる回答方法である．

> 例：「今回の研修を受けて満足しましたか．該当するものに○印を付けてください．」
> 1. 非常に満足　2. 満足　3. どちらでもない　4. 不満　5. 非常に不満
>
> 例：「当社に問い合わせをいただいたときの対応はいかがでしたでしょうか．該当するものに○印を付けてください」
>
> | | 非常に良い | 良い | どちらでもない | 悪い | 非常に悪い |
> |---|---|---|---|---|---|
> | Q1：受付係の対応 | 5 | 4 | 3 | 2 | 1 |
> | Q2：電話の応対 | 5 | 4 | 3 | 2 | 1 |
> | Q3：案内係の対応 | 5 | 4 | 3 | 2 | 1 |

重回帰分析やポートフォリオ分析を行うときは，このSD法による評価選択回答方式を活用する．

5) 数値回答方法

実績などの数値を記入して回答する方法である．この回答方法は，量的に把握するとき使われる．

> 例：「あなたはこの1年間で業務改善提案を何件提出されましたか」
> ・業務改善提案の提出件数　（　　　　）件

6) 自由回答方法

自由に意見などを記入してもらう回答方法である．

> 例：「当社のサービスについてご要望がありましたら自由にご記入ください」
>
> 回答欄　[　　　　　　　　　　　　　]

(2) 質問表現のポイント

アンケートの質問は，「簡潔」，「明確」，「統一」，「公平」で作成する．

1)「簡潔」とは

- わかりやすい言葉を使う．
- 一文の長さは，40字以内が望ましい．
- 敬語は使いすぎないようにする．

2) 「明確」とは
- 具体的に表現する．
- 意味，程度があいまいな表現を避ける．
- 1質問に2つのことを聞かない．

3) 「統一」とは
- 貴社，御社など同じ意味の言葉は統一する．
- 名称を途中から省略しない．
- むやみに回答方法を変えない．

4) 「公平」とは
- 表現や言葉づかいが回答に影響を与えないようにする．
- 都合のよい回答を意図的に導かない．
- プライバシー侵害のおそれがないように配慮する．

また，好ましくない質問として，次のようなものが挙げられる．

誘導質問
① 「最近，職場の雰囲気が悪いと聞いていますが，あなたはどう思いますか？」(×)
② 「あなたは，最近，職場の雰囲気が悪いと思いますか？」(○)

①では，前半で，雰囲気が悪いという印象を与えている．良いか，悪いかを公平に聞くには，②が適切である．

片方だけ理由を書かせる
- □良い　□悪い
  上記質問で，「悪い」と答えた方は，理由を書いてください．　[　　　]

上記の例では，理由を書くのが面倒な人は，「悪い」と感じている人も「よい」を回答してしまうこともある．この場合，理由はどちらも書かせることである．

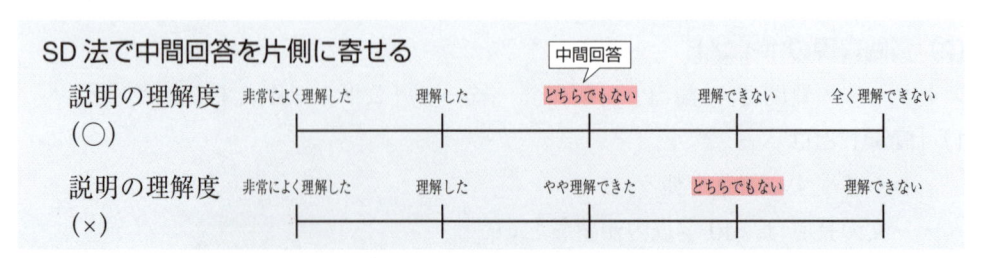

SD法で中間回答を片側に寄せる
説明の理解度(○)　非常によく理解した　理解した　どちらでもない　理解できない　全く理解できない
説明の理解度(×)　非常によく理解した　理解した　やや理解できた　どちらでもない　理解できない

上記の例では，回答者が真ん中を中間評価と考えて回答しまうことが多い．

2.3.3 ● SD 法により質問を作成する

SD 法（Semantic Differential method）とは，ある事象に対して個人が抱く印象を相反する評価の対を用いて測定するもので，それぞれの評価の対に尺度の度合いによって，対象事項の意味構造を明らかにしようとするものである．

具体的には，「明るい—暗い」や「上品な—下品な」など，相反する意味の言葉を用意し，その間を何段かに分けて測定する．一般的に，5段階がよく用いられ，評価点は，5, 4, 3, 2, 1 とする．相反する意味の言葉に適切な言葉が設定できない場合は，「満足—不満足」，「理解—不理解」など肯定語と否定語を設定する．

SD 法によってアンケートの質問を考える場合，次の事項を考慮して作成する．
① 要因系指標の質問をまず聞く．
② 要因系指標の質問を回答した後で結果系指標の質問を聞く．
③ 中間に「どちらでもない」を入れる．そのため評価は奇数段階となる．
④ 5 段階評価が一般的である．7 段階でもよいがそれ以上多くしない．
⑤ 解析を行うには，評価点を「5, 4, 3, 2, 1」とする．
⑥ 質問数は，要因系指標 10～16 質問，結果系指標 1～3 質問が適切である．

また，表 2.2 のように評価点と人数を掛け算した値の累積値を人数で割った値を「SD値」または「平均値」と呼ぶ．この値で質問項目の評価レベルを測定することができる．

アンケートの質問例

	非常にそう思う	そう思う	どちらともいえない	そう思わない	全く思わない
Q1 信用がある	☐	☐	☐	☐	☐
Q2 意外と風通しが良い会社	☐	☐	☐	☐	☐
Q3 社員や地域にやさしい会社	☐	☐	☐	☐	☐
Q4 安心して働ける会社	☐	☐	☐	☐	☐

図 2.10　SD 法によるアンケート質問の例

表 2.2　SD 値の計算例

Q1. 信用がある

評価レベル	評価点	人数	点数
非常にそう思う	5	5	5×5=25
そう思う	4	20	4×20=80
どちらともいえない	3	10	3×10=30
そう思わない	2	3	2×3=6
全く思わない	1	2	1×2=2
合　計	—	40	143

SD 値 = 143/40 = 3.575

ポート課長が帰宅した折，フォリオ夫人が，1枚のアンケート用紙を持ってきた（図2.11）．このアンケート用紙は，今日のお昼に仲良しの奥さん3人と食べに行ったレストランで帰りにもらったものである．図2.11のレストランのアンケートでは，質問5から質問15までがSD法で設定されている．質問5では，「味」について【5. 優良　4. 良い　3. 普通　2. やや悪い　1. 悪い】と5段階評価を行っている．

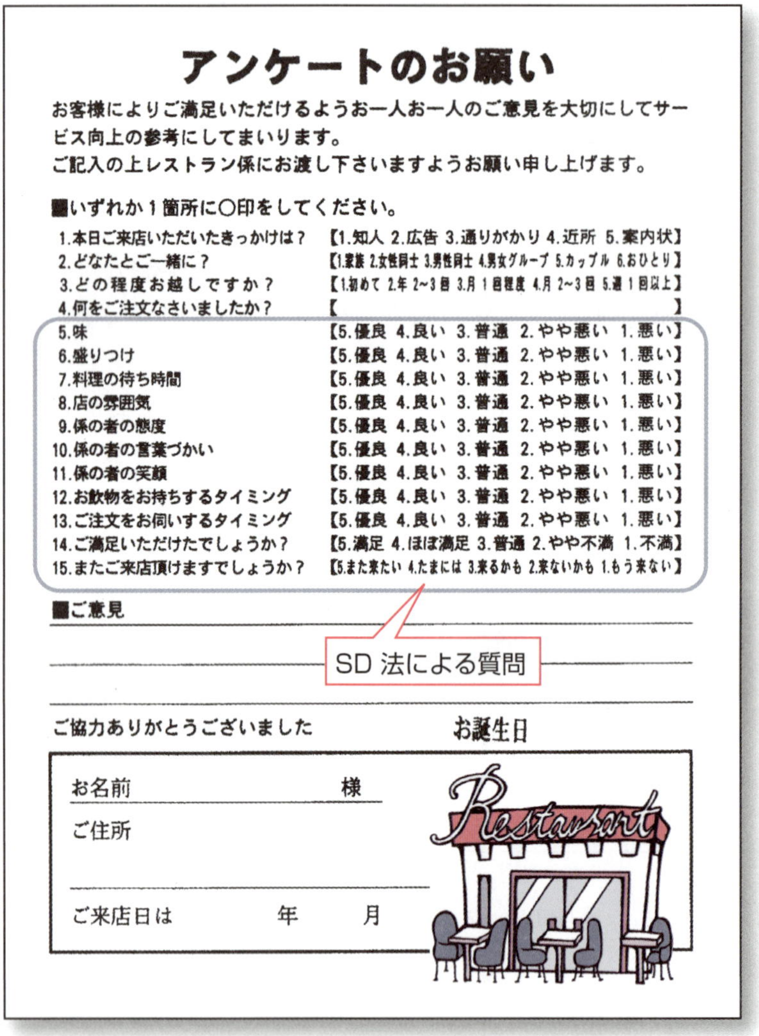

アンケートのお願い

お客様によりご満足いただけるようお一人お一人のご意見を大切にしてサービス向上の参考にしてまいります。
ご記入の上レストラン係にお渡し下さいますようお願い申し上げます。

■いずれか1箇所に○印をしてください。

1.本日ご来店いただいたきっかけは？	【1.知人 2.広告 3.通りがかり 4.近所 5.案内状】
2.どなたとご一緒に？	【1.家族 2.女性同士 3.男性同士 4.男女グループ 5.カップル 6.おひとり】
3.どの程度お越しですか？	【1.初めて 2.年 2~3 回 3.月 1 回程度 4.月 2~3 回 5.週 1 回以上】
4.何をご注文なさいましたか？	【　】
5.味	【5.優良 4.良い 3.普通 2.やや悪い 1.悪い】
6.盛りつけ	【5.優良 4.良い 3.普通 2.やや悪い 1.悪い】
7.料理の待ち時間	【5.優良 4.良い 3.普通 2.やや悪い 1.悪い】
8.店の雰囲気	【5.優良 4.良い 3.普通 2.やや悪い 1.悪い】
9.係の者の態度	【5.優良 4.良い 3.普通 2.やや悪い 1.悪い】
10.係の者の言葉づかい	【5.優良 4.良い 3.普通 2.やや悪い 1.悪い】
11.係の者の笑顔	【5.優良 4.良い 3.普通 2.やや悪い 1.悪い】
12.お飲物をお持ちするタイミング	【5.優良 4.良い 3.普通 2.やや悪い 1.悪い】
13.ご注文をお伺いするタイミング	【5.優良 4.良い 3.普通 2.やや悪い 1.悪い】
14.ご満足いただけたでしょうか？	【5.満足 4.ほぼ満足 3.普通 2.やや不満 1.不満】
15.またご来店頂けますでしょうか？	【5.また来たい 4.たまには 3.来るかも 2.来ないかも 1.もう来ない】

■ご意見

ご協力ありがとうございました　　お誕生日

お名前　　様
ご住所
ご来店日は　　年　　月

図2.11　あるレストランのアンケート用紙

また，このアンケートでは，質問5から質問13までが料理の内容から接客の対応までの要因系指標の質問であり，質問14「満足度」と質問15「リピーター状況」が結果系指標の質問になっている．

図2.12の例は，ISO 9001を導入している企業が，お客様満足度を測定するために作成したSD法によるアンケート用紙である．

㈱平文社

<u>**お客様アンケート**</u>

問1　組版の校正出しまでの日数について

　　　　大変満足　　おおむね満足　　普通　　やや不満　　大変不満　　該当する仕事がなかった

問2　組版の赤字訂正の正確さについて

　　　　大変満足　　おおむね満足　　普通　　やや不満　　大変不満　　該当する仕事がなかった

問3　組版の品質について

　　　　大変満足　　おおむね満足　　普通　　やや不満　　大変不満　　該当する仕事がなかった

問4　写真製版の品質について

　　　　大変満足　　おおむね満足　　普通　　やや不満　　大変不満　　該当する仕事がなかった

問5　印刷の刷り上がりの品質について

　　　　大変満足　　おおむね満足　　普通　　やや不満　　大変不満　　該当する仕事がなかった

問6　製本の出来上がりの品質について

　　　　大変満足　　おおむね満足　　普通　　やや不満　　大変不満　　該当する仕事がなかった

問7　校了から納品までの日数について

　　　　大変満足　　おおむね満足　　普通　　やや不満　　大変不満

問8　当社営業員が外出中に、お客様からご連絡を頂いたときの、応答までの時間について

　　　　大変満足　　おおむね満足　　普通　　やや不満　　大変不満

問9　営業員の商品知識について

　　　　大変満足　　おおむね満足　　普通　　やや不満　　大変不満

問10　当社の料金について

　　　　大変満足　　おおむね満足　　普通　　やや不満　　大変不満

問11　その他、お気づきの点がございましたら、なんでも結構です。

　　　〔ご意見〕

ご協力ありがとうございました。

御社名　　　　　　　　　　　　　　御氏名

図2.12　アンケート用紙の一例

2.3.4 ● 層別項目の質問を考える

層別項目の質問は，回答者自身について年齢，職業などを質問する内容である．解析に使用しない余計な質問は入れない．特にプライベートな内容を根掘り葉掘り聞くのは禁物である．

層別項目の質問は最初に聞くとその後の回答を嫌がる人がいるので，アンケート用紙の一番最後に位置する方がよい．

質問の方法は，数値を聞くのではなく，選択肢の方がよい．例えば，年齢を聞く場合，「あなたの年齢をお書きください」といって，（　）内に年齢を書いてもらうとすれば，嫌がる人や気分を害する人もいる．さらに，年齢を偽る人もいるかもしれない．こういった場合，「あなたの年代を次の中から一つ選んで○印をつけてください」とした方がよい．

> 悪い例：質問「あなたの年齢をお書きください」
> 　　　　　（　　　　）歳

> 良い例：質問「あなたの年代を次の中から一つ選んで○印を付けてください」
> 　　　　□ 10代　　□ 20代　　□ 30代　　□ 40代以上

職業を聞く場合，自由記述とすると，同じ業種でも異なった表現をする場合があり，集計しにくくなる．「製造業」でも「検査業務」，「加工工程担当」などいろいろある．したがって，あらかじめアンケート設計箇所でアンケート対象者の分類を整理し，選択してもらう方がよい．

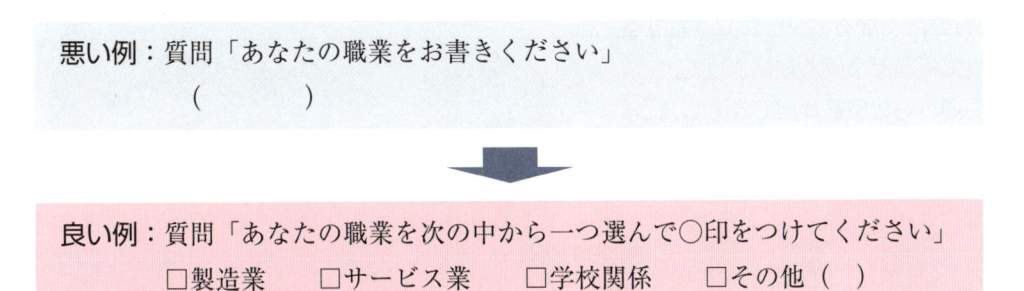

> 悪い例：質問「あなたの職業をお書きください」
> 　　　　　（　　　　）

> 良い例：質問「あなたの職業を次の中から一つ選んで○印をつけてください」
> 　　　　□製造業　　□サービス業　　□学校関係　　□その他（　）

コーヒーたいむ 3

行きたくなるコンビニって？

脱サラしたＡさんは，コンビニ経営を始めることにした．
「行きたくなるコンビニって，どんなコンビニだろう？」
身近な人に聞いてみた．

1. 会社勤めの息子：やっぱり酒とつまみが多いところだよな．
2. 高校生の娘：季節限定のお菓子が置いてあるところよ．プリンとかシュークリームといったデザートが多い店も好きだわ．
3. 長年連れ添った妻：宅配便の取り扱いや，切手を売っているところが便利よね．曜日や時間を気にしなくていいし．
4. 近くに住む弟：休日の早朝，趣味の魚釣りに行くときによく寄るよ．おにぎりがそろっているのがうれしいんだ．
5. 一人暮らしをしている姪：日用雑貨がある程度置いてあると助かるわ．夜遅くに帰宅するからスーパーは閉まっているのよね．
6. 商社に勤めるサラリーマン：会社の近くにはコンビニが何軒もあるけど，昼時のお弁当が充実している店を選ぶな．
7. お隣のおじいちゃん：今までコンビニは行ったことなかったけど，囲碁仲間がこの前連れて行ってくれてね．店員の挨拶は気持ちいいし，店は明るいし，清掃は行き届いていた．今度，孫を連れて行こうと思ってる．
8. 最近フリーターになった近所のお兄さん：コンビニは時間つぶしによく行くよ．雑誌が豊富な店がいいな．もっぱら行くのは深夜だけど．

利用する人，その人の性別，年齢，立場によって，
「行きたくなるコンビニ」は異なる．
誰に何をどう聞くかによって，
何通りもの回答が出てきてしまう．

どんな「仮説」を立てるかが，
アンケート成功のカギになる．

2.3.5 ● アンケートシートの例を示す

アンケートシート集

シート1．企業イメージ評価のアンケートシート例

シート2．お客様満足度評価のアンケートシート例

シート3．ISO 9001 関連のお客様満足度評価のアンケートシート例

シート4．改善活動評価のアンケートシート例

シート5．研修満足度評価のアンケートシート例

シート1．企業イメージ評価のアンケートシート例

2.2.2 の仮説 1「わが社のイメージはどうなのか」をもとにポート課長が作成したアンケート用紙が図 2.13 である．

『企業イメージ』についてのアンケート

今回のアンケートは，当社のイメージを皆様に評価していただきたく，ご意見を伺うものです．このアンケートはデータを集約し，その傾向をみるものであり，それ以外の目的に使用するものではありません．ご協力よろしくお願いいたします．

〇〇〇〇　企画課

ご質問：各質問に対し，あなた自身の率直な気持ちをお聞かせください．回答は5択です．
下記の質問項目ごとに，それぞれ当てはまるところに〇印を記入してください．

Q1．〇〇会社は，お客様に対してどのような企業であると思いますか？

No.	質問	非常にそう思う	そう思う	どちらでもない	そう思わない	全く思わない
1–1	生活をより便利にすることに力を注いでくれる企業である	5	4	3	2	1
1–2	質の高い製品・サービスを提供してくれる企業である	5	4	3	2	1
1–3	お客様の生活の実態を取り入れようとしている企業である	5	4	3	2	1
1–4	お客様に製品・サービスの情報を提供している企業である	5	4	3	2	1
1-5	お客様の安心・安全に気を配っている企業である	5	4	3	2	1

Q2．〇〇会社は，地域社会に対してどのような企業であると思いますか？

No.	質問	非常にそう思う	そう思う	どちらでもない	そう思わない	全く思わない
2–1	地域活性化に広く貢献している企業である	5	4	3	2	1
2–2	地域の産業経済の発展に力を注いでいる企業である	5	4	3	2	1
2–3	地域の文化の発展に力を注いでくれる企業である	5	4	3	2	1
2–4	弱者に優しい地域づくりに貢献する企業である	5	4	3	2	1
2–5	環境の保全に気を配っている企業である	5	4	3	2	1

Q3．〇〇会社は，社員に対してどのような企業であると思いますか？

No.	質問	非常にそう思う	そう思う	どちらでもない	そう思わない	全く思わない
3–1	社員の生活向上のために気を配っている企業である	5	4	3	2	1
3–2	社員の人間性を尊重している企業である	5	4	3	2	1
3–3	社員の能力を発揮できる企業である	5	4	3	2	1
3–4	職場環境が快適な企業である	5	4	3	2	1
3–5	新しいことにチャレンジする雰囲気の企業である	5	4	3	2	1

図 2.13　「企業イメージを評価する」アンケート用紙

Q4. ○○会社は，総合的に評価するとどのような企業であると思いますか？

No.	質　　問	非常に そう思う	そう 思う	どちら でもない	そう 思わない	全く 思わない
4–1	満足できる企業である	5	4	3	2	1
4–2	信頼できる企業である	5	4	3	2	1
4–3	地域共生ができている企業である	5	4	3	2	1

Q5. あなたがいだく○○会社のイメージをご自由に書いてください．

Q6. 差し支えなければお答えください．あなたの性別と年齢に当てはまるものに○印を付けてください．
　　【性別】　1. 男性　　2. 女性
　　【年齢】　1. 20代　　2. 30代　　3. 40代　　4. 50代以上

大変お忙しい中ご協力ありがとうございました．

○○○○年○月○○日

【調査依頼箇所】

図2.13　（続き）

シート2. お客様満足度評価のアンケートシート例

2.2.2の仮説2「宿泊されたお客様の満足度を評価する」をもとに，フォリオ夫人が作成したアンケート用紙が図2.14である．

ご宿泊の皆様へ

このたびは，○○ホテルをご利用いただきましてありがとうございます．

当ホテルでは，常にお客様にご満足いただけるホテルを目指し，サービスの向上に努めております．つきましては，お客様のご意見を承りたく，簡単なアンケートをお願いすることといたしました．お手数ではございますが，ご記入の上，フロントの係員までお渡しいただければ幸いに存じます．

今度とも，○○ホテルをお引き立ていただきますようよろしくお願い申し上げます．

総支配人

Q1．ご利用いただきましたサービスの対応・内容についてお聞かせください

No.	質問	大変満足	満足	どちらでもない	不満	大変不満
1–1	電話受付担当の対応	5	4	3	2	1
1–2	客室予約担当の対応	5	4	3	2	1
1–3	クロークの対応	5	4	3	2	1
1–4	フロントの対応	5	4	3	2	1
1–5	ルームサービスの対応	5	4	3	2	1

Q2．ご利用いただきましたホテル施設についてお聞かせください

No.	質問	大変満足	満足	どちらでもない	不満	大変不満
2–1	お部屋の快適さ	5	4	3	2	1
2–2	室内の備品の使いやすさ	5	4	3	2	1
2–3	バスルームの清潔さ	5	4	3	2	1
2–4	ベッドの寝心地	5	4	3	2	1
2–5	パジャマ・タオルなど	5	4	3	2	1

Q3．ご利用いただきましたレストランについてお聞かせください

No.	質問	大変満足	満足	どちらでもない	不満	大変不満
3–1	レストランの雰囲気	5	4	3	2	1
3–2	レストランスタッフの対応	5	4	3	2	1
3–3	料理の味	5	4	3	2	1
3–4	料理の量	5	4	3	2	1
3–5	料理の待ち時間	5	4	3	2	1

図2.14 「宿泊されたお客様の満足度」アンケート用紙

シート2．お客様満足度評価のアンケートシート例

Q4．今回ご宿泊されて満足されましたでしょうか
　　　□大変満足　　□満足　　□どちらともいえない　　□不満　　□大変不満

Q5．今後とも当ホテルをご利用いただけますでしょうか
　　　□利用する　　　　　□たぶん利用する　　□どちらともいえない
　　　□たぶん利用しない　□利用しない

Q6．お知り合いの方にご利用をお勧めいただけますでしょうか
　　　□勧める　　　　　□たぶん勧める　　□どちらともいえない
　　　□たぶん勧めない　□勧めない

Q7．全体を通じてご意見・ご感想などがございましたら，お聞かせください．

　　　┌─────────────────────────────────────┐
　　　│　　　　　　　　　　　　　　　　　　　　　　　　　　　　　　│
　　　│　　　　　　　　　　　　　　　　　　　　　　　　　　　　　　│
　　　│　　　　　　　　　　　　　　　　　　　　　　　　　　　　　　│
　　　└─────────────────────────────────────┘

Q8．差し支えなければお答えください．あなたの性別と年齢に当てはまるものに○印を付けてください．
　　　　1. 男性　　2. 女性
　　　　1. 20代　　2. 30代　　3. 40代　　4. 50代以上

ご協力ありがとうございました．

　　　　【調査依頼箇所】

図2.14　（続き）

シート3．ISO 9001 関連のお客様満足度評価のアンケートシート例

2.2.2の仮説3「ISO 9001のお客様満足度をどう測定すればよいか」をもとに，アンチーフが作成したアンケート用紙が図2.15である．

『お客様満足度』についてのアンケート

　今回のアンケートは，当社の対応が皆様に満足いくものであるかどうかを評価するため，ご意見を頂くものです．このアンケートはデータを集約し，その傾向をみるものであり，それ以外の目的に使用するものではありません．ご協力よろしくお願いいたします．

　（ご質問）各質問に対し，あなた自身の率直な気持ちをお聞かせください．回答は5択です．
　　　　　下記の質問項目ごとについて，それぞれ当てはまるところに○印を記入してください．

Q1. Q「品質」について
1–1　品質が安定している
　　　□ 大変安定している　□ 安定している　□ どちらでもない　□ 不安定である　□ 大変不安定である
1–2　不良品が見受けられる
　　　□ 全く見受けられない　□ 見受けない　□ どちらでもない　□ ときどき見受ける　□ たびたび見受ける
1–3　難しい仕様でも対応できている
　　　□ すべてにできている　□ 対応できている　□ どちらでもない　□ 時と場合による　□ 全く対応できない

Q2. C「価格」について
2–1　商品やサービスの価格が適正である
　　　□ 適正である　□ やや適正である　□ どちらでもない　□ やや適正でない　□ 適正でない
2–2　さらなるコストダウンを期待する
　　　□ 大いに期待する　□ 期待する　□ どちらでもない　□ 期待しない　□ 全く期待しない

Q3. D「納期」について
3–1　通常発注分の納期は守られている
　　　□ すべて守られている　□ 少し守られている　□ どちらでもない　□ あまり守られていない　□ 全く守られていない
3–2　緊急発注分の納期は対応できている
　　　□ すべて対応できている　□ 対応できている　□ どちらでもない　□ 対応できていない　□ 全く対応できていない

Q4. S「サービス」について
4–1　クレーム対応は適切である
　　　□ 大変適切である　□ 適切である　□ どちらでもない　□ 適切でない　□ 全く適切でない

図2.15　「ISO 9001関連のお客様満足度」アンケート用紙

シート3．ISO 9001関連のお客様満足度評価のアンケートシート例

4-2 電話の応対は気持ちがいい
　　□ 大変気持ちがいい　□ 気持ちがいい　□ どちらでもない　□ 気持ちがよくない　□ 全くよくない
4-3 アフターサービスは満足できる
　　□ 大変満足である　□ 満足である　□ どちらでもない　□ 不満である　□ 全く不満である

Q5．QMS「品質マネジメントシステム」について
5-1 不良発生にすぐ対応できている
　　□ 大変よくできている　□ できている　□ どちらでもない　□ できていない　□ 全くできていない
5-2 再発防止ができている
　　□ 大変よくできている　□ できている　□ どちらでもない　□ できていない　□ 全くできていない
5-3 営業に言ったことが技術に伝わっている
　　□ よく伝わっている　□ 伝わっている　□ どちらでもない　□ 伝わっていない　□ 全く伝わっていない

Q6．総合的にみてどうでしょうか
　① 当社の商品やサービスに満足している
　　□ 大変満足している　□ 満足している　□ どちらでもない　□ 不満である　□ 全く不満である
　② 当社との取引や利用を今後とも継続する
　　□ 大いに継続する　□ 継続する　□ どちらでもない　□ 継続しない　□ 全く継続しない
　③ 当社の品質保証体制は満足できるものある
　　□ 大変満足している　□ 満足している　□ どちらでもない　□ 不満である　□ 全く不満である

Q7．当社に対して，ご要望やご意見など自由にお書きください．

Q8．あなたの所属する団体・企業に当てはまるものに○印を付けてください．
　　1. 製造業　　2. サービス業　　3. その他

大変お忙しい中，ご協力ありがとうございました．
　　　　　　　　　　　　　　　　　　　　　　　　　○○○○年○月○○日

【調査依頼箇所】

図2.15　（続き）

シート 4. 改善活動評価のアンケートシート例

2.2.2 の仮説 4「改善活動がうまく進められているか」をもとに，スタッフのケイトが作成したアンケート用紙が図 2.16 である．

QC サークル活動に関するアンケート

QC 活動事務局

あなたの職場の QC サークル活動や改善活動についてお聞きしたく，アンケートにご協力いただきますようお願いいたします．質問は 5 択です．あなた自身の率直な感想をお聞かせください．それぞれ，あてはまる数字のところに○印をお付けください．

質問 1. 活動時間が十分にとれていますか．

十分に時間がある	少しなら時間はある	どちらともいえない	あまり時間がない	全く時間がない
5	4	3	2	1

質問 2. 会合への参加はどうでしょうか．

ほぼ全員参加である	ときどき全員参加である	どちらともいえない	なかなか集まりにくい	全く集まらない
5	4	3	2	1

質問 3. 会合は定期的に開催していますか．

ほぼ開催している	ときたま開催している	どちらともいえない	あまり開催していない	全く開催していない
5	4	3	2	1

質問 4. 会合場所の環境はどうでしょうか．

十分にある	ややある	どちらともいえない	あまりない	全くない
5	4	3	2	1

質問 5. 資料作成のための機材は充実していますか．

十分にある	ややある	どちらともいえない	あまりない	全くない
5	4	3	2	1

質問 6. 参考になる書籍・資料は充実していますか．

十分に整っている	整っている	どちらともいえない	あまり整っていない	全く整っていない
5	4	3	2	1

質問 7. 必要なときに相談できる人がいますか．

たくさんいる	少しいる	どちらともいえない	あまりいない	全くいない
5	4	3	2	1

図 2.16 「改善活動活性化の評価」アンケート用紙

質問8. 上司が適切な指導をしてくれますか．

大いに支援してくれる	少し支援してくれる	どちらともいえない	あまり支援してくれない	全く支援してくれない
5	4	3	2	1

質問9. 事務局が活動に対する支援・アドバイスをしてくれますか．

大いに支援してくれる	少し支援してくれる	どちらともいえない	あまり支援してくれない	全く支援してくれない
5	4	3	2	1

質問10. QCサークル活動は活発に活動していますか．

大変活発である	やや活発である	どちらともいえない	あまり活発でない	全く活発でない
5	4	3	2	1

質問11. QCサークル活動は有意義なものですか．

大いに有意義である	やや有意義である	どちらともいえない	あまり有意義でない	全く有意義でない
5	4	3	2	1

質問12. QCサークル活動の成果が業務に活かされていると思いますか．

大いに活かされている	少し活かされている	どちらともいえない	あまり活かされていない	全く活かされていない
5	4	3	2	1

質問13. QCサークル活動全体についてのご意見をご記入ください．

<最後に，あなた自身について該当する箇所に○印をご記入ください>

質問14. あなたのQCサークル活動や改善活動のご経験はどれぐらいですか．
　　　　1. 未経験　　2. 1年くらい　　3. 2年以上

質問15. あなたの仕事内容をお聞かせください．
　　　　1. 製造関係　　2. 設計開発　　3. 営業販売
　　　　4. 総務関係　　5. 品質管理　　6. その他

質問16. あなたの年齢をお聞かせください．
　　　　1. 20代　　2. 30代　　3. 40代以上

これからもQCサークル活動にがんばってください．
ご協力いただきありがとうございました．

【調査依頼箇所】

図2.16　（続き）

シート5. 研修満足度評価のアンケートシート例

2.2.2の仮説5「研修が良かったのか」をもとに，スタッフのクロスが作成したアンケート用紙が図2.17である．

○○コース研修後のアンケート

セミナー事務局

今後の研修を受けて感じたこと，あなた自身の率直な感想をお聞かせください．質問は5択です．それぞれ，あてはまる数字のところに○印をお付けください．アンケートにご協力いただきますようお願いいたします．

質問1．QC手法は理解できましたか．

よく理解できた	理解できた	どちらともいえない	理解できなかった	全く理解できなかった
5	4	3	2	1

質問2．QC手法は活用できるようになりましたか．

よく活用できるようになった	一部活用できるようになった	どちらともいえない	一部活用できない	全く活用できない
5	4	3	2	1

質問3．QCストーリーの手順とポイントは理解できましたか．

よく理解できた	理解できた	どちらともいえない	理解できなかった	全く理解できなかった
5	4	3	2	1

質問4．紹介した事例は参考になりましたか．

大変参考になった	参考になった	どちらともいえない	参考にならなかった	全く参考にならなかった
5	4	3	2	1

質問5．テキストは見やすかったですか．

大変見やすかった	見やすかった	どちらともいえない	見にくい	大変見にくい
5	4	3	2	1

質問6．テキストはわかりやすかったですか．

よくわかる	わかる	どちらともいえない	わかりづらい	全くわからない
5	4	3	2	1

質問7．講師の話し方はわかりやすかったですか．

大変わかりやすかった	わかりやすかった	どちらともいえない	わかりにくかった	全くわからなかった
5	4	3	2	1

図2.17　「研修後の受講者満足度評価」アンケート用紙

質問8. 講義の進め方はよかったか．

大変適切で あった	適切であった	どちらとも いえない	やや不適切で あった	全く不適切で あった
5	4	3	2	1

質問9. 講義と演習の時間配分は適切だったか．

大変適切で あった	適切であった	どちらとも いえない	やや不適切で あった	全く不適切で あった
5	4	3	2	1

質問10. 今回の研修は理解できましたか．

大変よく 理解できた	理解できた	どちらとも いえない	理解でき なかった	全く理解 できなかった
5	4	3	2	1

質問11. 研修で事前に期待したことが満たされましたか．

期待以上で あった	期待どおりで あった	どちらとも いえない	期待どおりで なかった	全く期待どおり でなかった
5	4	3	2	1

質問12. 今回の研修は満足できるものでしたか．

大変満足だった	やや満足だった	どちらとも いえない	やや不満足 だった	全く不満足 だった
5	4	3	2	1

質問13. 研修全体についてのご意見をご記入ください．

<最後に，あなた自身について該当する箇所に○印をご記入ください>

質問14. あなたの仕事内容をお聞かせください．
　　　1. 製造関係　　2. 設計開発　　3. 営業販売
　　　4. 総務関係　　5. 品質管理　　6. その他

質問15. あなたの年齢をお聞かせください．
　　　1. 20代　　2. 30代　　3. 40代以上

研修でお疲れのところ，ご協力いただきありがとうございました．

【調査依頼箇所】

図2.17　（続き）

2.4 調査の対象者を決める

　アンケートを実施する場合，調査の対象となる人たち全員に回答いただくに越したことはない．しかし，現実的には，全対象の調査を行うことは不可能に近い．そのため，一部分を調べて全体の姿を推測するのが一般的である．その一部分は**ランダム・サンプリング**によって取り出せば，100％とはいかないまでもおおよその傾向をつかむことができる．

　サンプル数は，30～100 程度必要である．結果系指標と要因系指標との関係を解析する重回帰分析やポートフォリオ分析などを行う場合の**サンプル数**は，［サンプル数＝質問数×3倍］を目安にすればよい．サンプル数が質問数より少なくなると重回帰分析はできなくなるので注意を要する．

　① サンプル数は，$n=30$～100 程度必要である
　② 重回帰分析を行う場合，サンプル数は，質問数（結果系指標と要因系指標）×3倍を目安にする

　改善効果の測定を目的にアンケートを行う場合は，調査対象者が社内の人たちである場合が多い．このときは特にサンプリングをランダムに行う必要がある．「あの人は快く協力してくれるから頼もう」，「この人は頼むと文句を言うからやめよう」などということにはならないようにする．

　調査対象者の決め方として，「**全数調査法**」，「**単純ランダム・サンプリング法**」，「**系統抽出法**」，「**多段抽出法**」，「**層別抽出法**」などがある．

(1) 全数調査法

　対象者全員にアンケートを実施する方法である．全数調査法は，次のようなアンケートを実施する場合に行われる．

　① 研修受講後の理解度測定アンケート
　② シンポジウム参加者の満足度アンケート
　③ 取引企業へのアンケート

(2) 単純ランダム・サンプリング法

　調査対象に属するすべての要素が全く等しい確率でサンプルとなる可能性をもつように，サイコロを振る，番号くじを引く等の方法により，偶然にゆだねて調査対象者を抽出する方法である．単純ランダム・サンプリング法は，次のような方法で行う．

　① イベント会場などに集まった人に番号札を渡し，くじを引くなどして対象者を決める．
　② 来店されたお客様が取られた順番待ちの番号札から，あらかじめ決めておいた番号のお客様にアンケートをお願いする．

（3）系統抽出法（等間隔抽出法）

最初のサンプルだけをサイコロ等でランダムに選び，2番目以降は一定の間隔（インターバル）で抽出していく方法である．系統抽出法は，次のような方法で行う．

① 全社員が対象の社内アンケートを実施する場合，特に部門別に層別が必要でないときは，従業員一覧表などから一定間隔で調査者を抽出する．

② 社外のお客様なら，お客様ナンバーから抽出する．

（4）多段抽出法

広い範囲の中から，まず，第1段階の抽出単位をランダム・サンプリングし，さらにそれらの中から第2段階の抽出単位を抽出して，その中の第3段階の抽出単位をランダム・サンプリングする方法である．多段抽出法は，調査対象者が次のような場合に用いる．

① 全社員が対象であり，部門別に段階を踏んで行う場合

② 広範囲なお客様を対象とする場合

（5）層別抽出法

調査項目に関係するような重要な指標について，偏ったサンプルにならないようにあらかじめ母集団を層別し，それぞれの層に抽出すべきサンプル数を割り振る方法である．層別抽出法は，次のように対象者が限定される場合に行う．

① 社内では，対象の業務を行っている者に特定する場合

② 社外では，関係するお客様に特定する場合

2.5 調査の方法を決める

　社内を対象とした**アンケートの調査方法**は，おおむね2つの方法がある．1つは，研修などに参加した人たちにその場で記入してもらい回収する方法である．もう1つは，アンケート用紙をいっせいに配布し，後日，期日を決めて回収する方法である．また，最近では，社内イントラネットを活用し，メールで調査を行う場合もある．このイントラネットによるアンケート調査は，回収，集計も手間がかからないことから増えてきている．

　一方，社外を対象としたアンケートの調査方法は，大別すると，郵送による方法と面接ヒアリングによる方法がある．取引先や商品・サービスを受けているお客様に対して行う場合は，郵送による方法が多く，店頭などに来られるお客様などにアンケートを実施する場合は，調査員による面談方法や用紙を配布して記入してもらう方法が多い．

　社外の場合も，インターネットやメールによる調査も増えてきているが，パソコンを持っていないお客様は対象から外れるので注意を要する．

　表2.3は，アンケートを取る5つの目的に対する「調査対象者」，「サンプル数」，「調査時期」，「調査方法」をまとめている．

　アンケートを実施するときには，次のポイントを考慮するとよい．

① 研修の効果を測定するアンケートなら，研修終了後にアンケートを記入する時間をあらかじめ設定しておく．「書けた人から帰ってよい」というと，急ぐ人はいい加減な回答をするおそれがある．

　　また，アンケート用紙は，最初に配布すると前もって書いてしまうことがある．研修終了前に配布するのであれば，研修が7割程度終了したときに配布した方がよい．

② 社内アンケートなら，各課の事務局となる人たちに説明会を開くことによっ

て，主催者の主旨が伝わり，正確な回答が期待できる．ただし，説明の仕方によっては回答を誘導させることになる場合もあるので，注意する必要がある．

③ アンケート用紙を配布して回収する方法なら，返信用封筒をつける．返信用封筒には，送付先を記入しておくとよい．

④ 提出先，提出期日を明確にする．例えば，「提出は，月末まで」ではなく，「提出は，9月30日(金)まで」と具体的な日付を入れる．

⑤ アンケート依頼箇所は，関係者全員が問い合わせに答えられるようにしておく．

表2.3 目的別アンケートの実施

目的（ねらい）	調査対象者	サンプル数	調査時期	調査方法
【①企業イメージ評価】わが社のイメージはどうなのか	・社外 ・社内	・社内では全数，またはサンプル ・社外では30～100程度	・社内と社外調査を行う場合は，できるだけ同時期に行う	・社内は調査票又はイントラネット ・社外は郵送
【②お客様満足度評価】わが社の商品やサービスにお客様が満足しているのか	・商品なら購入して使用している人 ・サービスならサービスを受けた人	・30～100サンプル程度 ・ただし，質問数が多くなると質問数の3倍程度のサンプル	・商品なら使用後2～3か月後 ・サービスならサービスを受けた直後	・郵送 ・インターネット ・面談ヒアリング
【③ISO関連のお客様満足度評価】ISO 9001にあるお客様満足度をどう測定すればいいのか	・取引先 ・お客様	・取引先なら全数 ・不特定多数のお客様なら30～100サンプル程度	・年度末あるいは内部監査，レビューの1か月前	・郵送
【④改善活動評価】改善活動がうまく進められているのか	・活動を行っている社員	・質問数の3倍程度	・期末，年度末など一定時期	・調査票
【⑤研修満足度評価】実施した研修がよかったのか	・研修受講者	・受講者全数	・研修終了時	・調査票

コーヒーたいむ 4

あなたはアンケートに答えるか？

＜その1＞
ある日届いた分厚い封筒．差出人に心当たりはない．
開けてみると，アンケートのお願いらしい．
質問は100項目．回答をマークシートに転記して，郵送しろと書いてある．
返信用封筒には80円切手が貼ってあった．

＜その2＞
大学から手紙が届いた．ゼミの研究室からだ．
開けてみると，今年の研究テーマについて，卒業生の意見を聞きたいという．
ていねいに教授の手書きのメッセージまで添えてある．
質問は20項目．ほとんどが選択式で，○をつけて返信するだけのようだ．
返信用封筒は料金後納，「＊＊研究室行き」と宛名もきちんと書いてあった．

＜その3＞
本を買ったら，「ご購読者はがき」がはさんであった．
　・ご購入された書籍名は（記述式）
　・ご購入された書店名は（記述式）
　・今後当出版社からの案内を希望しますか（選択式）
　・よろしければ，ご住所，お名前，電話番号をご記入ください（記述式）
最下段に小さな字で
　・アンケートにお答えいただいた方の中から抽選で図書カードをお贈りします
と書いてあった．
表には「切手をお貼りください」と印字してあった．

　　＜その1の結果＞
　　　出所のわからないDMは即ゴミ箱行き．
　　　80円切手は別の用途に使う．
　　＜その2の結果＞
　　　懐かしさもあり，回答も返信もそれほど面倒そうではないため取りかかる．
　　　料金後納は返信分だけ支払えばよく，主催者にとっても都合がよい．
　　＜その3の結果＞
　　　はがきの真の目的がイマイチ不明．
　　　個人情報取得が目的？　と思わず疑ってしまう．
　　　プレゼントも，いつからいつまでの回答者に？
　　　何名に？　いくらの図書カードを？　と，
　　　疑問がいっぱい．

アンケートは，コストパフォーマンスを考えながら，
できるだけ多くの人に回答してもらう工夫をしよう．
お金と手間をかけたのに何も得られなかったでは，意味がない．

第3章　アンケートの解析

全体の傾向をみるにはグラフ,
着眼点を探すにはクロス集計,
質問間の関係をみるには相関分析,
アンケートの設計の評価ができる重回帰分析,
重点改善項目を抽出できるポートフォリオ分析,
言語情報をまとめる親和図など,
アンケート結果から有益な情報を得るには,
適切な解析方法を選択する.

3.1　アンケートの解析方法は知りたいことから選ぶ

　アンケートの結果は，まずグラフに書く．グラフを書くことによって，全体の姿や傾向を視覚的につかむことができる．グラフには，弱み強みをみることができるレーダーチャートや評価の割合がみえる帯グラフなどがよく使われる．これらのグラフは，Excel のグラフウィザードを活用すれば簡単に書くことができる．

　SD 法で調査したアンケートの結果から，SD 値（平均値）と標準偏差を計算し，棒グラフと折れ線グラフの複合グラフに表すと，評価のばらつきをみることができる．SD 値（平均値），標準偏差の計算は，Excel の関数「AVERAGE」，「STDEV」で計算することができる．

　2 軸を行と列に設定し，データを項目ごとに集計したものがクロス集計である．このクロス集計から着眼点をみつけることができる．クロス集計は，Excel のピボットテーブルで簡単に作成することができる．

　2 つの質問間の相関係数を計算すると質問間の関係性がわかる．Excel 分析ツールの「相関」を実行すると，相関係数行列を表示することができる．相関の有無を判断するには無相関の検定を行う．

　結果系指標を要因系指標で予測するためには，重回帰分析を行う．この重回帰分析は，Excel 分析ツールの「回帰分析」で実行できる．重回帰分析を行う場合，Excel の基本機能で扱える変数の合計は 16 までなので，それ以上の変数を扱う場合は，別のソフトを用意する必要がある．この重回帰分析の結果から得られる寄与率，分散分析，残差から，アンケートの妥当性が評価できる．

　ポートフォリオ分析は，縦軸に SD 値（平均値）をとり，横軸に結果系指標に影響を与える要因系指標の標準偏回帰係数（影響度）から，重点改善項目を見つけることができる．

3.1 アンケートの解析方法は知りたいことから選ぶ

また，自由記述回答の言語情報は，親和図にまとめるとよい．

以上の解析の種類を図示したのが，図 3.1 である．

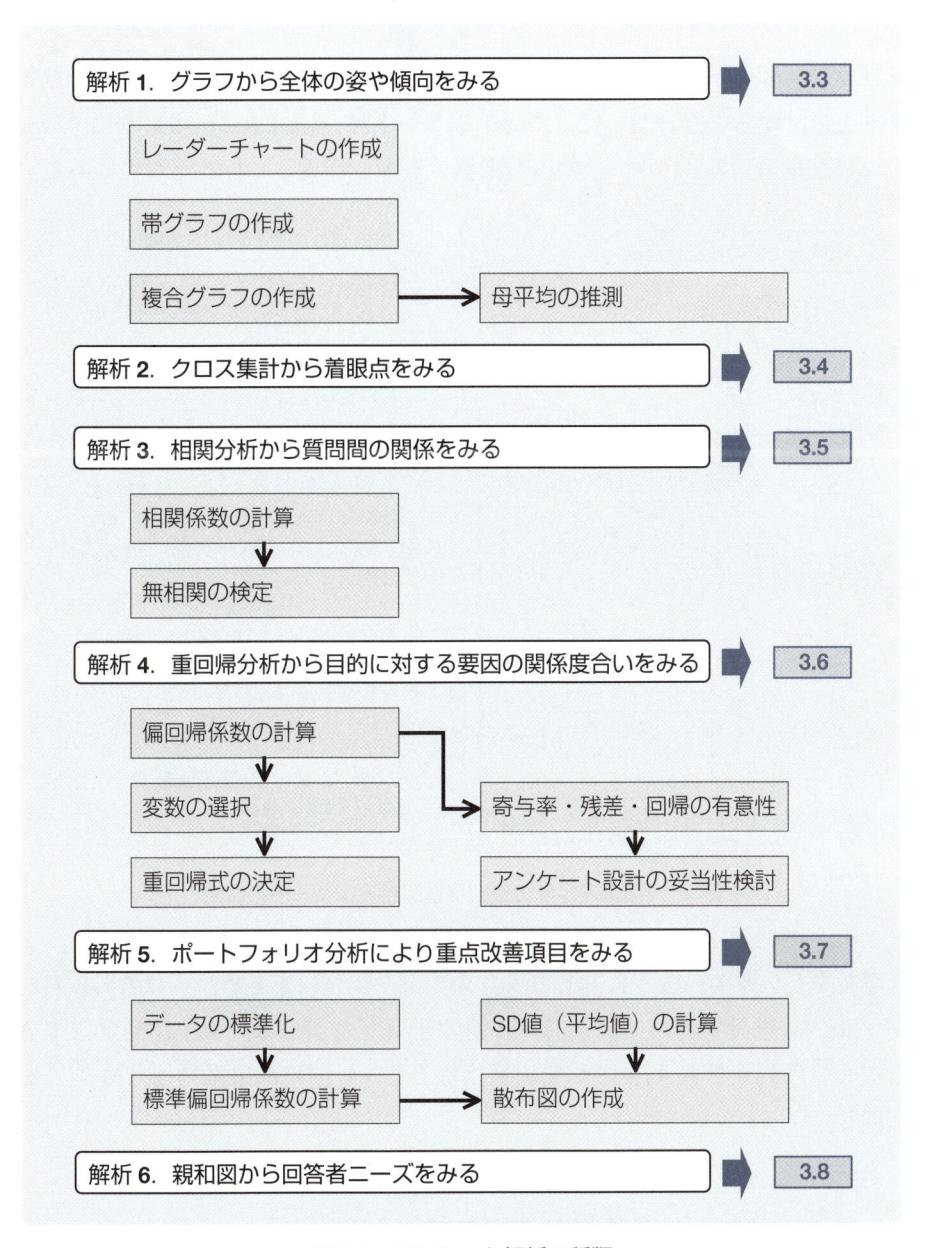

```
解析 1．グラフから全体の姿や傾向をみる         → 3.3
    レーダーチャートの作成
    帯グラフの作成
    複合グラフの作成 → 母平均の推測
解析 2．クロス集計から着眼点をみる             → 3.4
解析 3．相関分析から質問間の関係をみる         → 3.5
    相関係数の計算
    ↓
    無相関の検定
解析 4．重回帰分析から目的に対する要因の関係度合いをみる → 3.6
    偏回帰係数の計算 ────┐
    ↓                    ↓
    変数の選択        寄与率・残差・回帰の有意性
    ↓                    ↓
    重回帰式の決定    アンケート設計の妥当性検討
解析 5．ポートフォリオ分析により重点改善項目をみる → 3.7
    データの標準化           SD値（平均値）の計算
    ↓                        ↓
    標準偏回帰係数の計算 → 散布図の作成
解析 6．親和図から回答者ニーズをみる           → 3.8
```

図 3.1　アンケート解析の種類

3.2 アンケートの結果を集計する

3.2.1 ● マトリックス・データ表を作成する

スタッフのクロスが，先週実施した「改善アプローチスキルアップ研修」の受講者アンケートを集計することになった．このアンケートは，図3.2に示すように，研修の評価を1つの結果系指標と，9つの要因系指標の質問を作成して行ったものである．

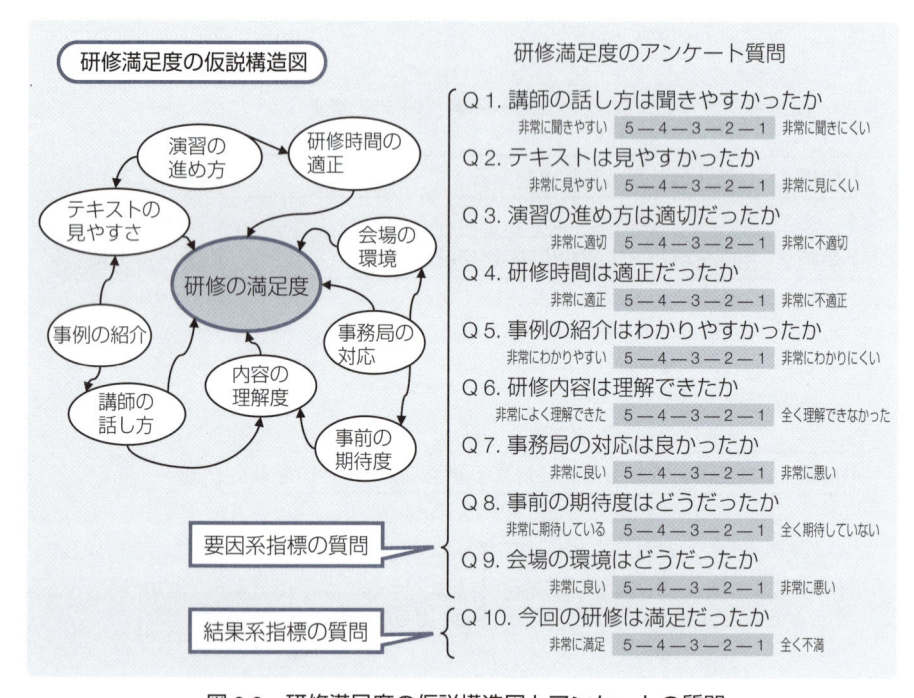

図3.2 研修満足度の仮説構造図とアンケートの質問

アンケートの結果をスタッフのクロスはExcelシートにデータを入力した．データ表は，解析を行いやすいようにマトリックス・データ表にまとめ，列に質問項目を，行にサンプルNo.を設定した（図3.3）．B列のサンプルNo.は，文字記号としてA01〜A30とした．C列からK列までを要因系指標とし，L列に結果系指標，M列に層別項目を配置した．

3.2.2 ● Excelにより平均値と標準偏差を計算する

各質問ごとのSD値(平均値)と標準偏差を計算することによって，評価の大きさとばらつきをみることができる．アンケート結果は回答者によってばらつきがある．まずは，SD値（平均値）を計算して代表的な値をみる．そして，標準偏差を計算して，ばらつきをみる．

3.2 アンケートの結果を集計する

図中ラベル：サンプル番号（ID番号）／要因系指標／結果系指標／層別項目

	A	B	C	D	E	F	G	H	I	J	K	L	M	N
4														
5		ID	事前の期待度	内容の理解度	テキストの見やすさ	講師の話し方	研修時間の適正	演習の進め方	事例の紹介	事務局の対応	会場の環境	研修の満足度	性別	
6		A01	4	3	3	4	3	3	4	3	2	4	男性	
7		A02	2	3	4	5	3	3	4	4	4	4	女性	
8		A03	4	3	3	4	4	2	3	4	4	3	女性	
9		A04	5	4	4	4	4	3	4	4	5	5	男性	
10		A05	4	3	4	5	4	2	4	3	2	4	女性	
11		A06	4	4	4	5	3	4	3	5	4	5	男性	
12		A07	5	3	4	4	4	3	4	4	5	5	女性	
13		A08	2	3	4	5	3	3	4	4	4	4	女性	
14		A09	4	3	3	4	3	2	4	3	2	4	女性	
15		A10	2	2	4	3	4	3	2	2	2	3	女性	
16		A11	4	4	4	5	3	3	4	2	4	5	女性	
17		A12	4	2	3	3	4	3	3	3	4	2	男性	
18		A13	5	3	4	4	4	3	3	3	2	4	女性	
19		A14	3	2	4	4	4	4	3	3	4	3	女性	
20		A15	5	3	4	4	3	3	3	3	2	4	男性	
21		A16	4	4	3	4	4	3	3	4	3	4	男性	
22		A17	4	4	4	4	5	4	2	2	4	5	男性	
23		A18	3	4	3	5	2	3	3	3	5	4	男性	
24		A19	4	3	4	4	2	2	3	4	2	4	男性	
25		A20	4	4	4	5	3	3	5	2	4	5	女性	
26		A21	4	3	4	4	2	4	3	4	2	4	男性	
27		A22	5	3	4	4	4	2	2	2	2	4	女性	
28		A23	5	3	4	4	4	3	3	3	4	4	男性	
29		A24	5	2	3	3	4	3	3	4	2	3	男性	
30		A25	5	3	3	4	4	2	2	2	4	4	男性	
31		A26	4	3	3	3	3	4	4	4	4	4	男性	
32		A27	2	2	4	4	3	2	2	2	2	3	女性	
33		A28	4	3	3	5	5	3	2	2	2	5	男性	
34		A29	5	2	3	4	3	4	3	4	2	3	女性	
35		A30	3	3	4	5	3	4	3	4	4	3	男性	
36														

（中央に「評価点」と表示）

図3.3 マトリックス・データ表

SD値（平均値）は，式(3.1)で計算する．**標準偏差**はデータ数によって異なるが，データ数が100以下の場合は式(3.2)で計算し，データ数が100を超える場合は式(3.3)で計算する．

$$\text{平均値} \quad \bar{x} = \frac{\sum x_i}{n} \Rightarrow \text{SD値} \tag{3.1}$$

$$\text{標準偏差} \quad s = \sqrt{\frac{\sum x_i^2 - \left(\sum x_i\right)^2 / n}{n-1}} \quad (\text{サンプル数} \leq 100 \text{の場合}) \tag{3.2}$$

$$\text{標準偏差} \quad s = \sqrt{\frac{\sum x_i^2 - \left(\sum x_i\right)^2 / n}{n}} \quad (\text{サンプル数} > 100 \text{の場合}) \tag{3.3}$$

x_i：各サンプルのデータ，n：サンプル数

ばらつきが小さいと回答者がほぼ同じ評価であるということがいえる．また，ばらつきが大きいと回答者の評価が分かれるということになる．

SD値（平均値）と標準偏差は，Excel「関数」で計算できる．

  平均値 関数「AVERAGE」
  標準偏差 関数「STDEV」（サンプル数≦100の場合）
       関数「STDEVP」（サンプル数＞100の場合）

(1) Excel 関数「AVERAGE」による SD 値（平均値）の計算

図 3.3 のデータ表から図 3.4 下段に SD 値（平均値）を Excel 関数で計算する方法を次に示す．Excel 2007（Windows Vista）と Excel 2000〜2003（Windows XP, 2000）の操作手順は，Excel「関数の挿入」画面を表示するまでは異なるが，「関数の挿入」画面表示後の操作は同じである．

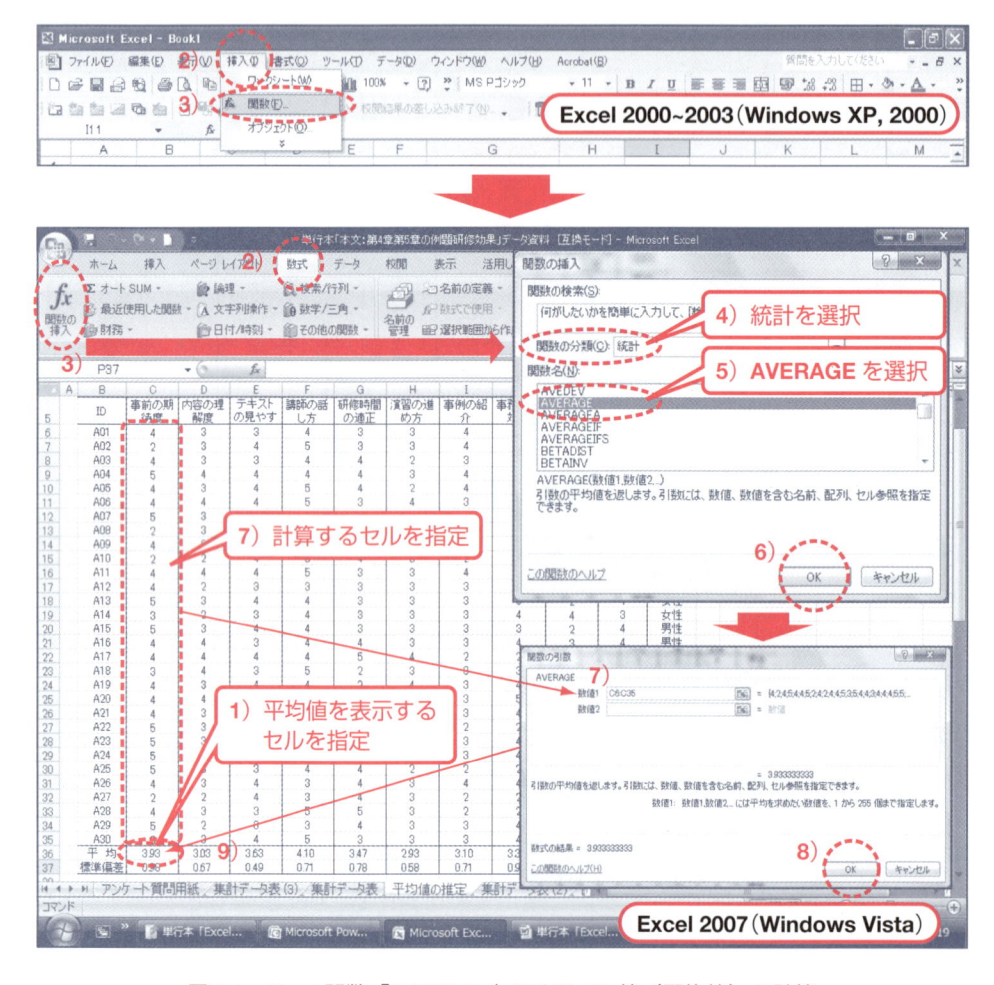

図 3.4　Excel 関数「AVERAGE」による SD 値（平均値）の計算

[Excel 2007（Windows Vista）の場合]
1) SD 値（平均値）を表示するセルにカーソルを当てる．ここでは，「C36」
2) Excel タブから「数式」をクリックする．
3) 「数式」タブの「関数の挿入」をクリックする．

―[Excel 2000〜2003（Windows XP, 2000）の場合]――――――――
1) SD 値（平均値）を表示するセルにカーソルを当てる．ここでは，「C36」
2) ツールバーの「挿入(I)」をクリックする．
3) 「関数(F)」をクリックする．

[以下の操作は Excel 2007 と Excel 2000〜2003 共通]

4) 「関数の挿入」画面の「関数の分類(C)」の中の「統計」を選択する．
5) 「関数名(N)」の中の「AVERAGE」(平均値の計算) を選択する．
6) 「OK」をクリックする．
7) 「関数の引数」画面の「数値1」にデータを入力する．ここでは，「C6:C35」を入力する．
8) 「OK」をクリックする．セル「C36」に SD 値 (平均値) 3.93 が表示される．これが，「事前の期待度」の SD 値 (平均値) となる．
9) セル「C36」をセル「D36」〜「L36」までコピーする．

以上の操作手順を図 3.4 に示し，結果のマトリックス・データ表を表 3.1 に示す．

表 3.1 SD 値 (平均値) と標準偏差を計算したマトリックス・データ表

	ID	事前の期待度	内容の理解度	テキストの見やすさ	講師の話し方	研修時間の適正	演習の進め方	事例の紹介	事務局の対応	会場の環境	研修の満足度	性別
6	A01	4	3	3	4	3	3	4	3	2	4	男性
7	A02	2	3	4	5	3	3	4	4	4	4	女性
8	A03	4	3	3	4	4	2	3	4	4	3	女性
9	A04	5	4	4	4	3	3	4	4	5	5	男性
10	A05	4	3	4	5	4	2	4	3	2	4	女性
11	A06	4	4	4	5	3	4	3	5	4	5	男性
12	A07	5	3	4	4	3	3	4	4	5	5	女性
13	A08	2	3	4	5	3	3	3	3	4	4	女性
14	A09	4	3	3	4	3	2	3	3	2	4	女性
15	A10	2	2	4	3	4	3	2	2	2	3	女性
16	A11	4	4	4	5	3	3	4	2	4	5	女性
17	A12	4	3	3	3	3	3	3	3	3	4	男性
18	A13	5	3	3	4	3	3	3	3	2	3	女性
19	A14	3	2	3	4	3	3	3	4	4	3	女性
20	A15	5	3	3	3	3	3	3	3	2	4	男性
21	A16	4	4	4	4	3	3	4	3	4	4	男性
22	A17	4	3	4	4	5	4	2	2	4	5	男性
23	A18	3	4	3	5	2	3	3	3	5	4	男性
24	A19	4	4	4	4	3	3	3	3	2	4	男性
25	A20	4	4	4	5	3	4	3	5	4	5	女性
26	A21	4	3	4	4	3	4	3	4	2	4	男性
27	A22	4	3	3	4	4	2	2	2	3	3	女性
28	A23	5	3	4	4	4	2	3	3	4	4	男性
29	A24	5	2	3	3	4	3	3	4	2	3	男性
30	A25	5	3	3	4	4	2	2	2	4	4	男性
31	A26	4	3	4	3	4	2	4	2	4	4	男性
32	A27	2	2	4	3	4	3	2	2	2	3	女性
33	A28	4	3	3	5	5	3	2	2	4	5	男性
34	A29	5	2	3	3	3	3	3	4	2	3	女性
35	A30	3	3	4	5	3	3	3	4	4	4	男性
36	平均	3.93	3.03	3.53	4.10	3.47	2.93	3.10	3.37	3.33	3.93	
37	標準偏差	0.98	0.67	0.49	0.71	0.78	0.58	0.71	0.93	1.09	0.78	

(2) Excel 関数「STDEV」による標準偏差の計算

図 3.3 のデータ表から図 3.5 下段に標準偏差を Excel 関数で計算する方法を次に示す．Excel 2007 (Windows Vista) と Excel 2000〜2003 (Windows XP, 2000) の操作手順は，Excel「関数の挿入」画面を表示するまでは異なるが，「関数の挿入」画面表示後の操作は同じである．

[Excel 2007 (Windows Vista) の場合]

1) 標準偏差を表示するセルにカーソルを当てる．ここでは，「C37」

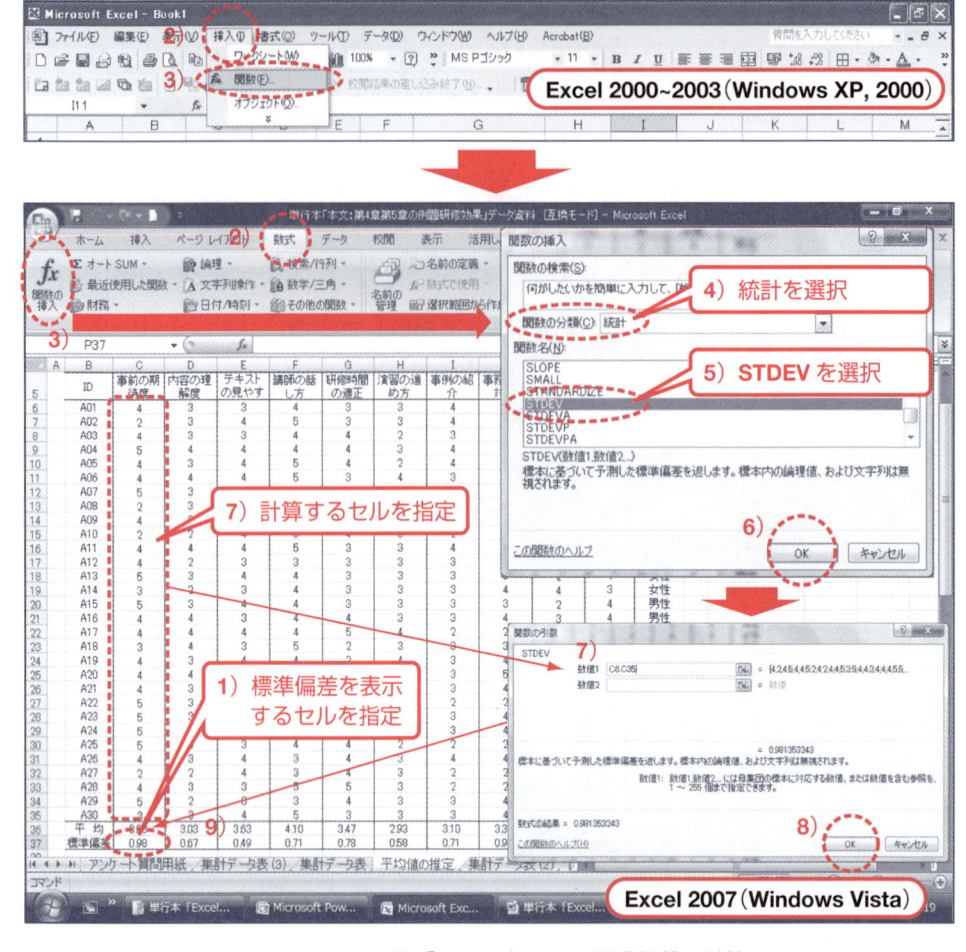

図 3.5　Excel 関数「STDEV」による標準偏差の計算

2) Excel タブから「数式」をクリックする．
3) 「数式」タブの「関数の挿入」をクリックする．

[Excel 2000～2003（Windows XP, 2000）の場合]

1) 標準偏差を表示するセルにカーソルを当てる．ここでは，「C37」
2) Excel ツールバーの「挿入(I)」をクリックする．
3) 「関数(F)」をクリックする．

[以下の操作は Excel 2007 と Excel 2000～2003 共通]

4) 「関数の挿入」画面の「関数の分類(C)」の中の「統計」を選択する．
5) 「関数名(N)」の中の「STDEV」（標準偏差の計算）を選択する．
6) 「OK」をクリックする．
7) 「関数の引数」画面の「数値 1」にデータを入力する．ここでは，「C6:C35」を入力する．

8) 「OK」をクリックする．セル「C37」に標準偏差 0.98 が表示される．これが，「事前の期待度」の標準偏差となる．

9) セル「C37」をセル「D37」〜「L37」までコピーする．

以上の操作手順を図 3.5 に示し，結果のマトリックス・データ表を表 3.1 に示す．

表 3.2 に SD 値（平均値）と標準偏差だけを表示した表を示す．

表 3.2　SD 値（平均値）と標準偏差の一覧表

ID	事前の期待度	内容の理解度	テキストの見やすさ	講師の話し方	研修時間の適正	演習の進め方	事例の紹介	事務局の対応	会場の環境	研修の満足度
平　均	3.93	3.03	3.63	4.10	3.47	2.93	3.10	3.37	3.33	3.93
標準偏差	0.98	0.67	0.49	0.71	0.78	0.58	0.71	0.93	1.09	0.78

参考　本書で使う Excel の関数とその内容

No.	関数名	解　説
1	AVERAGE	平均値を計算する
2	CORREL	2 組のデータの相関係数を計算する
3	COUNT	数値データの数を数える
4	COUNTIF	指定する条件のデータの数を数える
5	DEVSQ	サンプルから平方和 S を計算する
6	FDIST	F 分布の確率を求める
7	FINV	F 分布の逆関数の値を求める
8	MAX	データの最大値を求める
9	MIN	データの最小値を求める
10	STDEV	データの標準偏差を計算する
11	STDEVP	母集団の標準偏差を計算する
12	TINV	t 分布の逆関数の値を求める
13	TTEST	t 検定を行う
14	VAR	データの（不偏）分散を計算する
15	VARP	母集団の分散を計算する

3.3 グラフから全体の姿や傾向をみる

　グラフは，アンケートの結果を視覚的にみることができる．SD法で実施したアンケートの結果からSD値（平均値）を計算する．このSD値を質問ごとにレーダーチャートや棒グラフを書くと，質問項目の高い評価と低い評価をみることができる．また，評価点ごとに回答者数の割合を帯グラフに書くと，評価点の分布がわかる．

　レーダーチャートは，図3.6に示すように，レーダーの画面のように中心から外側に向かって評価点の尺度をとり，質問項目を時計回りに配置したグラフである．評価のポイントは，アンケートの質問に対する回答のSD値（平均値）を記入する．

　書かれたレーダーチャートのポイントから，高い評価と低い評価を選び出すことができる．図3.6から外側に飛び出している「信頼性」や「安心労働」は高い評価であり，内側にへこんでいる「風通し」や「競争力」は低い評価であるといえる．

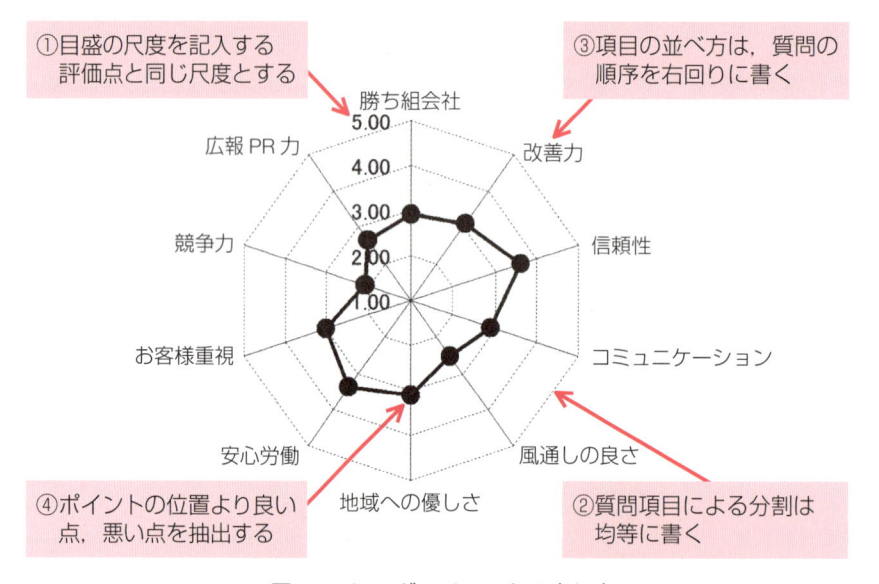

図3.6　レーダーチャートの表し方

　帯グラフは，図3.7に示すように，回答者の評価点ごとに数を数え，全体を100％で示した横棒グラフを質問項目数分を縦に並べたものである．この帯グラフから，質問ごとの評価点の分布状態を読み取ることができる．

　図3.7では，「広報PR力」や「競争力」に評価5が多く，「地域への優しさ」，「風通しの良さ」，「コミュニケーション」に評価5がないことがわかる．

　棒グラフは，図3.8に示すように，質問ごとのSD値を横に並べたグラフである．この棒グラフからは高い評価と低い評価がわかると同時に，その大きさを比較することができる．また，標準偏差の値を折れ線グラフで重ねて書くと，評価点のばらつきをみることができる．

3.2 アンケートの結果を集計する   135

①評価点の順に並べる

③棒の間隔は75％ぐらいが見やすい

■5：非常に良い ■4：良い ■3：どちらでもない ■2：悪い ■1：非常に悪い

広報PR力
競争力
お客様重視
安心労働
地域への優しさ
風通しの良さ
コミュニケーション
信頼性
改善力
勝ち組会社

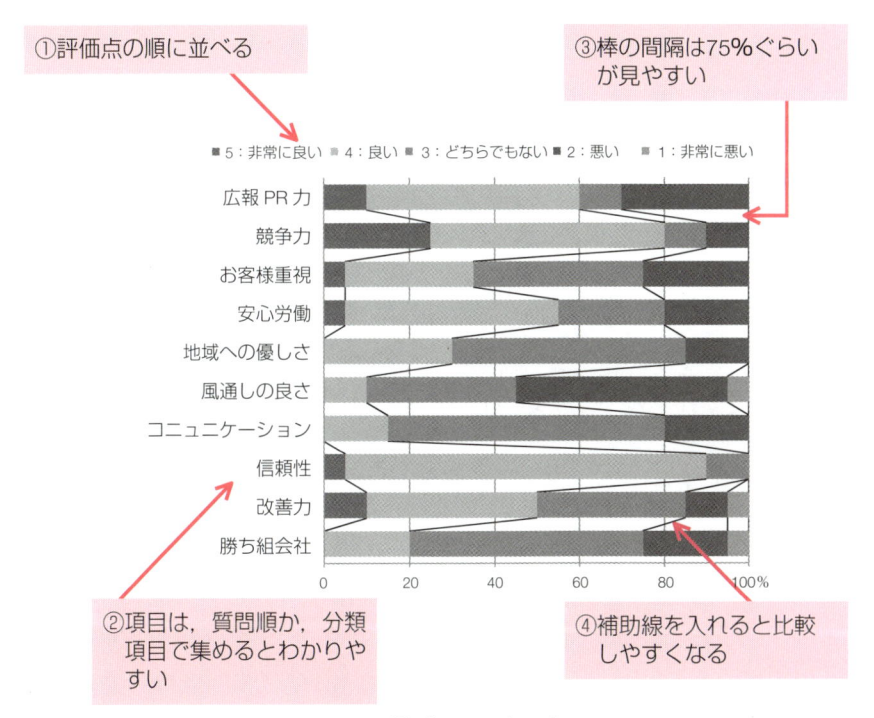

0　20　40　60　80　100％

②項目は，質問順か，分類項目で集めるとわかりやすい

④補助線を入れると比較しやすくなる

図3.7　帯グラフの表し方

①目盛の尺度を記入する　評価点と同じ尺度とする

④標準偏差は，SD値と区別できるよう，折れ線グラフに表示すると見やすい

□ SD値　■─ 標準偏差

SD値（左軸：1.00〜5.00）／標準偏差（右軸：0.00〜1.20）

勝ち組会社／改善力／信頼性／コミュニケーション／風通しの良さ／地域への優しさ／安心労働／お客様重視／競争力／広報PR力

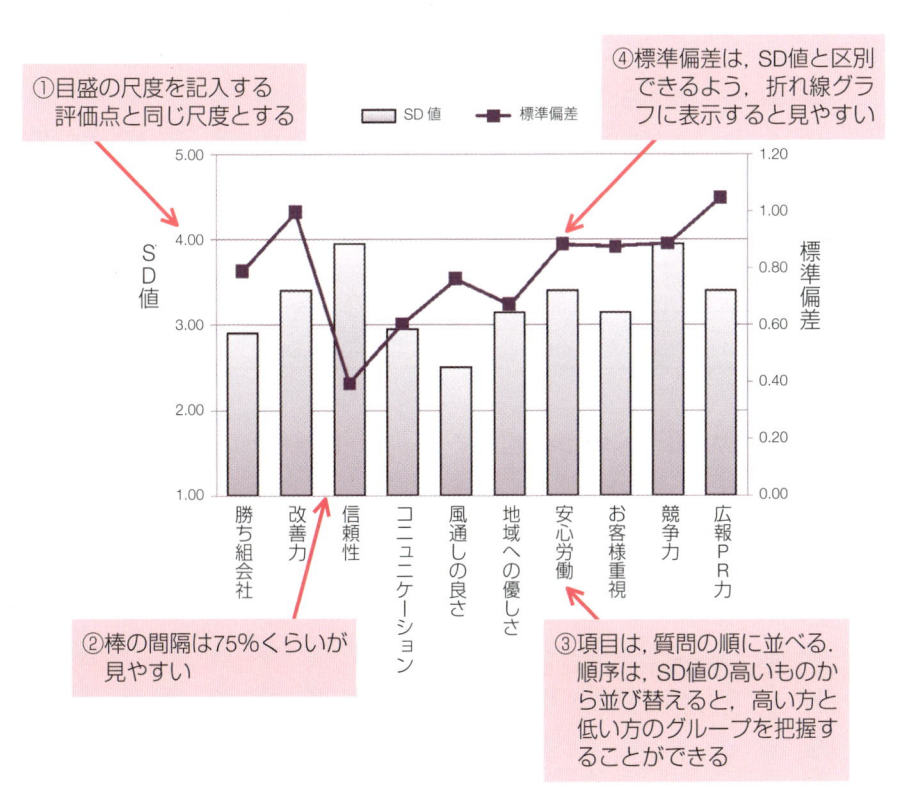

②棒の間隔は75％くらいが見やすい

③項目は，質問の順に並べる．順序は，SD値の高いものから並び替えると，高い方と低い方のグループを把握することができる

図3.8　棒グラフと折れ線グラフの表し方

図3.8の「信頼性」について見ると，棒グラフからSD値は高く，標準偏差が低いことから，全体として高い評価が得られていることがわかる．その一方，「競争力」はSD値が「信頼性」と同じくらいあるが，標準偏差が信頼性の倍以上あることから，人によって高い評価と低い評価のばらつきがあることがわかる．

3.3.1 ● Excelによりレーダーチャートを作成する

スタッフのクロスがまとめた，「改善アプローチスキルアップ研修」の受講者アンケートのマトリックス・データ表をもとに，レーダーチャートを作成する手順を次に示す．

表3.2（再掲） 平均値と標準偏差の一覧表

	A	B	C	D	E	F	G	H	I	J	K	L
39												
40		ID	事前の期待度	内容の理解度	テキストの見やすさ	講師の話し方	研修時間の適正	演習の進め方	事例の紹介	事務局の対応	会場の環境	研修の満足度
41		平均	3.93	3.03	3.63	4.10	3.47	2.93	3.10	3.37	3.33	3.93
42		標準偏差	0.98	0.67	0.49	0.71	0.78	0.58	0.71	0.93	1.09	0.78

（1） Excel 2007（Windows Vista）によるレーダーチャートの作成

手順1．レーダーチャートの作成

レーダーチャートは，Excelタブの「挿入」の「グラフ」から作成する．

1) グラフに書くデータを指定する．質問項目セル「B40〜L41」をマウスで指定する．
2) Excelタブ「挿入」をクリックする．
3) 「グラフ」をクリックする．
4) 「グラフの挿入」画面から「レーダー」を指定し，中央のレーダーチャートを指定する．

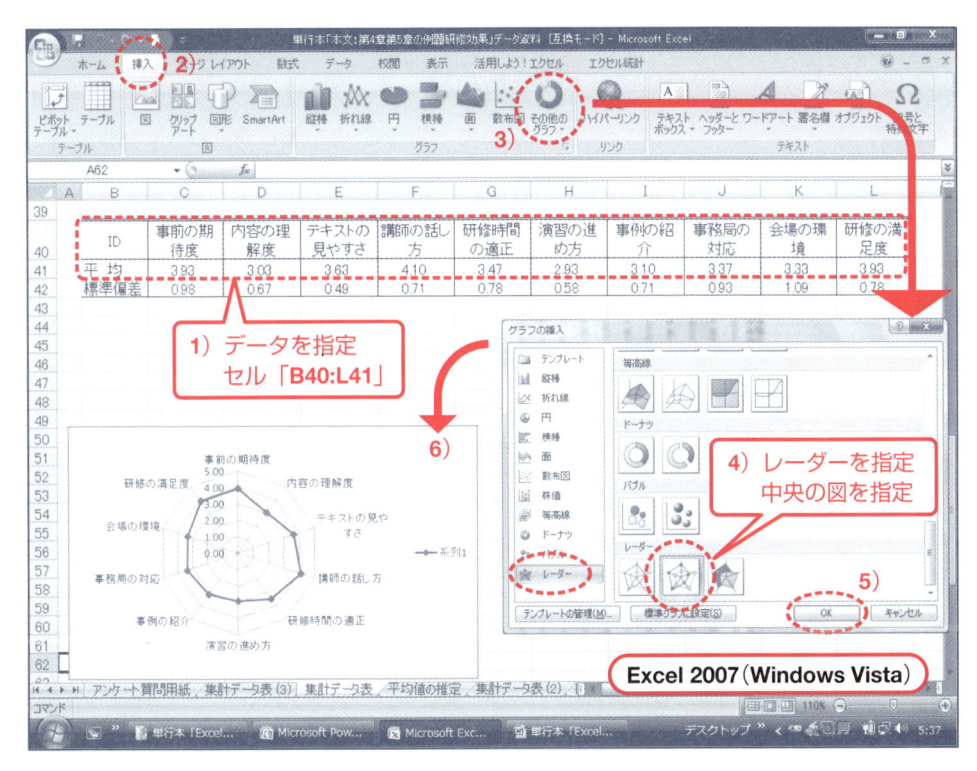

図 3.9　Excel 2007 によるレーダーチャートの作成

5)「OK」をクリックする．
6) 以上の操作で，図 3.9 のレーダーチャートが表示される．

手順 2．レーダーチャートの修正

(1) 凡例の削除

7)「凡例」をクリックし，右クリックする．
8)「削除」をクリックする．

(2) 目盛の変更

ここでは，アンケート質問の評価点である 1.00〜5.00 に変更する．

9)「目盛」をクリックし，右クリックする．
10)「軸の書式設定 (F)」をクリックする．
11)「軸の書式設定」画面の「軸オプション」の中の「最小値」，「最大値」，「目盛間隔」を固定にする．値を次のように入力する．

　　　　　最小値　　　○自動(A)　　◎固定(F)　　1
　　　　　最大値　　　○自動(U)　　◎固定(I)　　5
　　　　　目盛間隔　　○自動(T)　　◎固定(X)　　1
　　　　　最大値：5　　最小値：1　　目盛間隔：1

12)「閉じる」をクリックする．
13) 以上の操作で，レーダーチャートが完成する（図 3.10 の右下図）．

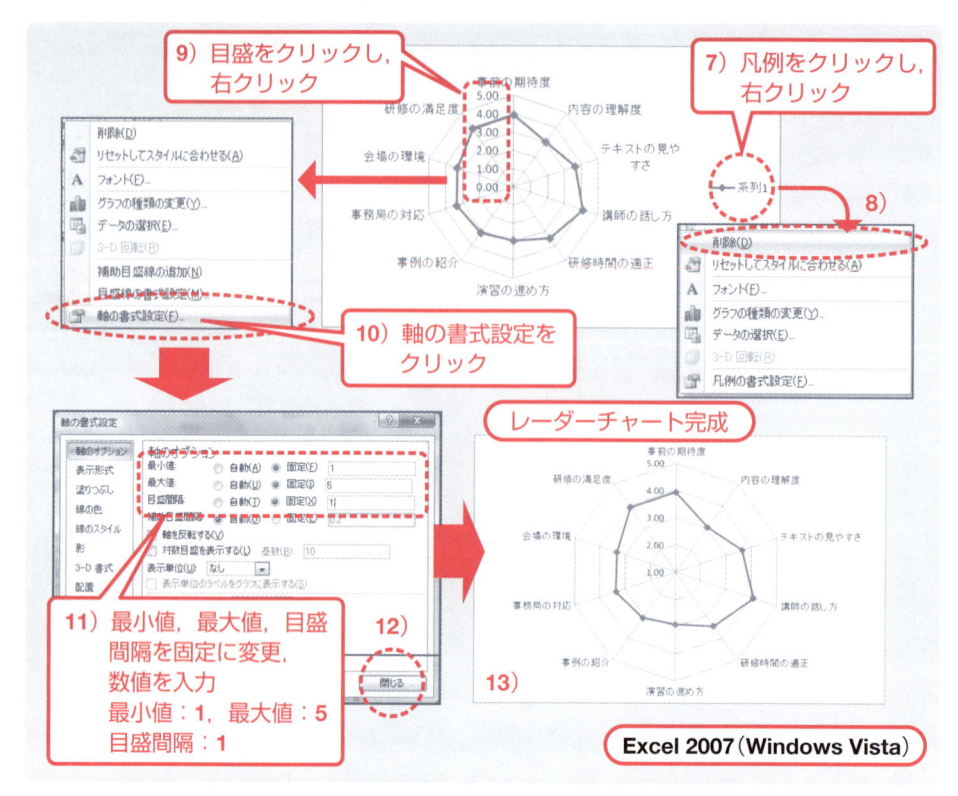

図 3.10　Excel 2007 によるレーダーチャートの修正

[レーダーチャートからわかること]

図 3.11 のレーダーチャートからわかることは,

① 「内容の理解度」,「演習の進め方」,「事例の紹介」などの評価レベルが低い.

② 「講師の話し方」,「テキストの見やすさ」などの評価レベルが高い.

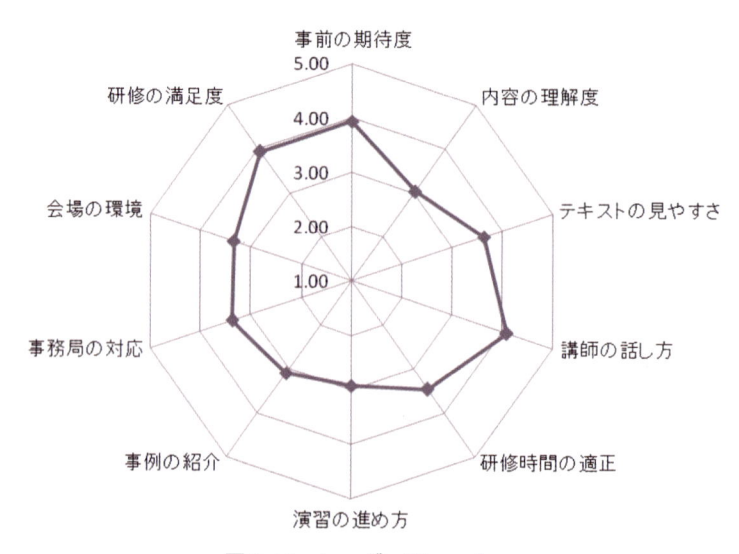

図 3.11　レーダーチャート

③ 「研修の満足度」や「事前の期待度」の評価レベルが高い．

　以上のことから，今回実施した研修は，受講者の事前期待が高く，受講後の満足度が高いことから，よい研修であったと思われる．講師の進め方，テキストの見やすさは評価が高いことから，スタッフのクロスは満足であった．ただ，演習の進め方は，受講者のコメントなどから少しやり方を変えることを検討することにした．

(2) Excel 2000〜2003（Windows XP, 2000）によるレーダーチャートの作成

手順1．レーダーチャートの作成

　レーダーチャートは，Excel「ツールバー」の「挿入(I)」の「グラフ(H)」から作成する．

1) グラフに書くデータを指定する．質問項目セル「B40〜L41」をマウスで指定する．
2) Excel ツールバー「挿入(I)」をクリックする．
3) 「グラフ(H)」をクリックする．
4) 「グラフウィザード」画面から「標準」の「レーダー」を指定する．
5) 「形式(T)」の中から中央のレーダーチャートを指定する．
6) 「完了(F)」をクリックする．
7) 以上の操作で，図3.12左下図のレーダーチャートが表示される．

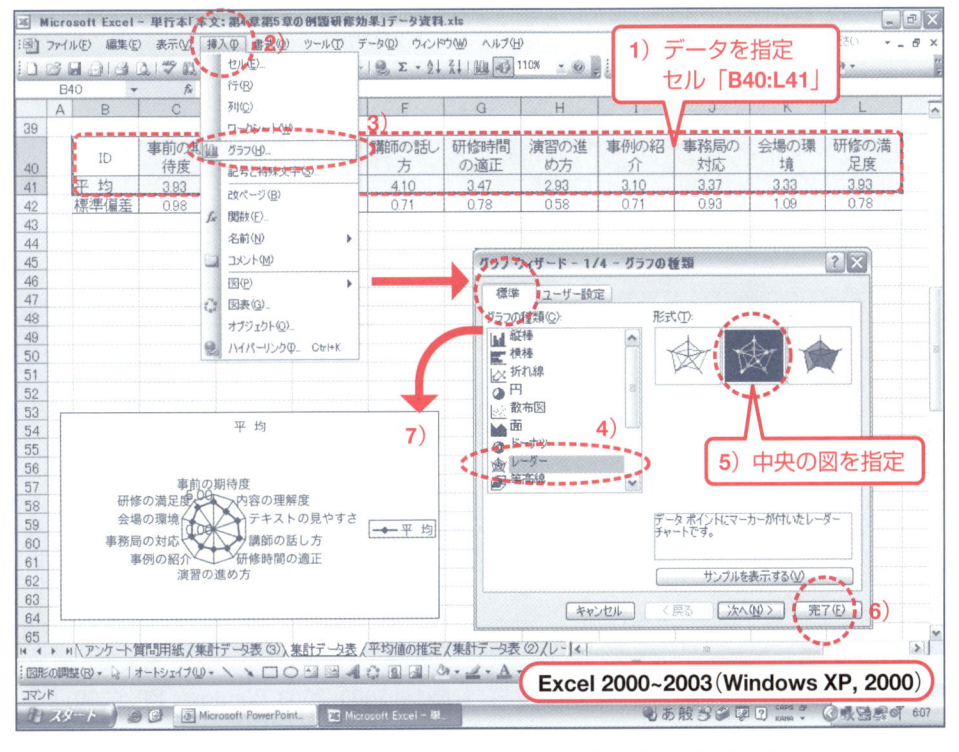

図3.12　Excel 2000〜2003によるレーダーチャートの作成

手順2．レーダーチャートの修正
（凡例の削除）
　8)「凡例」をクリックし，右クリックする．
　9)「クリア(A)」をクリックする．
（タイトルの削除）
　10)「タイトル」をクリックし，右クリックする．
　11)「クリア(A)」をクリックする．
（目盛の変更）
ここでは，アンケート調査評価である 1.00～5.00 に変更する．
　12)「軸」をクリックし，右クリックする．
　13)「軸の書式設定(O)」をクリックする．
　14)「軸の書式設定」画面の「目盛」を選択し，「自動」の中の「最小値」，「最大値」，「目盛間隔」のチェックマーク「✓」を外す．値を次のように入力する．
　　　　□　最小値(N)　　　1
　　　　□　最大値(X)　　　5
　　　　□　目盛間隔(A)　　1
　15)「OK」をクリックする．

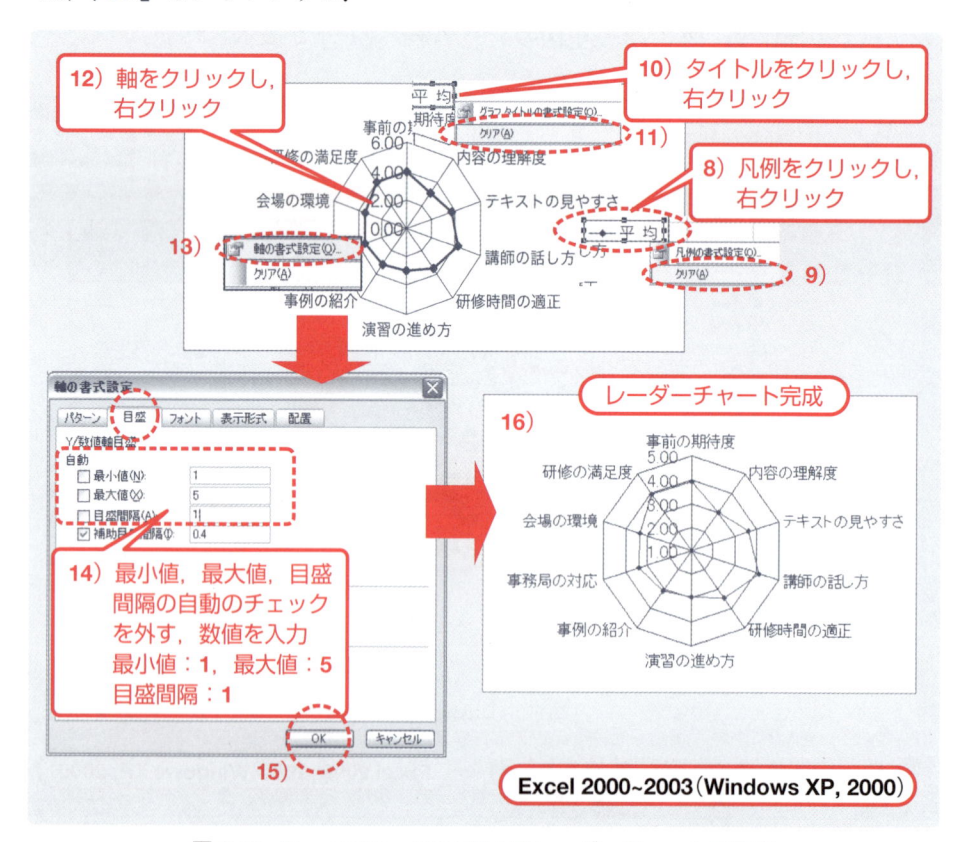

図3.13　Excel 2000～2003 によるレーダーチャートの修正

16）以上の操作で，レーダーチャートが完成する（図 3.13 の右下図）．

3.3.2 ● Excel により帯グラフを作成する

スタッフのケイトは，図 3.3 のアンケート結果を帯グラフに書いてみることにした．

帯グラフを書くには，まず評価点ごとの回答数を集計することから始める．評価点ごとの回答数は，Excel 関数「COUNTIF」を使って計算する．次に，Excel グラフ機能の「横棒グラフ」を使って帯グラフを書く．

(1) Excel 2007（Windows Vista）による帯グラフの作成
手順 1. データ表の作成

アンケートの結果からスタッフのケイトは，評価点ごとの回答者数を Excel 関数の「COUNTIF」を使って，以下のように作成した．

1) 評価点ごとの回答数のデータシートを作成する．
2) 評価点ごとに回答者数を計算する．
   例えば，セル「C41」に「事前の期待度」の評価点「5」の回答者数を計算する．評価点「5」の回答者数を表示するセルにカーソルを当てる．ここでは，「C41」
3) Excel タブから「数式」をクリックする．
4) 「数式」タブの「関数の挿入」をクリックする．
5) 「関数の挿入」画面の「関数の分類(C)」の中の「統計」を選択する．
6) 「関数名(N)」の中の「COUNTIF」（条件指定のデータ数計算）を選択する．
7) 「OK」をクリックする．
8) 「関数の引数」画面の「数値1」にデータを入力する．ここでは，「C6:C35」

を入力する．

9) 「関数の引数」画面の「数値2」に検索する条件を入力する．ここでは，「5」を入力する．
10) 「OK」をクリックする．セル「C41」に回答者数「9」が表示される．これが，「事前の期待度」の評価点「5」の回答者数となる．
11) 上記2)～10) を評価点「4」，「3」，「2」，「1」ごとに同じ操作を行う．
12) セル「C41」～「C45」をセル「D41」～「L45」までコピーする．

以上の操作を図3.14に示す．また，その結果が表3.3のデータ表である．
表3.3の行項目「評価」の欄は，数値データではなく，文字データにしておく．

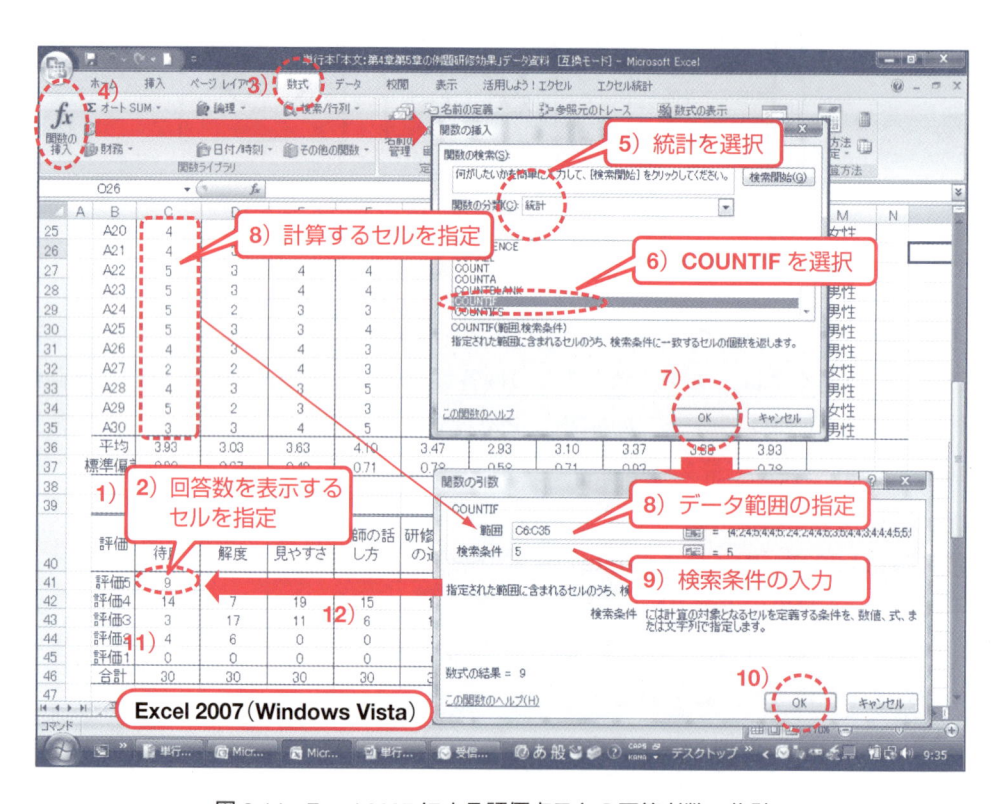

図3.14 Excel 2007による評価点ごとの回答者数の集計

表3.3 評価点ごとの回答者数の集計表

	A	B	C	D	E	F	G	H	I	J	K	L
39												
40		評価	事前の期待度	内容の理解度	テキストの見やすさ	講師の話し方	研修時間の適正	演習の進め方	事例の紹介	事務局の対応	会場の環境	研修の満足度
41		評価5	9	0	0	9	0	0	0	2	3	7
42		評価4	14	7	19	15	13	4	9	14	15	15
43		評価3	3	17	11	6	12	20	15	7	1	7
44		評価2	4	6	0	0	6	6	6	7	11	1
45		評価1	0	0	0	0	0	0	0	0	0	0
46		合計	30	30	30	30	30	30	30	30	30	30

手順2．帯グラフの作成

13) グラフを作成するデータ範囲を指定する．ここでは，「B40:L45」を指定する．
14) Excel タブの「挿入」をクリックする．
15) 「その他のグラフ」をクリックする．
16) 「グラフの挿入」画面から「横棒」を選択し，左から3番目の比率横棒グラフを指定する．
17) 「OK」をクリックする．
18) 図 3.15 の左下に帯グラフが表示される．

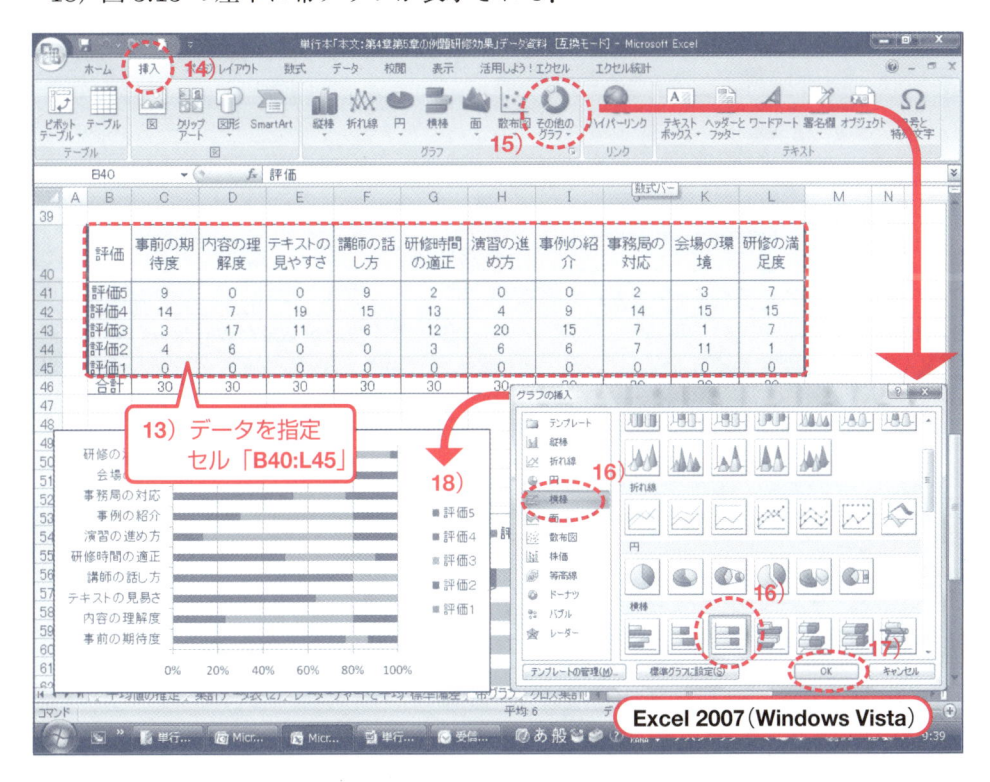

図 3.15　Excel 2007 による帯グラフの作成

手順3．帯グラフの修正（補助線の挿入とグラフスタイルの変更）

（補助線の挿入）

19) 修正するグラフを指定する．
20) Excel タブの「デザイン」をクリックする．
21) 「グラフのレイアウト」をクリックし，上から3段目の真ん中の「レイアウト8」をクリックする．
22) 図 3.16 の右下に補助線が入った帯グラフが表示される．

（グラフスタイルの変更）

23) 「グラフのスタイル」から左側のグレーをクリックする．
24) 図 3.17 の右下の帯グラフが表示される．

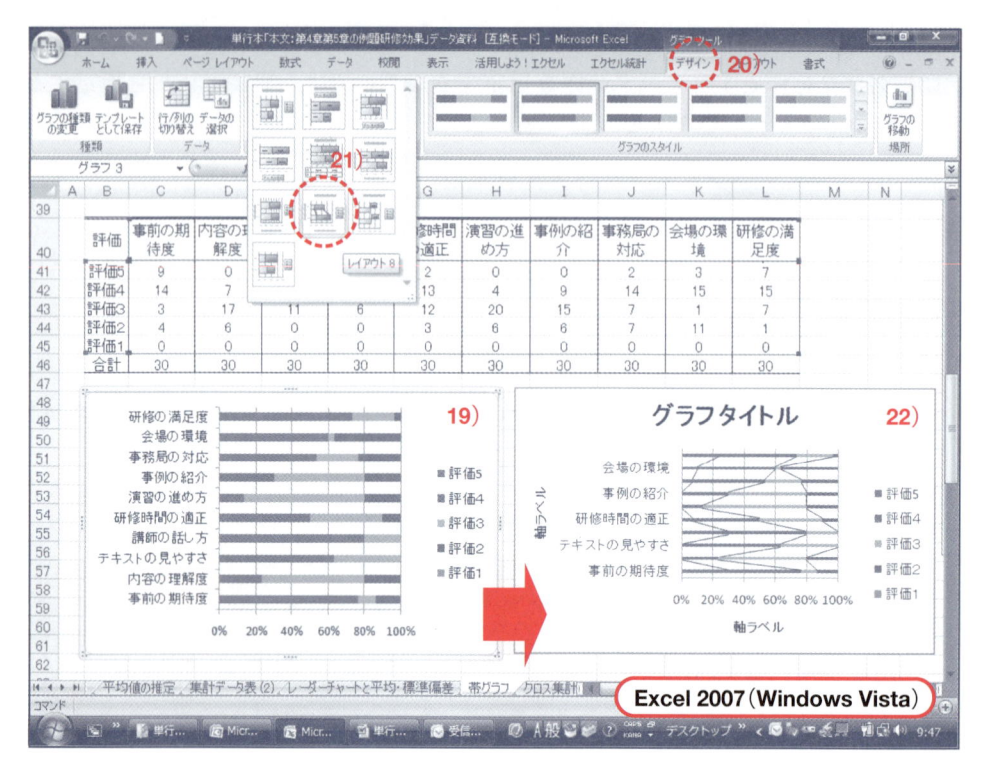

図 3.16　Excel 2007 による帯グラフの修正（補助線の挿入）

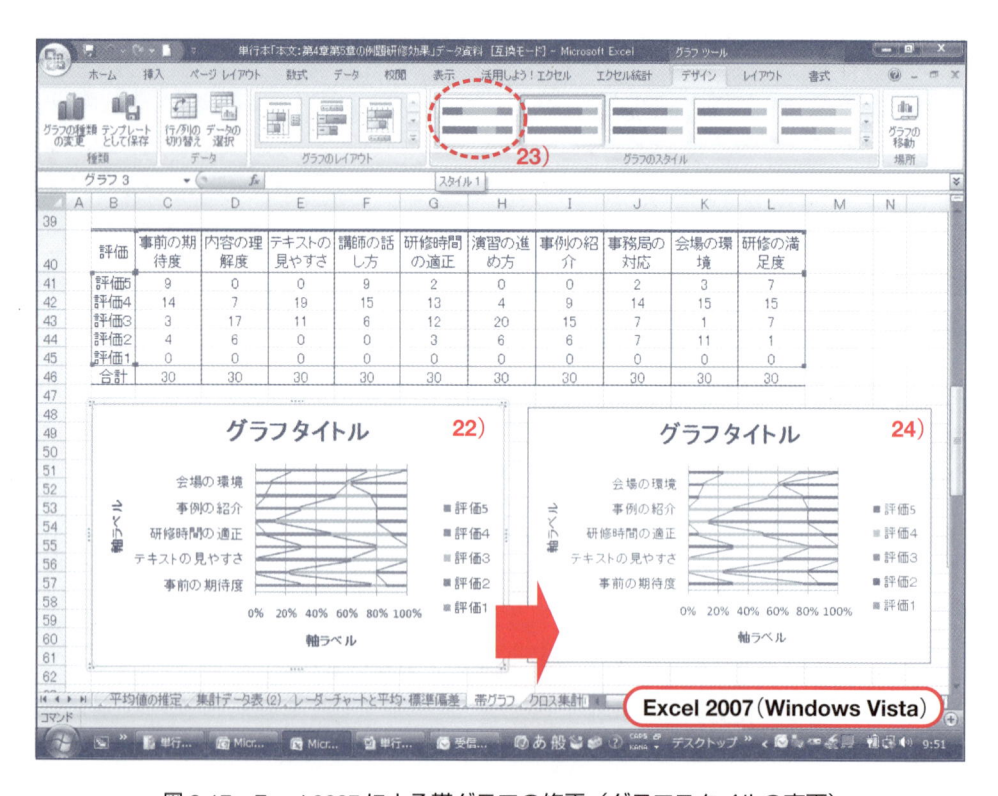

図 3.17　Excel 2007 による帯グラフの修正（グラフスタイルの変更）

3.2 アンケートの結果を集計する 145

手順4．帯グラフの修正（表示の削除と凡例の位置変更）

（タイトルの削除）

25)「グラフタイトル」をクリックし，右クリックする．

26)「削除(D)」をクリックする．

（縦軸ラベルの削除）

27) 縦「軸ラベル」をクリックし，右クリックする．

28)「削除(D)」をクリックする．

（横軸ラベルの削除）

29) 横「軸ラベル」をクリックし，右クリックする．

30)「削除(D)」をクリックする．

（凡例の位置変更）

31)「凡例」をクリックし，右クリックする．

32)「凡例の書式設定(F)」をクリックする．

33)「凡例の書式設定(F)」の凡例のオプションの「凡例の位置」を「上(T)」に指定する．

34)「閉じる」をクリックする．

35) この結果，図3.18の左端の帯グラフが表示される．

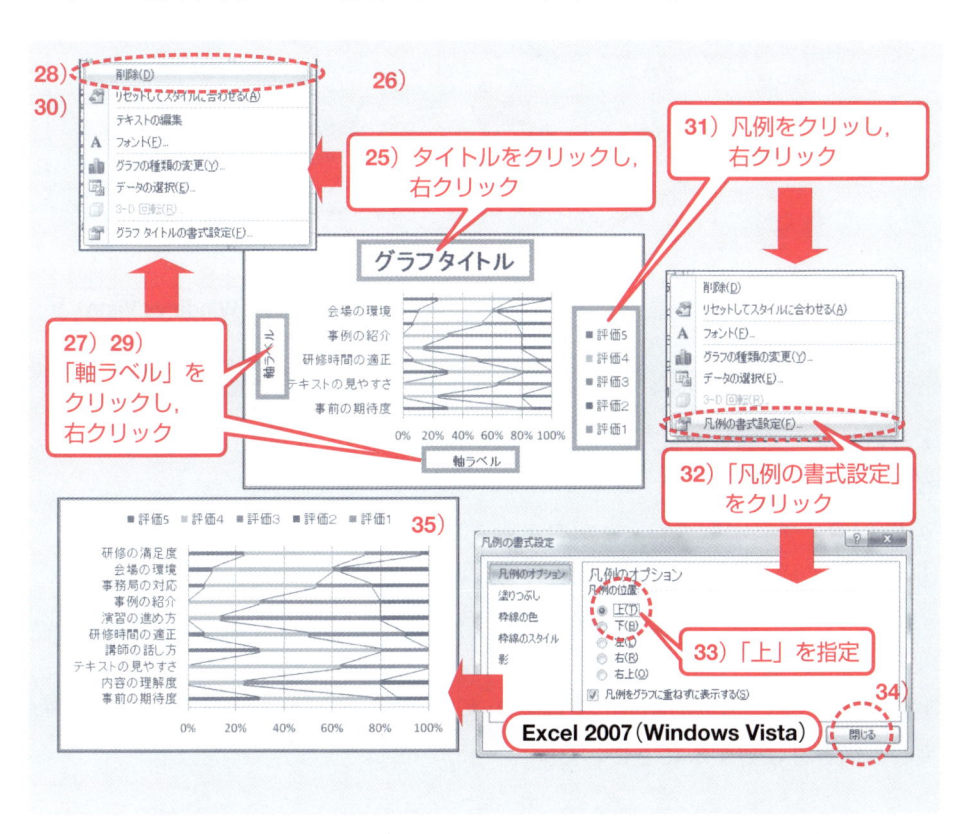

図3.18 Excel 2007による帯グラフの修正（削除と凡例の位置変更）

手順 5. 帯グラフの修正（棒グラフの幅変更）

（棒グラフの幅変更）

36) 横棒グラフ上にマウスをあててクリックし，右クリックする．
37)「データ系列の書式設定(F)」をクリックする．
38)「系列のオプション」画面の「要素の間隔(W)」の間隔を「75%程度」に設定する．
39)「閉じる」をクリックする．
40) その結果，図 3.19 の右側に示す帯グラフが表示される．

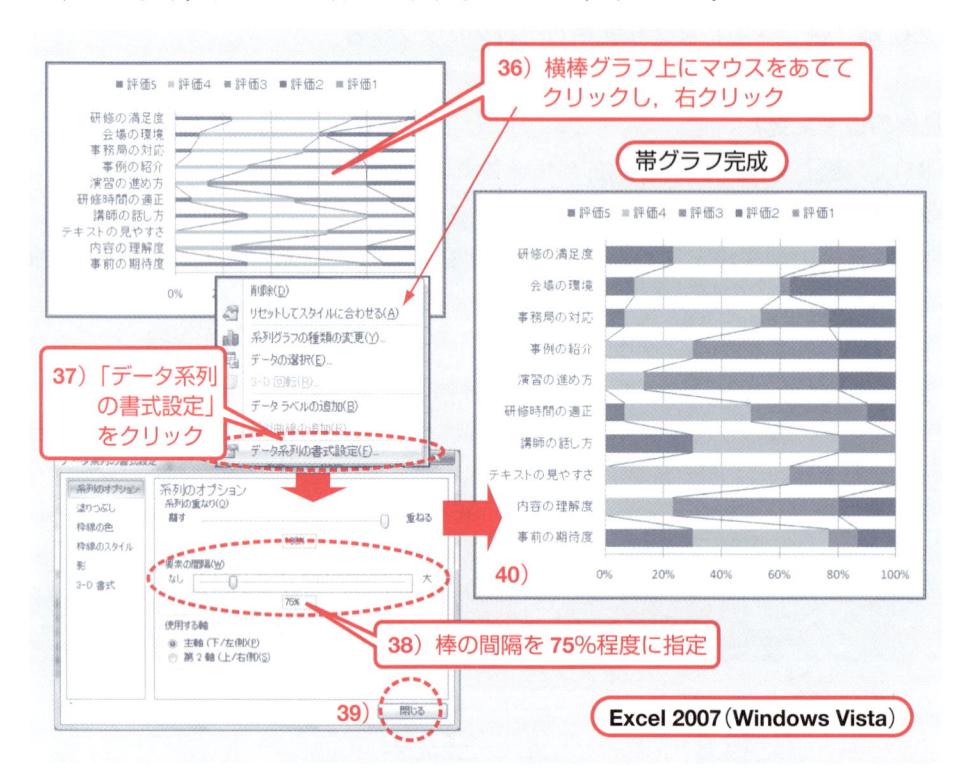

図 3.19　Excel 2007 による帯グラフの修正（棒グラフの幅変更）

以上の結果から完成した帯グラフを図 3.20 に示す．

（帯グラフからわかること）

図 3.20 の帯グラフから次のことがわかる．

① 「研修の満足度」，「事前の期待度」，「講師の話し方」は良い評価である．
② 「事例の紹介」，「演習の進め方」，「テキストの見やすさ」，「内容の理解度」は少し低い評価が多くなっている．

以上のことから，「事例の紹介」，「演習の進め方」，「テキストの見やすさ」，「内容の理解度」の内容を検討することにした．

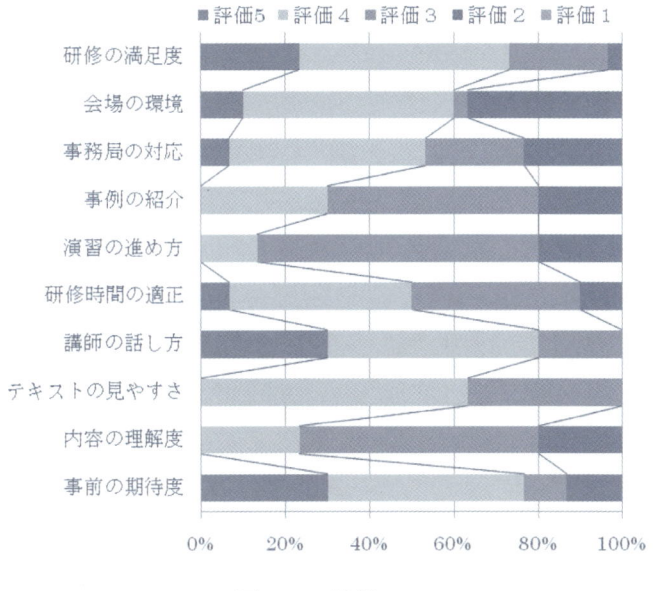

図 3.20　帯グラフ

---

(2) Excel 2000〜2003（Windows XP, 2000）による帯グラフの作成

データ表の作成は，Excel 2007 の図 3.14 と同様に Excel 関数「COUNTIF」で求める．

ここでは，「帯グラフの作成」から説明する．

手順 1．帯グラフの作成

1) グラフを作成するデータ範囲を指定する．ここでは，「B40:L45」を指定する．
2) Excel ツールバーの「挿入(I)」をクリックする．
3) 「グラフ(H)」をクリックする．
4) 「グラフウィザード」画面から「横棒」を選択する．

5)「形式(T)」の中から，上段の右端のグラフを指定する．
6)「完了(F)」をクリックする．
7) 図3.21の左下に帯グラフが表示される．

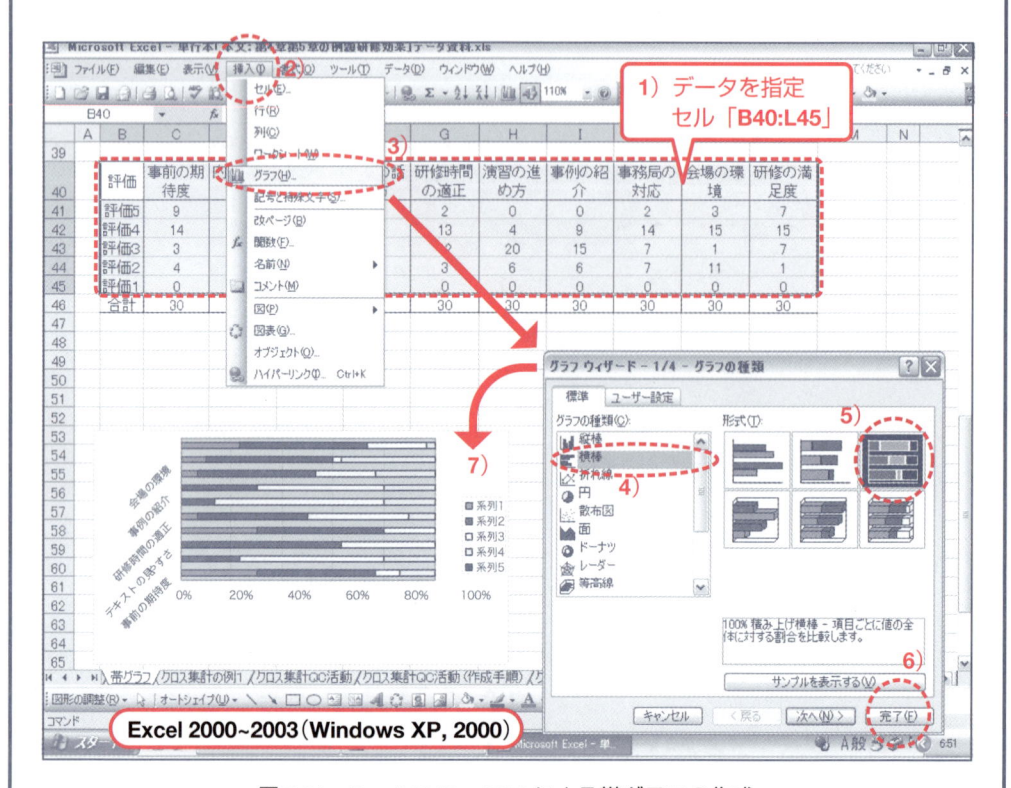

図3.21　Excel 2000～2003による帯グラフの作成

手順2．帯グラフの修正（凡例と項目軸の変更）

（凡例の位置変更）

8)「凡例」をクリックし，右クリックする．
9)「凡例の書式設定(O)」をクリックする．
10)「凡例の書式設定」画面の「配置」を選択し，表示位置を「上側(T)」にチェックマークを入れる．
11)「OK」をクリックする．

この操作で，凡例がグラフの上部に移動する（図3.22）．

（項目の表示変更）

12)「軸」をクリックし，右クリックする．
13)「軸の書式設定(O)」をクリックする．
14)「軸の書式設定」画面の「配置」を選択し，「方向」の文字列の横をクリックする．
15)「OK」をクリックする．

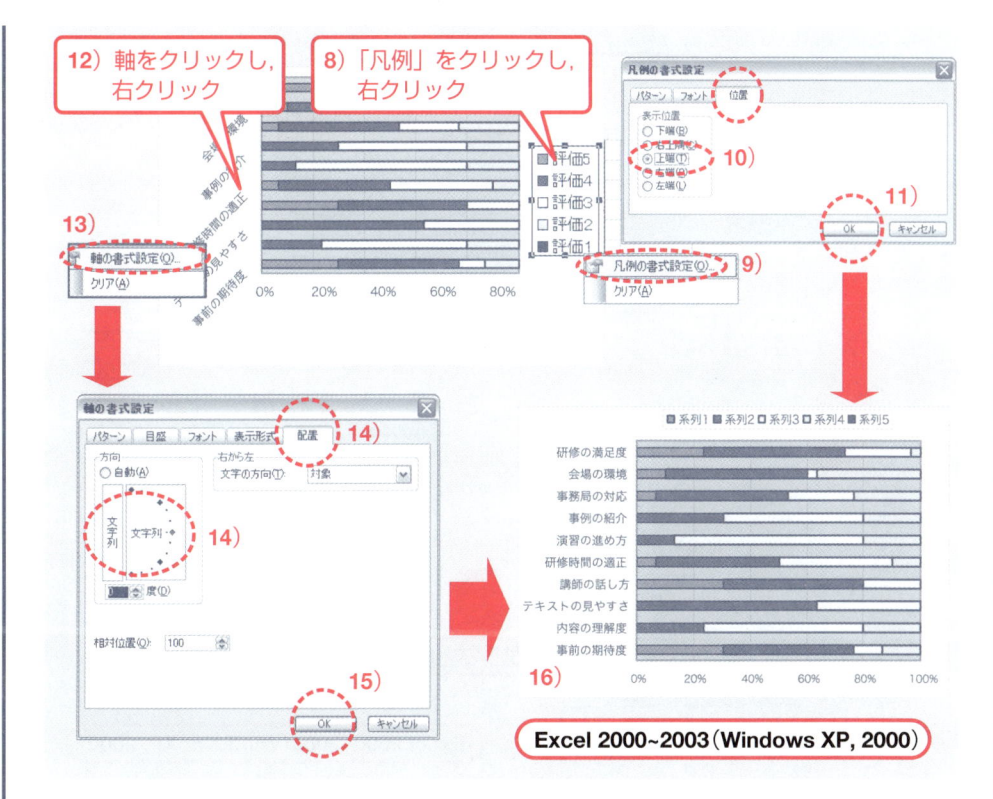

3.2 アンケートの結果を集計する　　　　149

図 3.22　Excel 2000～2003 による帯グラフの修正（凡例と項目軸の変更）

16) 以上の操作で，帯グラフの原型が表示される（図 3.22 右下）．

割合補助線は，グラフ→データ系列の書式設定→オプション→区分線で表示できる．

手順 3．帯グラフの修正（色と棒間隔の変更）

(棒の間隔変更)

17)「グラフ」をクリックし，右クリックする．

18)「データ系列の書式設定(O)」をクリックする．

19)「データ系列の書式設定」画面の「オプション」を選択し，「棒の間隔(W)」を「70%」に設定する．

20)「OK」をクリックする．

以上の操作で，棒の間隔が狭まる（図 3.23 の左下の図）．

(背景の色変更)

21)「背景」をクリックし，右クリックする．

22)「プロットエリアの書式設定(O)」をクリックする．

23)「プロットエリアの書式設定」画面の「領域」内の「白色」を指定する．

24)「OK」をクリックする．

25) 以上の操作で，帯グラフが完成する（図 3.23 の左下図）．

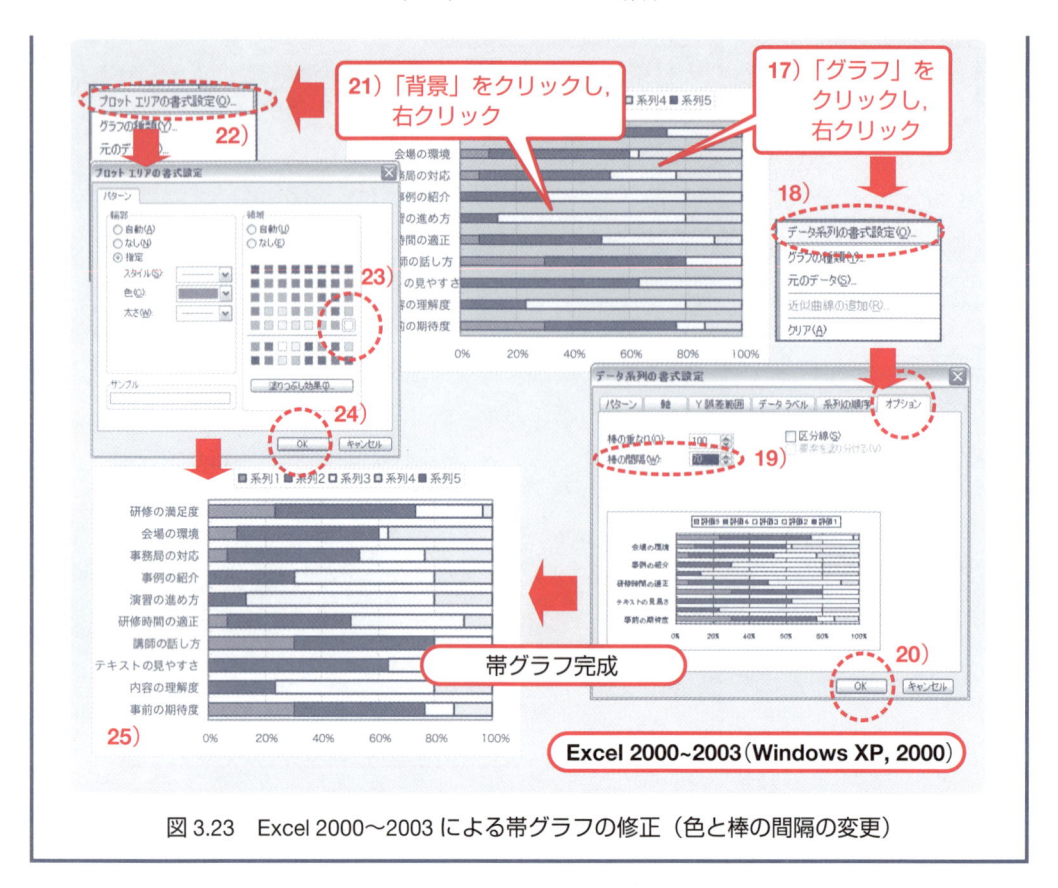

図3.23 Excel 2000〜2003による帯グラフの修正(色と棒の間隔の変更)

3.3.3 ● Excelにより複合グラフを作成する

スタッフのケイトは,「改善アプローチスキルアップ研修」の受講者アンケートのマトリックス・データ表(表3.2)をもとに,棒グラフと折れ線グラフの複合グラフを作成することとなった.その手順を次に示す.

表3.2(再掲) SD値(平均値)と標準偏差の一覧表

	A	B	C	D	E	F	G	H	I	J	K	L
39												
40		ID	事前の期待度	内容の理解度	テキストの見やすさ	講師の話し方	研修時間の適正	演習の進め方	事例の紹介	事務局の対応	会場の環境	研修の満足度
41		平均	3.93	3.03	3.63	4.10	3.47	2.93	3.10	3.37	3.33	3.93
42		標準偏差	0.98	0.67	0.49	0.71	0.78	0.58	0.71	0.93	1.09	0.78

(1) Excel 2007(Windows Vista)による複合グラフの作成

手順1.縦棒グラフの作成

複合グラフは,Excelタブの「挿入」の「グラフ」から作成する.

1) グラフに書くデータを指定する.セル「B40〜L42」をマウスで指定する.
2) Excelタブ「挿入」をクリックする.
3) グラフの「縦棒」をクリックする.

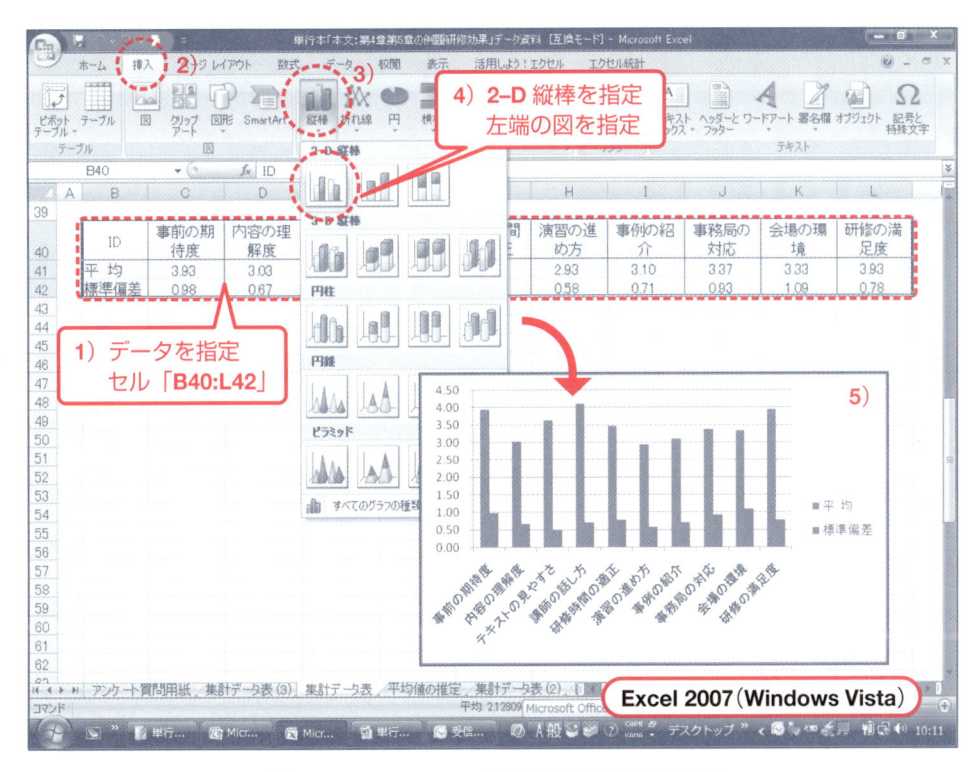

図 3.24　Excel 2007 による縦棒グラフの作成

　4)「2-D 縦棒」の左端の棒グラフをクリックする．

　5) 以上の操作で，図 3.24 の縦棒グラフが表示される．

手順 2．複合グラフの作成

　6) 標準偏差の「縦棒グラフ」をクリックし，右クリックする．

　7)「系列グラフの種類の変更(Y)」をクリックする．

　8)「グラフの種類の変更」画面から，「折れ線」をクリックする．

　9)「OK」をクリックする．

　10) 以上の操作で，図 3.25 の複合グラフが表示される．

手順 3．複合グラフの軸の変更

　11) 標準偏差の「折れ線グラフ」をクリックし，右クリックする．

　12)「データ系列の書式設定(F)」をクリックする．

　13)「データ系列の書式設定」画面の「系列のオプション」の中から，「使用する軸」の「◎第 2 軸(上／右側(S))」をクリックする．

　14)「閉じる」をクリックする．

　15) 以上の操作で，図 3.26 の複合グラフが表示される．

手順 4．複合グラフの軸の修正

（凡例の表示位置の変更）

　16)「凡例」をクリックし，右クリックする．

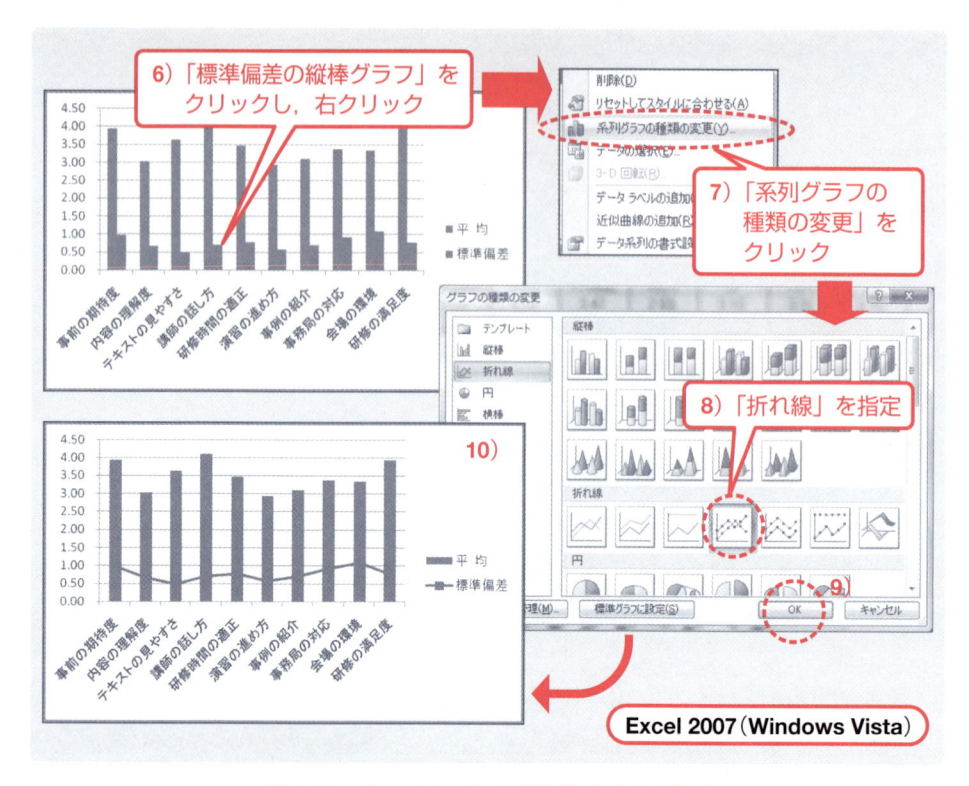

図 3.25　Excel 2007 による複合グラフの作成

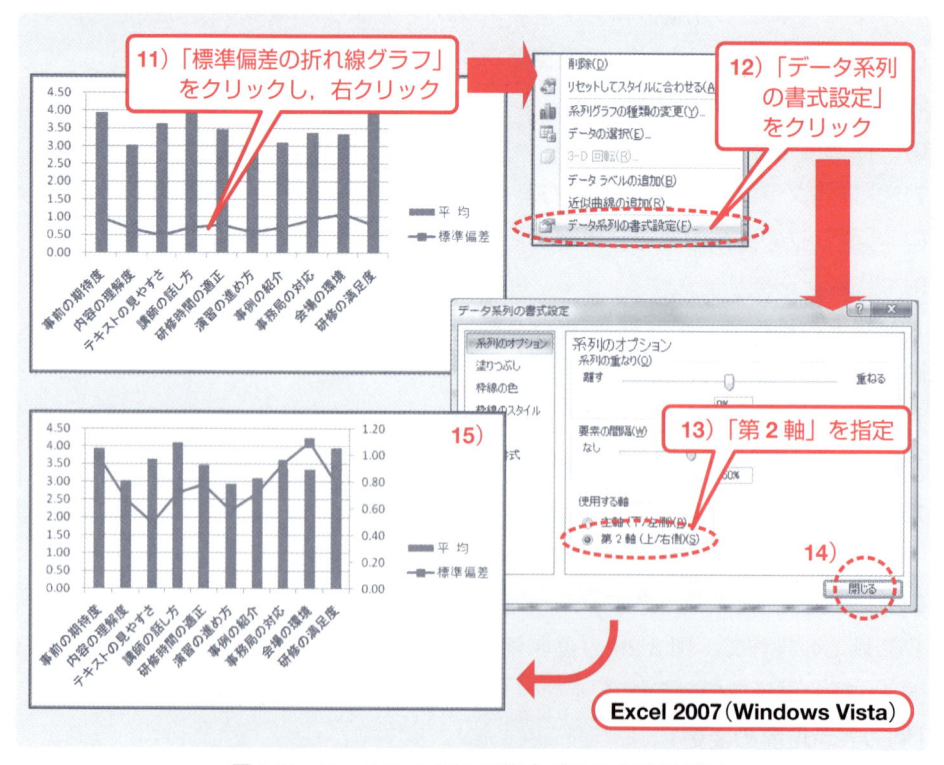

図 3.26　Excel 2007 による複合グラフの軸の変更

17)「凡例の書式設定(F)」をクリックする．
18)「凡例の書式設定」画面の「凡例のオプション」の「軸の位置」を「◎上(T)」を指定する．
19)「閉じる」をクリックする．これで，凡例の表示がグラフの上部になる［図 3.37 の 29)］．

（平均値の目盛変更）

20)「左側の目盛」をクリックし，右クリックする．
21)「軸の書式設定（F）」をクリックする．
22)「軸の書式設定」画面の「軸のオプション」の中の「最小値」，「最大値」，「目盛間隔」を固定にする．値を次のように入力する．

　　　　最小値　　　〇自動(A)　　◎固定(F)　　1
　　　　最大値　　　〇自動(U)　　◎固定(I)　　5
　　　　目盛間隔　　〇自動(T)　　◎固定(X)　　1

　　　　最大値：5　　最小値：1　　目盛間隔：1

23)「閉じる」をクリックする．これで，左軸の表示が 1.00〜5.00 になる［図 3.27 の 29)］．

（項目名表示の変更）

24)「項目軸」をクリックし，右クリックする．

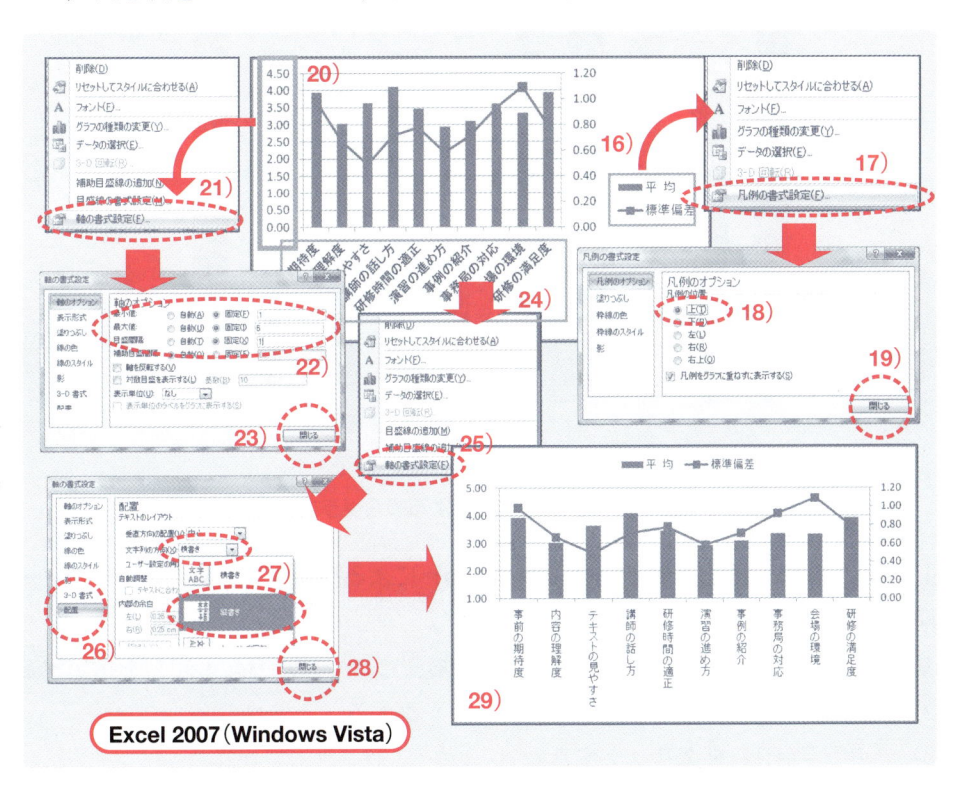

図 3.27　Excel 2007 による複合グラフの軸の修正

25)「軸の書式設定(F)」をクリックする．
26)「軸の書籍設定」画面の「配置」をクリックする．
27)「文字列の方向(X)」を「縦書き」に変更する．
28)「閉じる」をクリックする．これで，項目の表示が縦書きになる［図 3.27 の 29)］．

(複合グラフからわかること)

図 3.28 の複合グラフから，次のことがわかる．

① 「事前の期待度」と「研修の満足度」は，ともに平均値が 4.00 近くあるが，標準偏差が少し大きいようである．つまり，高い評価であるが，受講者個人にとっては異なる評価をしているものと思われる．

② 「内容の理解度」，「演習の進め方」は平均値が 3.00 近くで低い評価であり，標準偏差も小さい．つまり，全体として低い評価になっていることがわかる．

以上のことから，今後「演習の進め方」や「内容の理解度」に対し，何が問題なのかを検討することとなった．

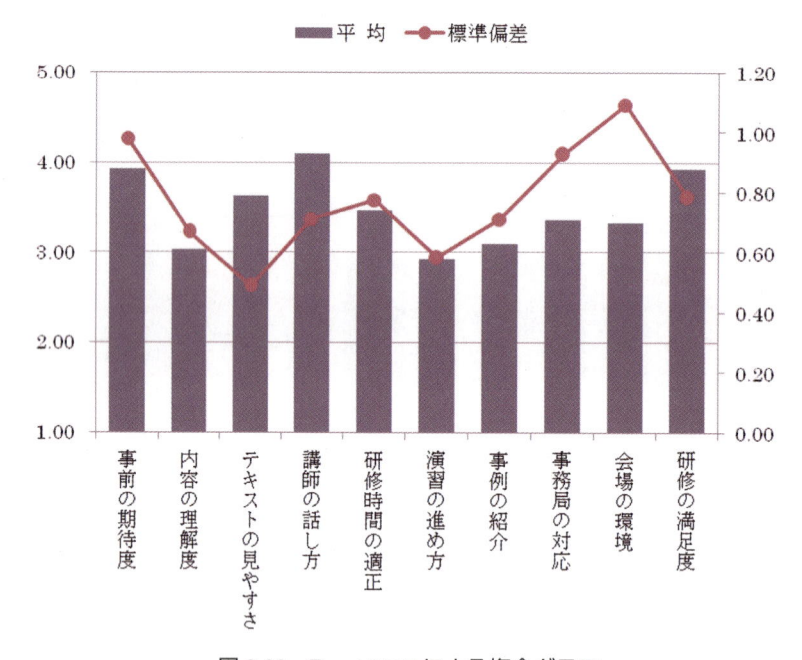

図 3.28　Excel 2007 による複合グラフ

(2) Excel 2000〜2003（Windows XP, 2000）による複合グラフの作成

手順 1．複合グラフの作成

1) グラフを作成するデータ範囲を指定する．ここでは，「B40:L42」を指定する．
2) Excel ツールバーの「挿入(I)」をクリックする．
3) 「グラフ(H)」をクリックする．
4) 「グラフウィザード」画面から「ユーザー設定」を選択する．

5) 「グラフの種類(C)」画面から，「2軸上の折れ線と縦棒」を選択する．
6) 「完了(F)」をクリックする．
7) 図3.29の左下に複合グラフが表示される．

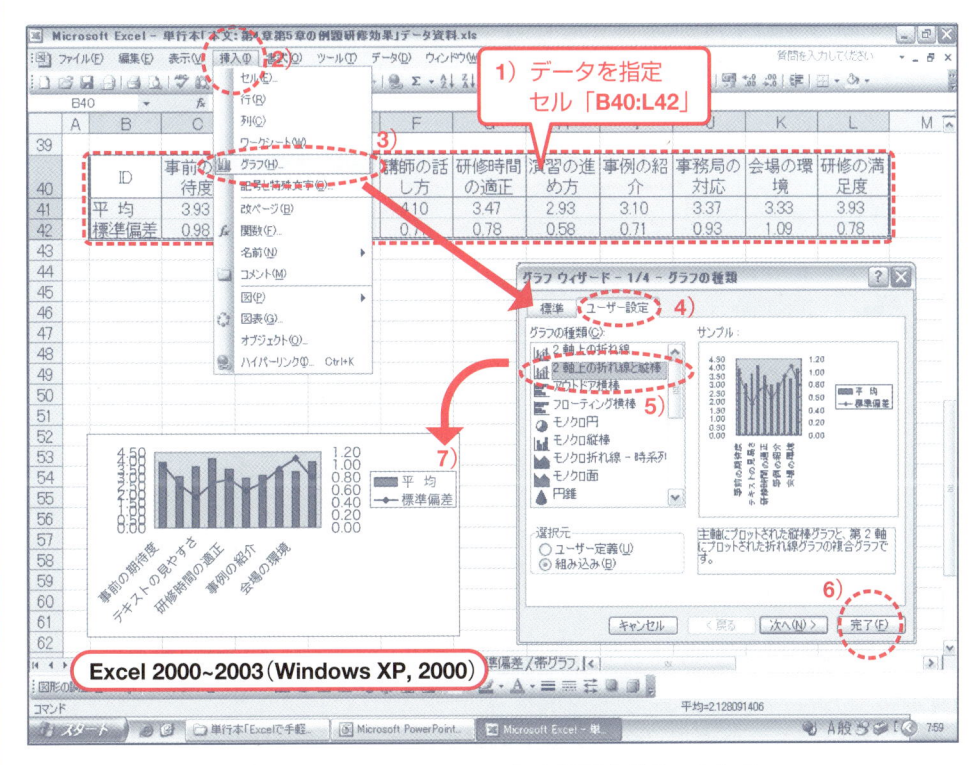

図3.29　Excel 2000～2003による複合グラフの作成

手順2．複合グラフの修正（凡例と項目軸の変更）

（凡例の位置変更）

8) 「凡例」をクリックし，右クリックする．
9) 「凡例の書式設定(O)」をクリックする．
10) 「凡例の書式設定」画面の「位置」を選択し，表示位置を「上側(T)」を指定する．
11) 「OK」をクリックする．

この操作で，凡例がグラフの上部に移動する（図3.30）．

（項目名の表示変更）

12) 「軸」をクリックし，右クリックする．
13) 「軸の書式設定(O)」をクリックする．
14) 「軸の書式設定」画面の「配置」を選択し，「方向」の文字列の縦をクリックする．
15) 「OK」をクリックする．
16) 以上の操作で，図3.30右下の複合グラフが表示される．

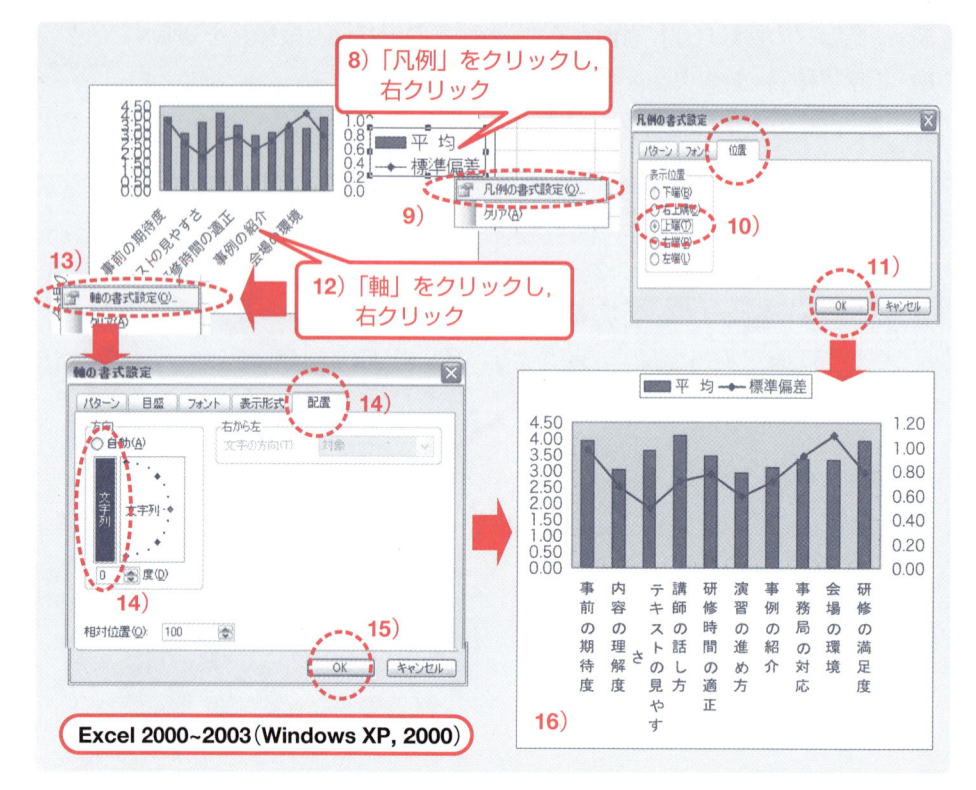

図 3.30　Excel 2000 ～ 2003 による複合グラフの修正（凡例と項目軸の変更）

手順 3．複合グラフの修正（色と目盛の変更）

（背景の色変更）

17)「背景」をクリックし，右クリックする．
18)「プロットエリアの書式設定(O)」をクリックする．
19)「プロットエリアの書式設定」画面の「領域」内の「白色」を指定する．
20)「OK」をクリックする．

以上の操作で，複合グラフの背景が白色になる（図 3.31 の左下図）．

（目盛の変更）

21) 棒グラフ（左側）の「軸」をクリックし，右クリックする．
22)「軸の書式設定(O)」をクリックする．
23)「軸の書式設定」画面の「目盛」を指定し，「自動」の中の「最小値」，「最大値」，「目盛間隔」のチェックマーク「✓」を外す．値を次のように入力する．

　　　□　最小値(N)　　　1
　　　□　最大値(X)　　　5
　　　□　目盛間隔(A)　　1

24)「OK」をクリックする．
25) 以上の操作で，図 3.31 左下の複合グラフが表示される．

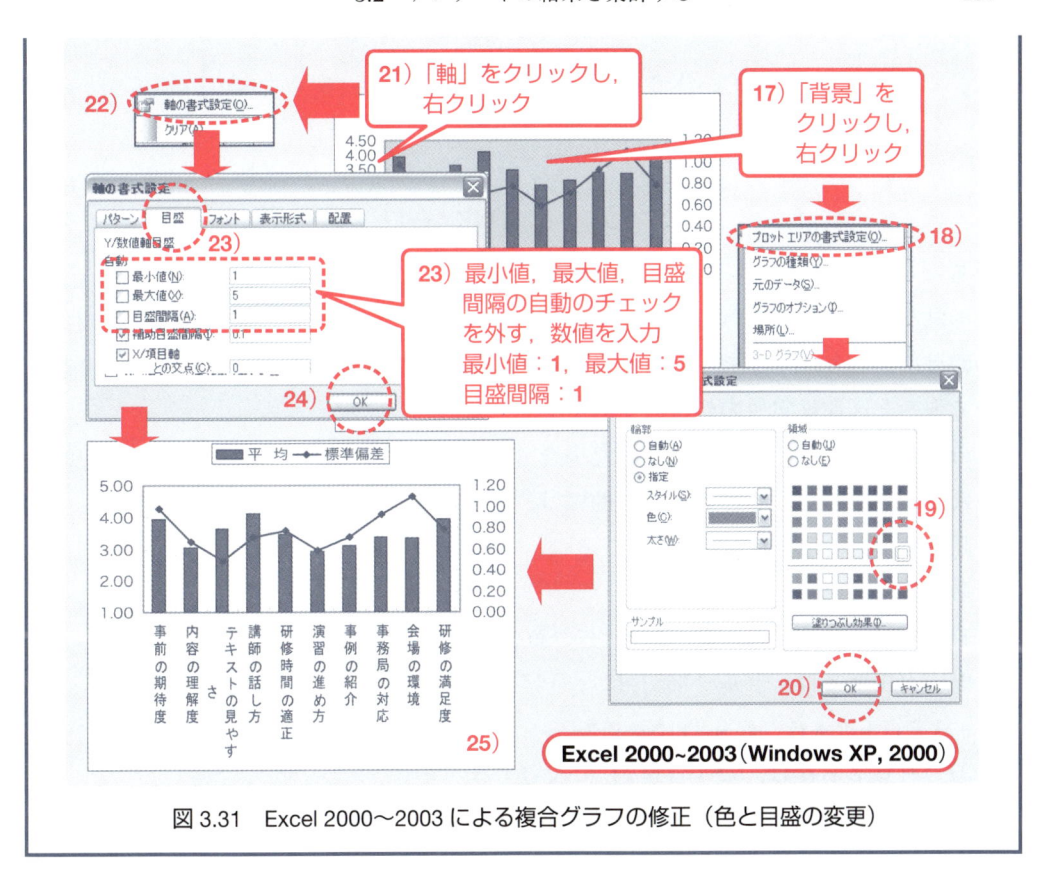

図 3.31 Excel 2000〜2003 による複合グラフの修正（色と目盛の変更）

(3) Excel により母平均を推測する

アンケートの結果から，評価点の母平均を知りたい場合，統計解析の推定という手法が活用できる．推定には点推定と区間推定がある．

点推定とは，1つの値で推測するものである．例えば，母平均は○○という値である．

母平均（μと表す）を推定する場合を考えると，普通に行われるのは，平均値$\bar{x}$をもって母平均μの推定値とすることである．推定値は母平均を表す記号の上に，＾（ハットと読む）をつけた形で表す．$\hat{\mu}$はミューハットと読む．

$$\text{母平均の点推定} \quad \hat{\mu}=\bar{x} \quad (\text{SD 値}) \tag{3.4}$$

区間推定とは，推測する母平均の上限と下限で示すものである．

例えば，母平均は○○—◎◎の区間内の値である．

区間推定を行う場合には，母平均が上限値と下限値の間に存在する確率（この確率を信頼率という）をあらかじめ決めておく必要がある．

区間推定にあたっては，まず，信頼率（推定したい母平均がその間に含まれる確率）を定める．「ある保証された信頼率で母平均を含む区間」を信頼区間といい，「信頼区間の上限値と下限値」を信頼限界という．

母平均μに対する信頼率$(1-\alpha)\%$の信頼限界は，

信頼上限　$\bar{x}+t(\phi,\alpha)\dfrac{s}{\sqrt{n}}$ (3.5)

信頼下限　$\bar{x}-t(\phi,\alpha)\dfrac{s}{\sqrt{n}}$ (3.6)

となる．

この結果，信頼率を下げると区間推定値の幅は狭くなり，信頼率を上げると区間推定値の幅は広がる．また，データ数を多く取ると区間推定値の幅は狭くなり，データ数を少なく取ると区間推定値の幅は広がる．

このことから，信頼率を一定にした場合，データ数を多く取る方が母平均の推定幅が狭くなり，評価しやすくなる．一般的には，信頼率は95％を使うことが多い．

手順1．推定値の計算

（諸元の計算）（図 3.32）

1) データ数 n は，セル「I44」に「=COUNT(C6:C35)」で計算する．
2) 自由度 ϕ は，セル「I45」に「=I44-1」で計算する．

注）自由度 ϕ は，$\phi=n-1$ で求める．

3) 有意水準 α は，セル「I47」に入力する．

注）有意水準 α は，一般的に 0.05（5％）を入力する．

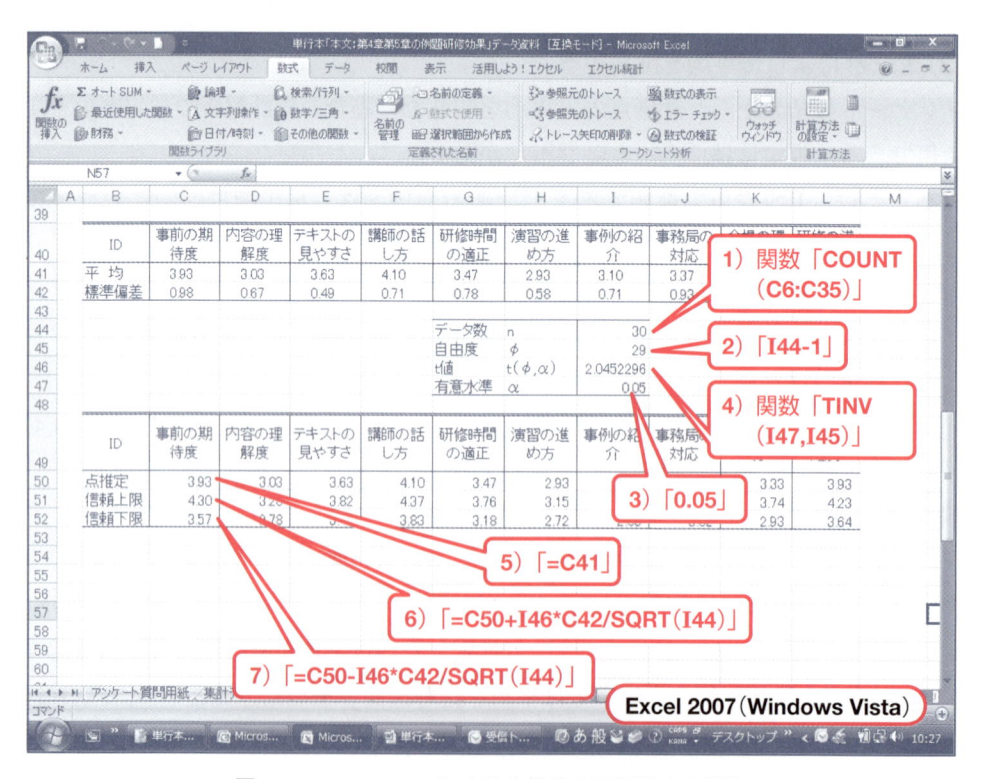

図 3.32　Excel 2007 による点推定と区間推定の計算

4) t 値は，セル「I46」，「=TINV(I47,I45)」で計算する．

　注）t 値は，Excel「関数」→「統計」→「TINV」で求める．
　　　TINV（有意水準，自由度）で入力する．

（推定値の計算）

5) 点推定の計算は，セル「C50」に「=C41」で計算する．

6) 信頼上限の計算は，セル「C51」に「=C50+I46*C42/SQRT(I44)」で計算する．

7) 信頼下限の計算は，セル「C52」に「=C50-I46*C42/SQRT(I44)」で計算する．

手順2．推定値のグラフ化

（推定値のグラフ化）

8) グラフに書くデータのセルを指定する．ここでは，「B49:L52」を指定する．

9) Excel タブの「挿入」をクリックする．

10) グラフから「折れ線」をクリックする．

11) 2-D 折れ線から「2 段目左端」のグラフをクリックする．

12) 図 3.33 の左図が表示される．

13) 「目盛」と「項目」配置の変更を行うと，図 3.33 の右図が表示される．

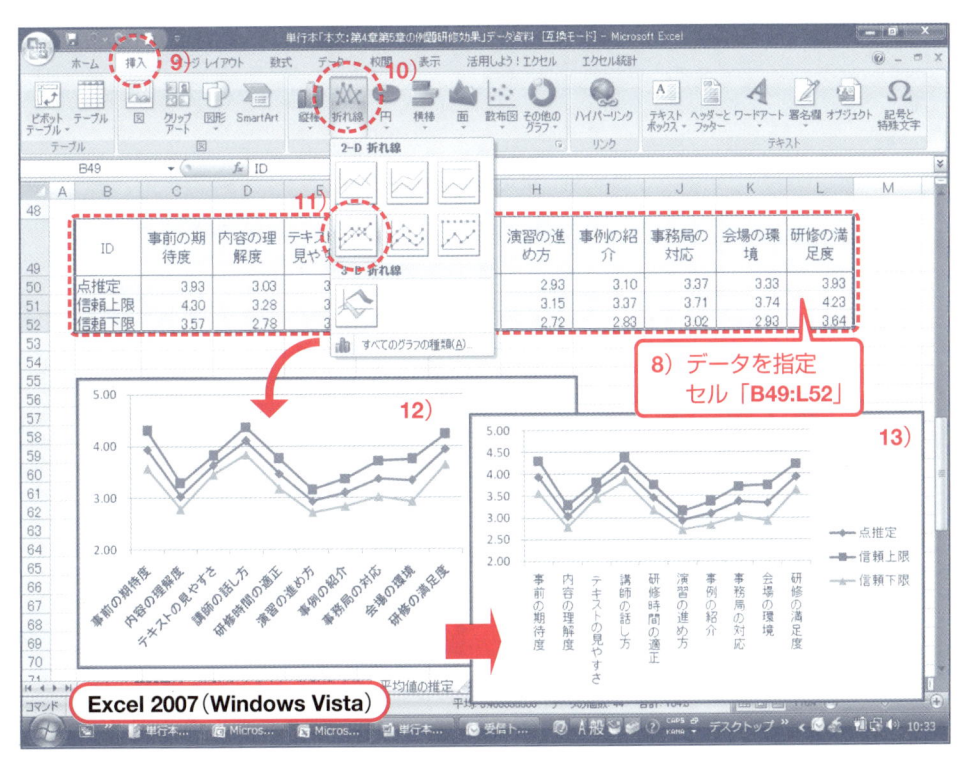

図 3.33　Excel 2007 による推定値の幅のグラフ化

(推定値のグラフからわかること)

図 3.34 に推定値の幅のグラフを示す．

「研修の満足度」の母平均は，信頼率 95% で，3.64 〜 4.23 の間にあることが推測される．各要因系指標の母平均は，信頼率 95% で図 3.34 に示す幅にあることが推測される．

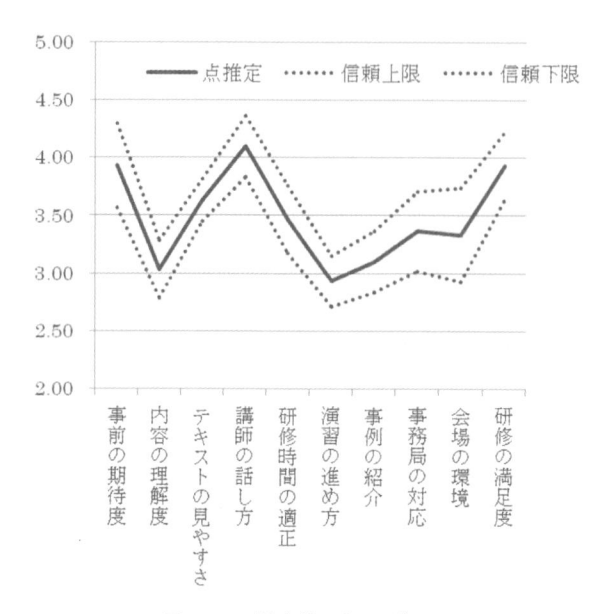

図 3.34 推定値の幅のグラフ

3.4 クロス集計から着眼点をみる

3.4.1 ● クロス集計とは

クロス集計とは，得られたデータを一覧表に表し，事象の大小を合計値や平均値などで定量化し，着眼点（重要ポイント）を明らかにするものである．クロス集計は，全体の傾向を理解した上で，層別して細かく見ていくときに利用する．そのため，様々な組合せでクロス集計を行うと，層ごとの比較がしやすくなる．

表3.4は，スタッフのケイトが社内の改善活動に対して調査した結果である．このままでは，何がどうなのかわかりにくい．ところが，表3.5のように集計してみると，

① 年代別には，30代以上の方が20代よりも改善活動を有意義であると感じている．

② リーダーの経験年数別では，経験年数が低いほど評価がばらつくようである．

表3.4　改善活動の状況調査データ

ID	リーダーの経験年数	担当部門	年代	改善活動は有意義と感じている	改善活動が活発だと思う	改善活動が業務に活かされている
A001	2年以上	製造関係	40代以上	3	3	5
A002	1年くらい	品質管理	20代	3	3	3
A003	未経験	製造関係	30代	3	5	5
A004	2年以上	製造関係	30代	3	1	3
A005	未経験	その他	20代	3	4	4
A006	2年以上	製造関係	40代以上	3	3	5
A007	1年くらい	製造関係	40代以上	4	3	4
A008	未経験	総務関係	30代	5	4	5
A009	未経験	製造関係	30代	4	4	4
A010	未経験	製造関係	30代	4	3	5
A012	2年以上	製造関係	30代	5	5	5
A013	未経験	その他	20代	1	1	1
A014	1年くらい	製造関係	30代	4	3	4
A015	1年くらい	製造関係	30代	2	3	3
A016	2年以上	製造関係	30代	3	3	5
A017	1年くらい	品質管理	40代以上	4	4	5
A018	1年くらい	製造関係	40代以上	4	2	4
A019	1年くらい	製造関係	20代	3	5	4
A020	未経験	品質管理	30代	4	2	5
A021	未経験	営業販売	20代	3	2	3
A022	2年以上	総務関係	30代	3	3	3
A023	1年くらい	製造関係	20代	4	4	5
A024	未経験	品質管理	30代	4	2	5
A025	未経験	製造関係	20代	4	3	5
A026	1年くらい	製造関係	30代	3	3	4
A027	1年くらい	その他	30代	4	3	4
A028	未経験	品質管理	30代	4	5	5
A029	未経験	製造関係	20代	2	5	3
A030	2年以上	製造関係	30代	3	2	4
A031	1年くらい	製造関係	30代	3	3	4

③ 担当部門別では，特に差が見受けられるとはいえない．

ということがわかる．これをクロス集計という．

表3.5　改善活動の状況のクロス集計

データの個数 / ID	年代			
改善活動は有意義と感じている	20代	30代	40代以上	総計
1	1			1
2	1	1		2
3	4	7	2	13
4	2	7	3	12
5		2		2
総計	8	17	5	30

データの個数 / ID	リーダーの経験年数			
改善活動は有意義と感じている	1年くらい	2年以上	未経験	総計
1			1	1
2	1		1	2
3	4	6	3	13
4	6		6	12
5		1	1	2
総計	11	7	12	30

データの個数 / ID	担当部門					
改善活動は有意義と感じている	その他	営業販売	製造関係	総務関係	品質管理	総計
1	1					1
2			2			2
3	1	1	9	1	1	13
4	1		7		4	12
5			1	1		2
総計	3	1	19	2	5	30

3.4.2 ● Excel によりクロス集計を行う

表3.4「改善活動の状況調査データ」から，表3.5「改善活動の状況のクロス集計」をExcelの「ピボットテーブル」機能を活用して作成する．

(1) Excel 2007（Windows Vista）によるクロス集計の作成
（ピボットテーブルの起動とデータ入力）

1) Excelタブの「挿入」をクリックする．
2) 「テーブル」の中の「ピボットテーブル」をクリックする．
3) 「ピボットテーブルの作成」画面の「テーブル／範囲(T)」に作成するデータを入力する．図3.35では，ラベルを含んだ全データ「B2:H32」を指定する．
4) クロス集計を表示するセルを指定する．図3.35では，「既存のワークシート(E)」を選択し，セル「J35」を入力する．
5) 「OK」をクリックする．

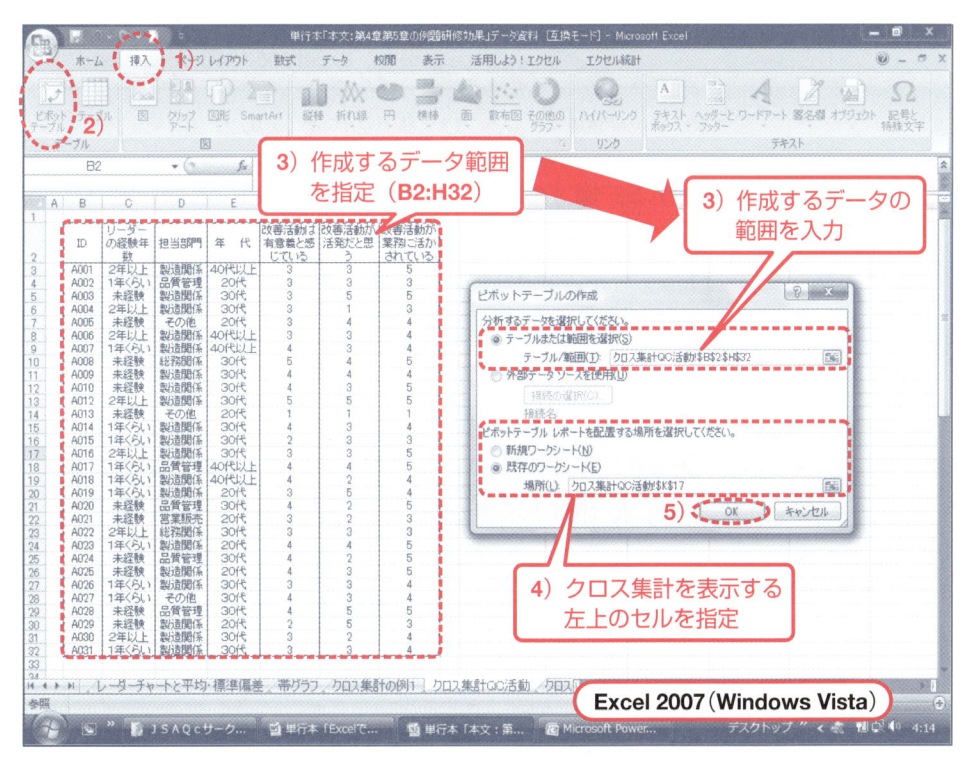

図3.35 Excel 2007によるクロス集計の作成（その1）

（ピボットテーブルの設計）

6) 「ピボットテーブルのフィールドリス」画面の「列ラベル」の項目に上部ラベル群からドラッグする．図3.36では，「年代」をドラッグする．
7) 「ピボットテーブルのフィールドリス」画面の「行ラベル」の項目に上部ラベ

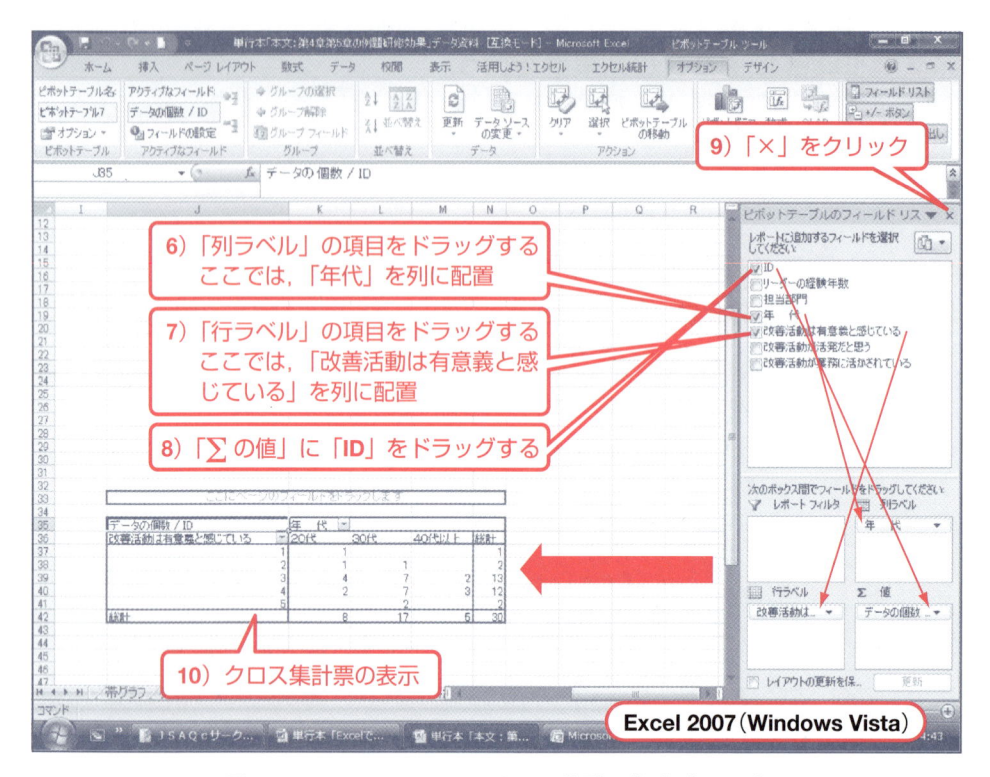

図3.36 Excel 2007によるクロス集計の作成(その2)

ル群からドラッグする．図3.36では，「改善活動は有意義と感じている」をドラッグする．

8) 「ピボットテーブルのフィールドリス」画面の「Σの値」の項目に上部ラベル群から「ID」をドラッグする．
9) 「ピボットテーブルのフィールドリス」画面の「×」をクリックする．
10) クロス集計が表示される．

完成したクロス集計を表3.6に示す．このクロス集計から，「改善活動を有意義に感じている」のは，20代よりも30代以上の方が高いことがわかる．

表3.6 完成したクロス集計

	データの個数 / ID		年代			
	改善活動は有意義と感じている		20代	30代	40代以上	総計
		1	1			1
		2	1	1		2
		3	4	7	2	13
		4	2	7	3	12
		5		2		2
	総計		8	17	5	30

3.4　クロス集計から着眼点をみる　　　　　　　　165

――(2) **Excel 2000〜2003（Windows XP, 2000）によるクロス集計の作成**――
（ピボットテーブルの起動）
1) Excel ツールバーの「データ(D)」をクリックする．
2) 「ピボットテーブルとピボットテーブルグラフレポート(P)」をクリックする．
3) 「ピボットテーブル／ピボットテーブルグラフウィザード 1/3」の画面の「次へ(N)」をクリックする（図 3.37）．

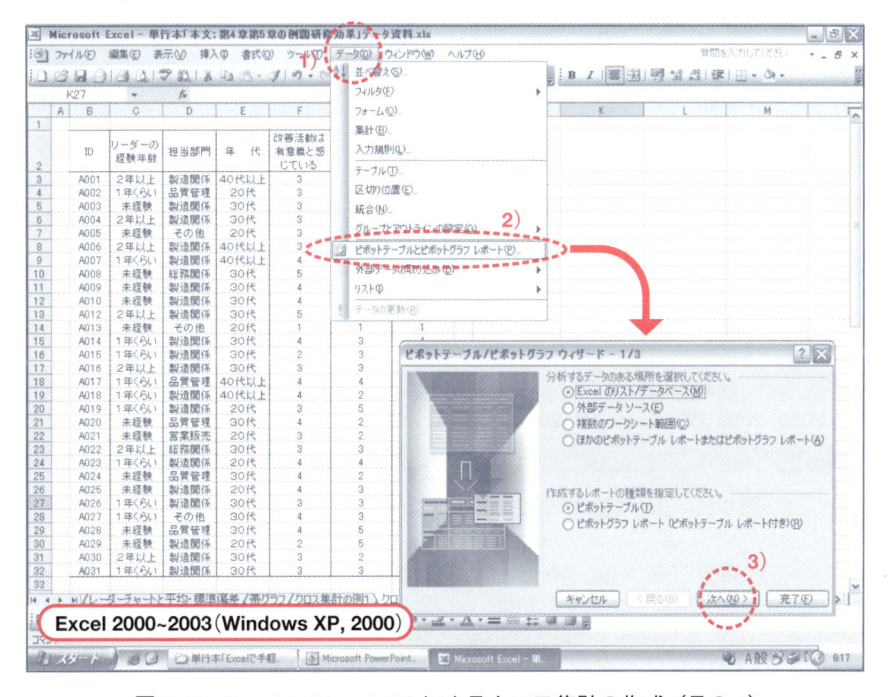

図 3.37　Excel 2000〜2003 によるクロス集計の作成（その 1）

（データの入力）
4) 「ピボットテーブル／ピボットテーブルグラフウィザード 2/3」の画面の「使用するデータの範囲を指定してください」で，データ範囲を指定する．図 3.38 では，「B2:H32」を指定する．
5) 「次へ(N)」をクリックする．
6) 「Microsoft Excel」画面が表示されたら，「はい(Y)」をクリックする．
7) 「ピボットテーブル／ピボットテーブルグラフウィザード 2/3」の画面「使用するデータを含むピボットテーブルレポートを選択してください(W)」が表示されたら，「次へ(N)」をクリックする．
　　注）Excel のバージョンによって，6)，7) が表示されない場合は 5) から 8) へとんで操作する．

（出力先の指定）
8) 「ピボットテーブル／ピボットテーブルグラフウィザード 3/3」の画面で「ピボットテーブルレポートの作成先を指定してください」で作成先を指定する．

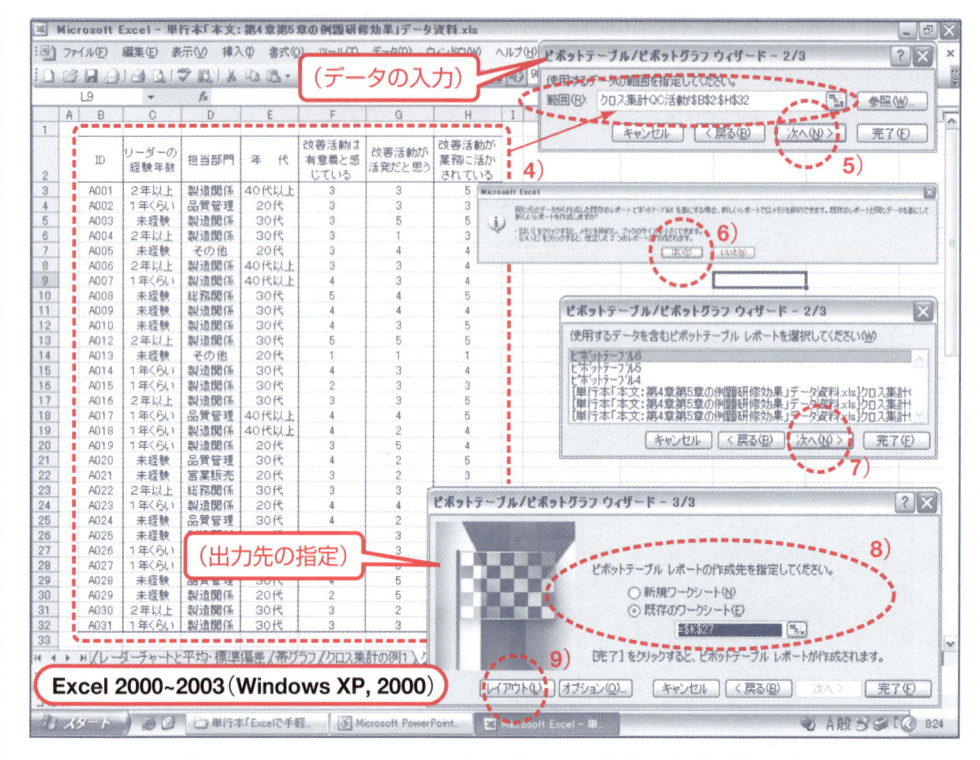

図 3.38　Excel 2000〜2003 によるクロス集計の作成（その 2）

- 　新規ワークシート(N)：　新規のワークシートにクロス集計が作成される
- 　既存のワークシート(E)：　データ表のある現在のシートにクロス集計が作成される．このとき，出力先の左上のセルを入力する．図 3.38 では，セル「K27」を指定している．

　9)　「レイアウト(L)」をクリックする．

（レイアウトの設計）

　「ピボットテーブル／ピボットグラフウィザード—レイアウト」画面でレイアウトの設計を行う．

　10)　「行(R)」に項目群からドラッグする．図 3.39 では，「改善活動」をドラッグしている．

　11)　「列(C)」に項目群からドラッグする．図 3.39 では，「年代」をドラッグしている．

　12)　「データ(D)」に「ID」をドラッグする．

　13)　「OK」をクリックする．

（クロス集計の作成）

　14)　「完了(F)」をクリックする．

15) 以上の操作で，図 3.40 のクロス集計が表示される．

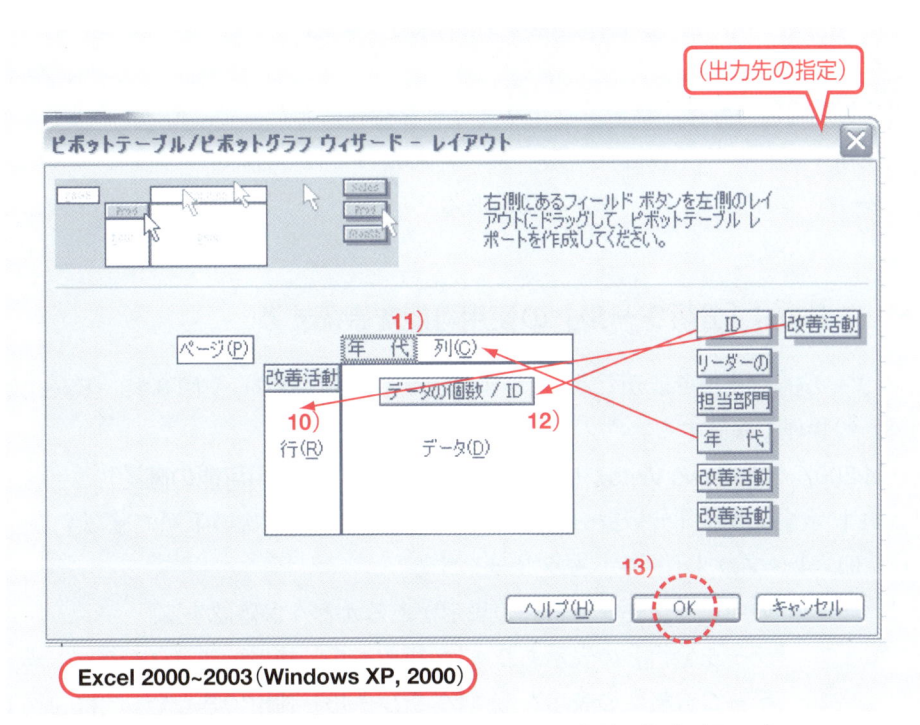

図 3.39　Excel 2000 〜 2003 によるクロス集計の作成（その 3）

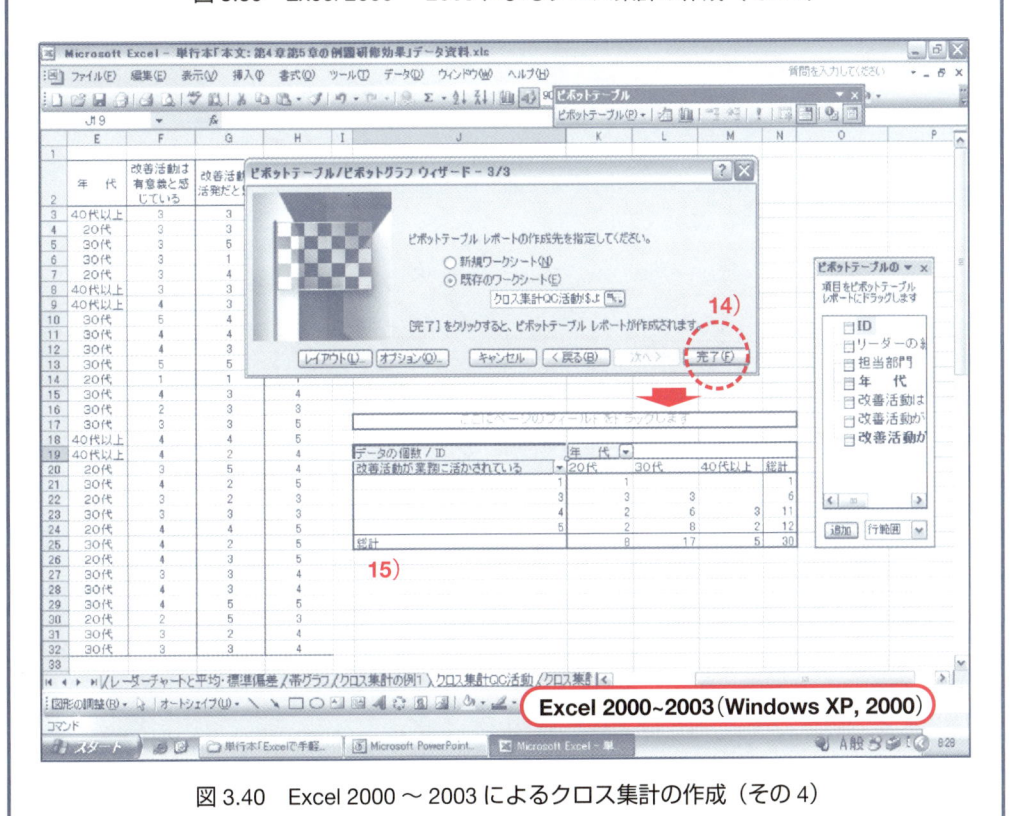

図 3.40　Excel 2000 〜 2003 によるクロス集計の作成（その 4）

3.5 相関分析から質問間の関係をみる

相関分析や重回帰分析，ポートフォリオ分析を行うにあたって，Excelの「分析ツール」を使用する．この「分析ツール」使用にあたっては，Excelタブやツールバーに「分析ツール」をインストールする必要がある．

3.5.1 ● Excel「分析ツール」の使用可能を確認する

「分析ツール」が使用可能かどうかは，図3.41（Excel 2007）や図3.42（Excel 2000〜2003）の操作で確認する．

［Excel 2007（Windows Vista）における「分析ツール」使用可能の確認］

図3.41に示すように「分析ツール」が使用可能かどうか，次の手順で確認する．
1) Excelタブの「データ」をクリックする．
2) 「分析」の中に「データ分析」の表示があるかどうか確認する．
　① 「データ分析」の表示あり：「分析ツール」使用可能（OK）
　② 「データ分析」の表示なし：「分析ツール」使用できない．「3.5.2 分析ツールのインストール」を実行する．

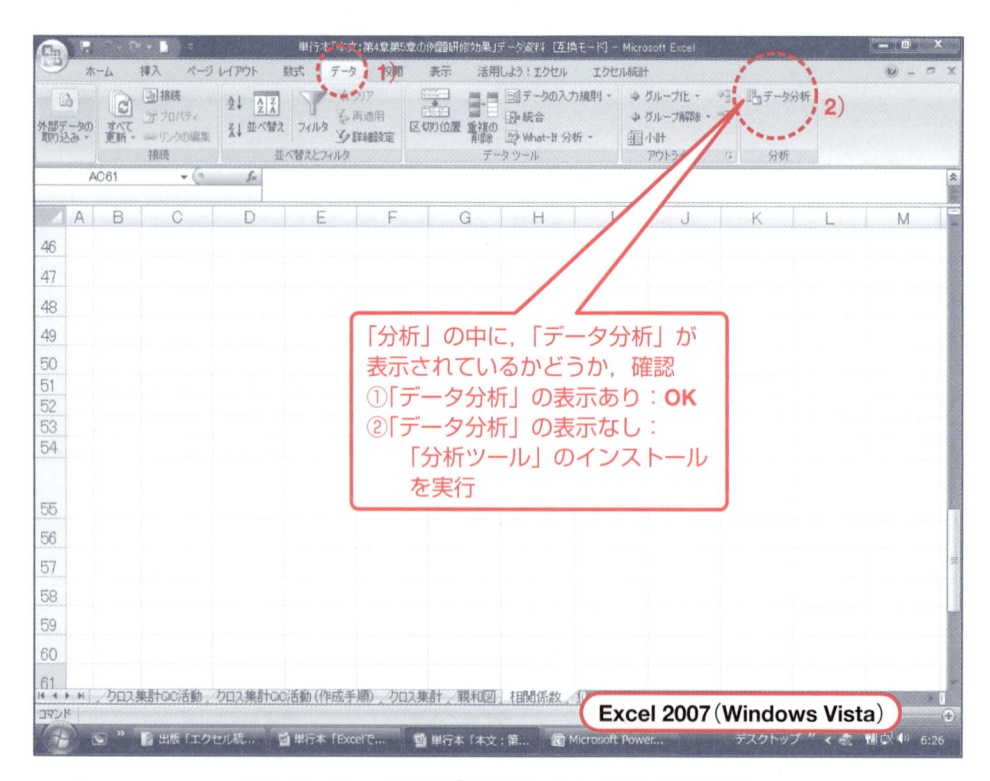

図3.41　Excel 2007「分析ツール」使用可能の確認

3.5 相関分析から質問間の関係をみる　　　　　　　　　　　　169

[Excel 2000〜2003（Windows XP, 2000）における「分析ツール」使用可能の確認]

図 3.42 に示すように「分析ツール」が使用可能かどうか，次の手順で確認する．

1) Excel ツールバーの「ツール(T)」をクリックする．
2) 「ツール(T)」の中に「分析ツール(D)」の表示があるかどうか確認する．
   ① 「分析ツール(D)」の表示あり：「分析ツール」使用可能（OK）
   ② 「分析ツール(D)」の表示なし：「分析ツール」使用できない．「3.5.2 分析ツールのインストール」を実行する．

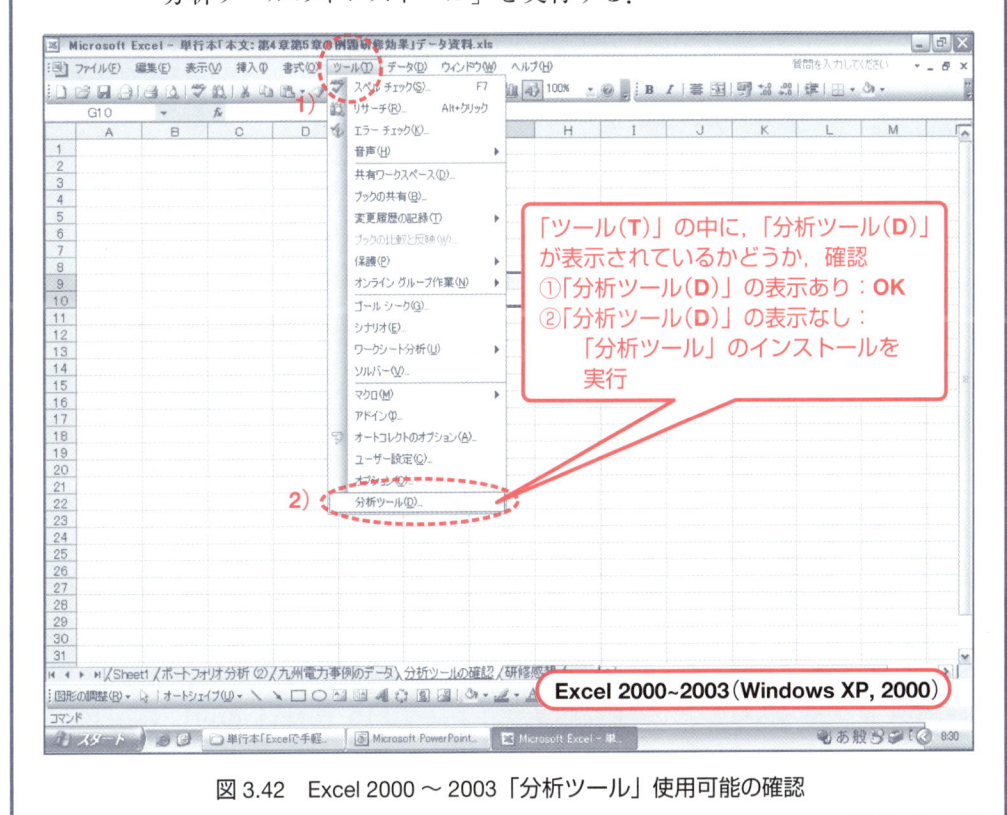

図 3.42　Excel 2000 〜 2003「分析ツール」使用可能の確認

3.5.2 ● Excel「分析ツール」をインストールする

(1) Excel 2007（Windows Vista）による分析ツールのインストール

「分析ツール」は，Excel の標準として装備されているが，Excel の初期設定では，使えるように設定されていない．「分析ツール」が表示されていない場合，次の手順でインストールすることで使用可能になる（図 3.43）．

手順 1．「Microsoft Office ボタン」をクリックする．
手順 2．「Excel のオプション(I)」をクリックする．
手順 3．「アドイン」をクリックし，「管理」ボックスの一覧の「Excel アドイン」をクリックする．

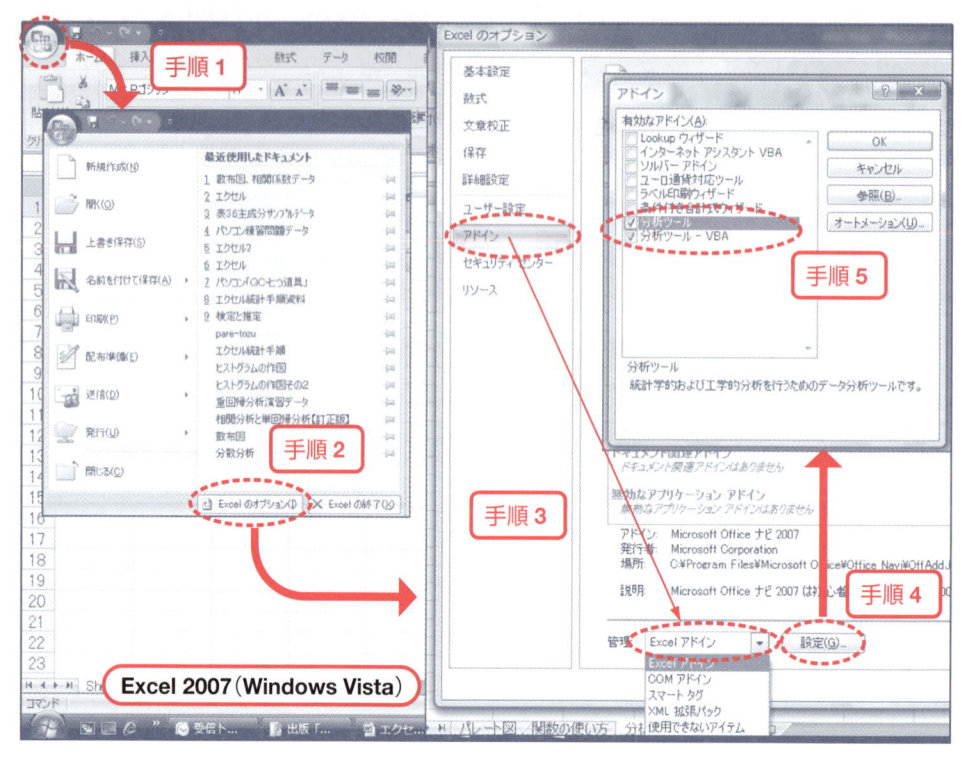

図3.43　Excel 2007の「分析ツール」のインストール

手順4.「設定(G)」をクリックする．
手順5.「有効なアドイン(A)」ボックスの一覧で，「分析ツール」と「分析ツールVBA」チェックボックスに「✓」チェックマークを入れる．「OK」をクリックする．

分析ツールを読み込むことで，Excelタブ「データ」の「分析」の中にある「データ分析」を実行することができる．

(2) Excel 2000〜2003 (Windows XP, 2000) による「分析ツール」のインストール

Windows XP, 2000対応のExcel 2000〜2003では，次の手順で「分析ツール」をインストールする（図3.44）．

手順1. Excelツールバーの「ツール(T)」をクリックする．
手順2.「アドイン(I)」をクリックする．
手順3.「分析ツール」と「分析ツールVBA」の□にチェックマーク「✓」を入れる．
手順4.「OK」をクリックする．
　以上で「分析ツール(D)」が使えるようになる．

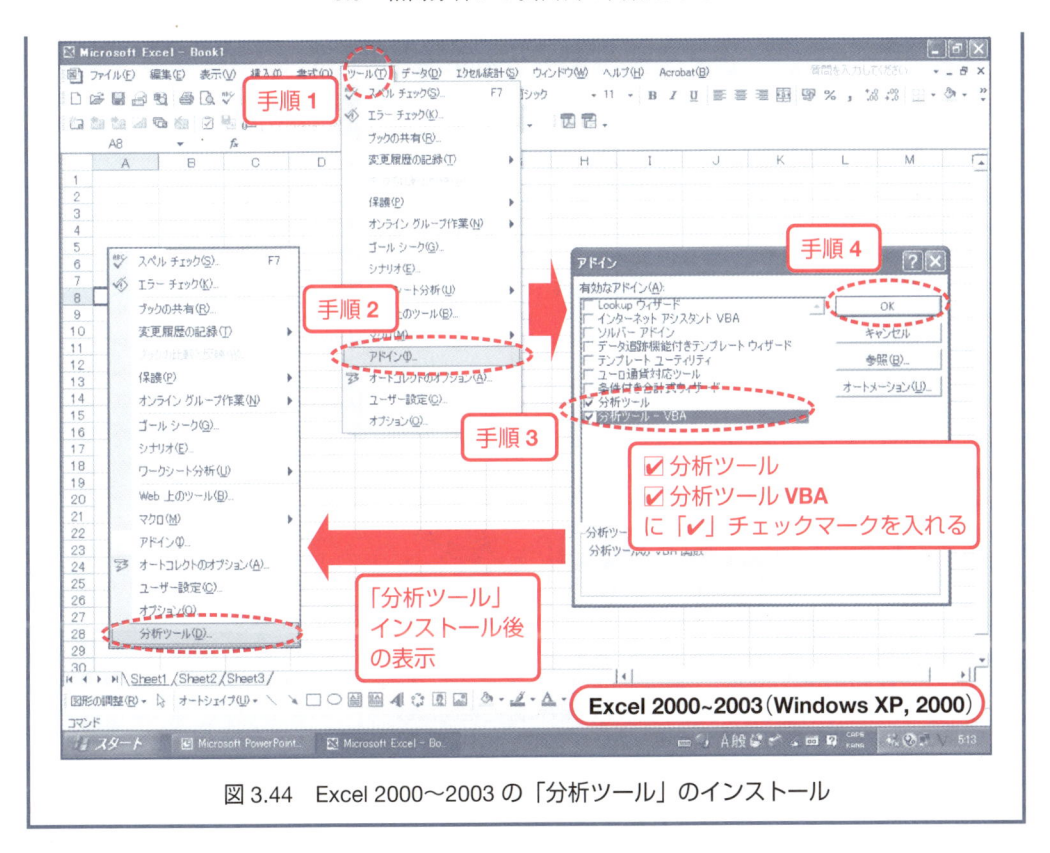

図 3.44　Excel 2000～2003 の「分析ツール」のインストール

3.5.3 ● 相関分析を行う

　相関分析とは，2つの特性値の関係をみるもので，散布図を書いたときに，横軸の特性が変化すると，それに連れて縦軸の特性が変化する状態を「相関がある」あるいは「相関がありそうである」という．また，横軸の特性が変化しても，それに連れて縦軸が変化していない状態を「相関がない」あるいは「相関がなさそう」という．

　例えば，ダイエット効果をあげるには，いろいろなことを実行する．「食事量」，「読書時間」，「運動量」とダイエット効果を測定してみると，図 3.45 のような結果を得た．

　この結果から次のことがわかる．

　①　「食事量」が増えるとダイエット効果が下がる．

　これを，「負の相関がある」という．

　②　「読書時間」が増えてもダイエット効果が上がるとは思われない．

　これを，「相関がなさそう」という．

　③　「運動量」が増えるとダイエット効果が上がる．

　これを，「正の相関がある」という．

　以上のように，散布図から2つの特性の関係を読み取ることができるが，この相関の度合いを統計量として把握するには，相関係数 r を計算する．相関係数 r は，2つの

ダイエット効果の散布図と相関係数

相関係数 $-1 \leq r < 0$
負の相関がある

相関係数 $r = 0$
相関なし

相関係数 $0 < r \leq +1$
正の相関がある

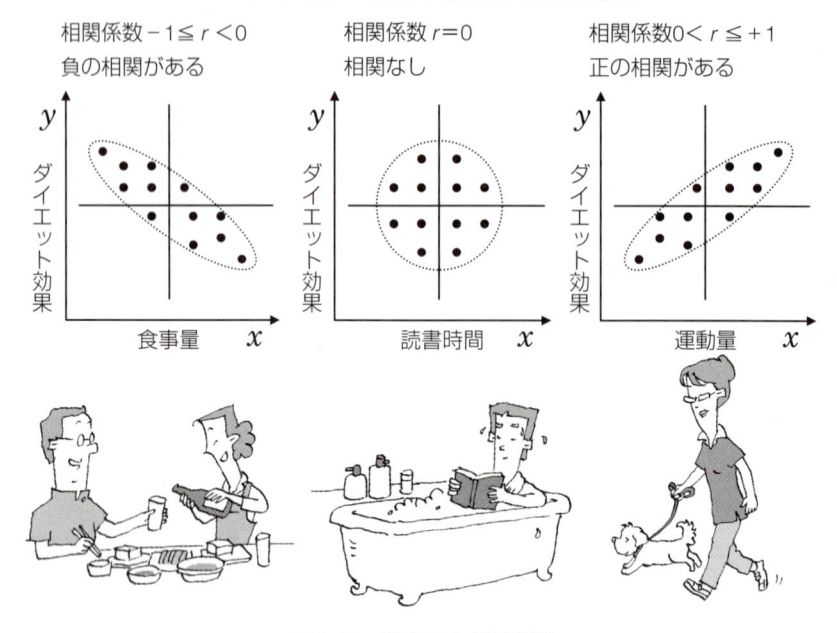

図3.45　散布図と相関係数

変数の相関関係の強弱の程度を数値で表現したものであり，いくつかの変数の間の相関係数を求めたものを相関係数行列という．相関係数を計算することによって相関の強さをみることができる．この値が±1に近いほど相関関係が強い．

$$相関係数 \quad r = \frac{S_{xy}}{\sqrt{S_{xx} \cdot S_{yy}}} \tag{3.7}$$

$$S_{xx}：データ x の平方和 \quad S_{xx} = \sum x_i^2 - \frac{(\sum x_i)^2}{n} \tag{3.8}$$

$$S_{yy}：データ y の平方和 \quad S_{yy} = \sum y_i^2 - \frac{(\sum y_i)^2}{n} \tag{3.9}$$

$$S_{xy}：データ x とデータ y の積和 \quad S_{xy} = \sum x_i y_i - \frac{(\sum x_i)(\sum y_i)}{n} \tag{3.10}$$

相関係数 r の計算は，式(3.7)で計算する．相関係数は $-1 \leq r \leq 1$ の値をとるが，相関があるかどうかを確認するには，無相関の検定を行う．

（相関分析の例を紹介）

　ある日，メタボリック症候群が話題になった．そこで，ポート課長の企画課で，ダイエットを目的に生活スタイルを変えてみようということになった．アンチーフがまず「毎日食後に運動をしてみては」と言った．スタッフのケイトが「最近おいしいものを食べすぎだから，少し太ってきたかな」などなど，おしゃべりをした結果，ダイエット効果を上げるため，食事を少し控えて，食後は軽く運動してみようということになった．

　3か月後，そのダイエット効果が出ているのか，毎日，「食事量」，「運動量」，「読書

3.5 相関分析から質問間の関係をみる

時間」を測定してみた．これには，日ごろ，ダイエットに関心のあるフォリオ夫人も，帰宅したポート課長の話を聞いて参加することになった．

そして，3か月後，ポート課長，フォリオ夫人，アンチーフ，スタッフのクロスとケイト，それに企画課の他のスタッフを加えた総勢10名のデータをまとめてみた．その結果が，表3.7である．

表3.7 ダイエットのための努力とその結果

メンバー	読書時間(分)	食事量(kcal)	運動量(分)	ダイエット効果
フォリオ夫人	70	1800	60	121.5
ポート課長	44	2200	20	95.7
スタッフA	55	2100	22	90.8
スタッフB	66	2500	12	86.7
スタッフC	68	2400	12	90.6
アンチーフ	54	1900	22	106.9
クロス	55	1500	52	125.7
ケイト	61	2200	47	112.4
スタッフD	52	2400	33	104.1
スタッフE	71	1800	6	97.3

表3.7から相関係数を計算すると，表3.8のようになった．

表3.8 ダイエット効果，食事量，運動量，読書時間の相関係数行列

	読書時間(分)	食事量(kcal)	運動量(分)	ダイエット効果
読書時間(分)	1			
食事量(kcal)	−0.05	1		
運動量(分)	−0.06	−0.46	1	
ダイエット効果	−0.03	−0.72	0.90	1

表3.8の相関係数から，「ダイエット効果」と「食事量」，「運動量」に相関がありそうであることがわかった．「ダイエット効果」と「食事量」は負の相関がありそうで，食事量を制限するとダイエット効果が出てくるものと思われる．また，「ダイエット効

果」と「運動量」は正の相関がみられ，運動量を多くするとダイエット効果が出るものと思われる．

「ダイエット効果」と「読書時間」は，相関係数が -0.03 であり，相関はなさそうである．

「やっぱり，ダイエットをしようと思えば，食事を控えめにして，適度な運動が必要なんだ」とアンチーフが言った．その晩は，全員がいつもの居酒屋にも立ち寄らずまっすぐ帰っていったのは言うまでもない．

3.5.4 ● Excel により相関係数を計算する

「データ分析」を用いた相関係数の計算は，次の手順で行う（図 3.46 参照）．

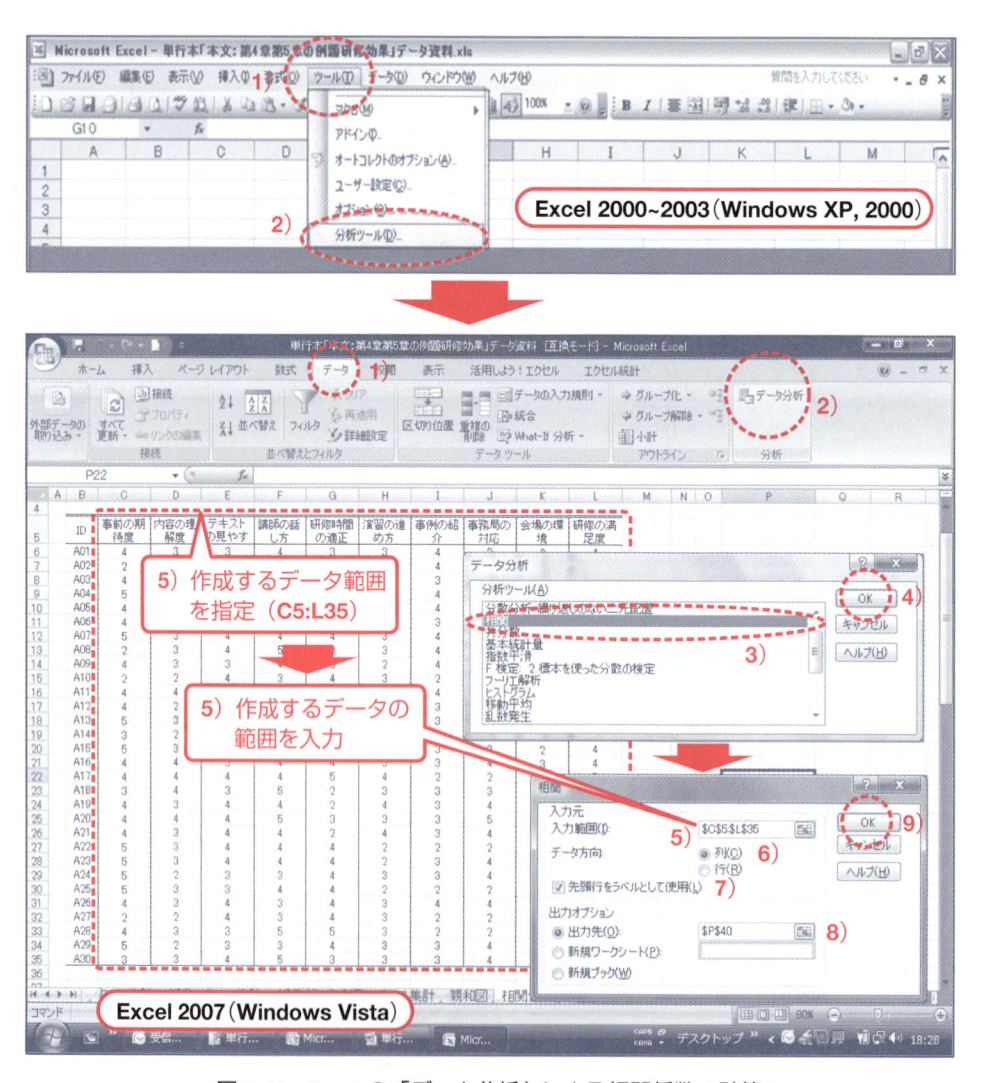

図 3.46 Excel の「データ分析」による相関係数の計算

3.5 相関分析から質問間の関係をみる

ここでは，図3.3の研修後のアンケート結果で相関分析を行ってみる．

Excel 2007とExcel 2000〜2003の操作の手順は，「分析ツール」を起動する方法は異なるが，「分析ツール」起動後の操作手順は同じである．

[Excel 2007（Windows Vista）の場合]

手順1. 「データ分析」の起動

1) Excelタブの「データ」をクリックする．
2) 「データ」の中の「データ分析」をクリックする．

[Excel 2000〜2003（Windows XP, 2000）の場合]

手順1. 「データ分析」の起動

1) Excelツールバーの「ツール(T)」をクリックする．
2) 「ツール(T)」の中の「分析ツール(D)」をクリックする．

[以下の操作は，Excel 2000〜2003とExcel 2007は共通]

手順2. 「相関」の選択

3) 「データ分析」の「分析ツール(A)」画面から，「相関」を選択する．
4) 「OK」をクリックする．図3.46の右下の「相関」の画面が表示される．

手順3. 諸元の入力

「相関」画面上に必要な諸元を入力する．図3.47に「諸元の入力」の拡大図を示す．

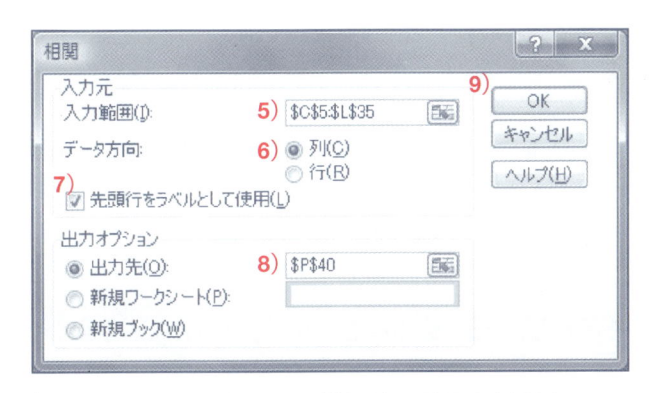

図3.47　分析ツール「相関」の諸元入力画面

5) 入力元　入力範囲(I)：計算するデータをラベルも含めて入力する．
   ここでは，「C5:L35」．これで，10項目の質問データから各相関係数が計算される．

6) データ方向：データの並ぶ方向を指定する．
   図3.47では，「列(C)」方向にチェックマークを入れる．

7) 先頭行をラベルとして使用(L)：データ指定範囲にデータの項目を含む場合は，チェックマークを入力する．

8) 出力オプション　出力先(O)：結果を出力する「左上のセル」を入力する．こ

こでは，セル「P40」を指定している．
9) 「OK」をクリックする．

手順 4. 結果の表示

結果が表形式で表示される．表 3.9 では，Q41:Z50 に相関係数が表示されている．

表 3.9 相関係数の出力

	O	P	Q	R	S	T	U	V	W	X	Y	Z
39												
40			事前の期待度	内容の理解度	テキストの見やすさ	講師の話し方	研修時間の適正	演習の進め方	事例の紹介	事務局の対応	会場の環境	研修の満足度
41		事前の期待度	1									
42		内容の理解度	0.161	1								
43		テキストの見やすさ	-0.124	0.249	1							
44		講師の話し方	-0.188	0.645	0.208	1						
45		研修時間の適正	0.224	-0.097	-0.079	-0.275	1					
46		演習の進め方	-0.189	0.183	0.273	0.017	-0.310	1				
47		事例の紹介	0.010	0.210	0.109	0.252	-0.337	-0.066	1			
48		事務局の対応	0.066	0.146	0.078	0.151	-0.342	0.238	0.465	1		
49		会場の環境	-0.011	0.456	0.043	0.399	0.135	-0.072	0.089	0.147	1	
50		研修の満足度	0.263	0.793	0.382	0.568	0.109	0.216	0.197	0.035	0.348	1
51												

3.5.5 ● Excel により無相関の検定を行う

母相関係数 ρ の 2 変量が，正規母集団から大きさ n のサンプルを取り出したときの相関係数を r とすると，

$$t = \frac{r\sqrt{n-2}}{\sqrt{1-r^2}} \qquad (3.11)$$

は自由度 $(n-2)$ の t 分布に従う．この結果から，$\rho=0$ に対する仮説検定をすることができる．無相関かどうかを有意水準 $\alpha\%$ で検定するには，

帰無仮説　$H_0 : \rho = 0$ 　　　　　　　　　　　　　　　(3.12)

対立仮説　$H_1 : \rho \neq 0$ 　　　　　　　　　　　　　　　(3.13)

を立て，式(3.11)を計算し，自由度 $(n-2)$ の t 分布の $\alpha\%$ 点を用いて

$$t_0 = \frac{r\sqrt{n-2}}{\sqrt{1-r^2}} \geq t(n-2, \alpha) \qquad (3.14)$$

ならば，帰無仮説を棄却すればよい．帰無仮説が棄却されると，有意水準 $\alpha\%$ で相関係数 $\rho \neq 0$ となることから，「相関あり」と判断できる．

表 3.10 の結果を無相関の検定を行う手順を図 3.48 に示す．
(Excel による無相関の検定手順)
1) データ数の入力：セル「R53」= 30
2) 棄却域の設定：セル「U53」=関数「TINV(α/100,n-2)」= 1.3125268
3) 検定統計量の計算：セル「R58」= R43*SQRT(R53-2)/SQRT(1-R43*R43) = 1.360

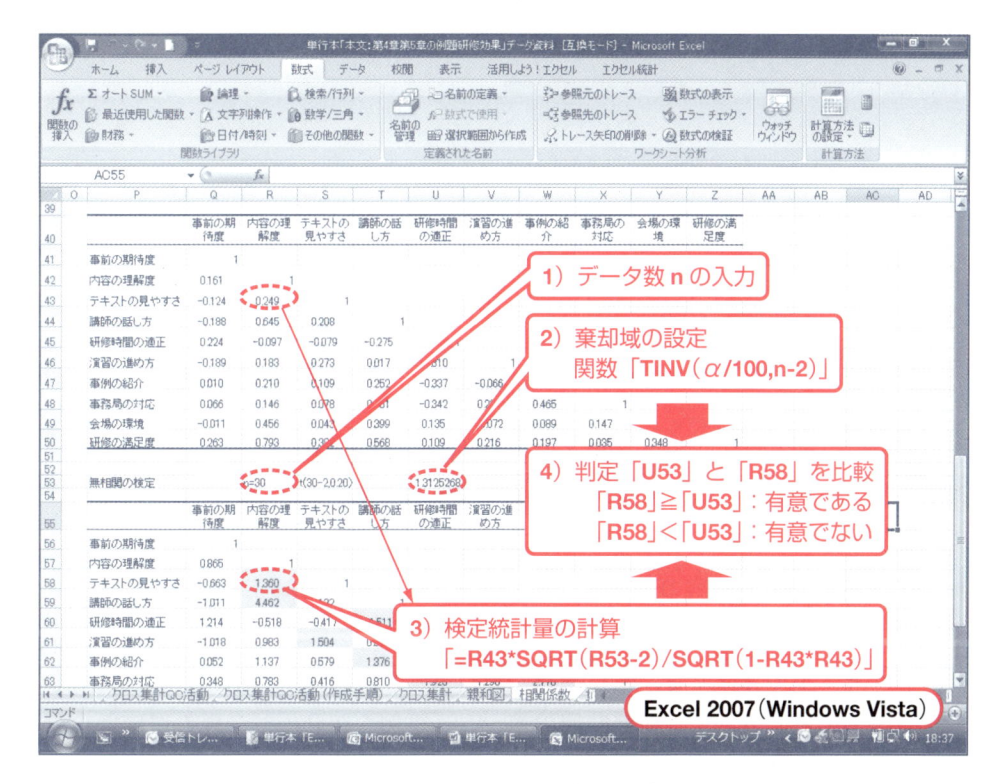

3.5 相関分析から質問間の関係をみる

図3.48 Excelによる無相関の検定

4) 判定：セル「R58」と「U53」を比較する．

「R58」≧「U53」なら，有意である．→有意水準α％で相関があるといえる．

「R58」＜「U53」なら，有意でない．→有意水準α％で相関があるといえない．

図3.48のセル「R58」，「内容の理解度」と「テキストの見やすさ」は，

　　「R58」＝ 1.360 ＞「U53」＝ 1.3125268

なので，有意となる．したがって，「内容の理解度」と「テキストの見やすさ」は相関があるといえる．

（相関分析からわかること）

表3.10は，研修後に取ったアンケートの項目間について無相関の検定を行った結果である．

この結果から，「研修満足度」と相関のある項目は，「事前の期待度」，「内容の理解度」，「テキストの見やすさ」，「講師の話し方」，「会場の環境」が挙げられた．また，「内容の理解度」と相関のある項目は，「テキストの見やすさ」，「講師の話し方」，「会場の環境」，「研修の満足度」が挙げられた．

表3.10 研修後の評価項目ごとの無相関の検定

	事前の期待度	内容の理解度	テキストの見やすさ	講師の話し方	研修時間の適正	演習の進め方	事例の紹介	事務局の対応	会場の環境	研修の満足度
事前の期待度	1									
内容の理解度	0.865	1								
テキストの見やすさ	-0.663	1.360	1							
講師の話し方	-1.011	4.462	1.122	1						
研修時間の適正	1.214	-0.518	-0.417	-1.511	1					
演習の進め方	-1.018	0.983	1.504	0.088	-1.724	1				
事例の紹介	0.052	1.137	0.579	1.376	-1.894	-0.352	1			
事務局の対応	0.348	0.783	0.416	0.810	-1.923	1.296	2.776	1		
会場の環境	-0.057	2.711	0.227	2.300	0.723	-0.382	0.471	0.788	1	
研修の満足度	1.442	6.883	2.190	3.649	0.583	1.170	1.066	0.184	1.966	1

「研修の満足度」と「内容の理解度」以外に相関が認められるものに,次の項目が挙げられる.

① 「テキストの見やすさ」と「演習の進め方」
② 「講義の話し方」と「研修時間の適正」,「事例の紹介」,「会場の環境」
③ 「研修時間の適正」と「演習の進め方」,「事例の紹介」,「事務局の対応」
④ 「事例の紹介」と「事務局の対応」

3.6 重回帰分析から目的に対する要因の関係度合いをみる

3.6.1 ● 重回帰分析とは

重回帰分析とは，複数の変量から構成される資料において，特定の変量を，残りの変量の一次式で予測する手法である．

特性値 y と，その変動を説明する変数 $x_1, x_2, x_3, \cdots, x_p$ について，n 組のデータが与えられているとき，これに

$$y_i = \hat{\beta}_0 + \hat{\beta}_1 x_{1i} + \hat{\beta}_2 x_{2i} + \cdots + \hat{\beta}_p x_{pi} + e_i \tag{3.15}$$

という重回帰モデルを仮定して，パラメータ $\hat{\beta}_1, \hat{\beta}_2, \cdots, \hat{\beta}_i$ と誤差分散 σ^2 に関して行う一連の統計解析を重回帰分析という．

このとき，y を目的変数，$x_1, x_2, \cdots, x_i$ を説明変数という．

つまり，ある目的変数（例えば「ダイエット効果」）に対して，どのような説明変数（食事量，運動量，読書時間など）との関係度合いを偏回帰係数などで調べていく方法である．

前述 3.5.3 で取り上げた「ダイエット効果」と「食事量」，「運動量」，「読書時間」の関係（表 3.7 再掲）から，目的変数を「ダイエット効果」，説明変数を「食事量」，「運動量」，「読書時間」に設定して，重回帰分析を行うことになり，スタッフのケイトが分析することとなった．

分析は，Excel「分析ツール」を使って行った．その結果を図 3.49 に示す．

図 3.49 の結果から，

(1) 重回帰式は，次のようになる．

$$\text{ダイエット効果}(y) = 122.5139 - 0.00868 \times \text{読書時間} - 0.01617 \times \text{食事量} \\ + 0.517845 \times \text{運動量} \tag{3.16}$$

表 3.7（再掲） ダイエットのための努力とその結果

メンバー	読書時間(分)	食事量(kcal)	運動量(分)	ダイエット効果
フォリオ夫人	70	1800	60	121.5
ポート課長	44	2200	20	95.7
スタッフA	55	2100	22	90.8
スタッフB	66	2500	12	86.7
スタッフC	68	2400	12	90.6
アンチーフ	54	1900	22	106.9
クロス	55	1500	52	125.7
ケイト	61	2200	47	112.4
スタッフD	52	2400	33	104.1
スタッフE	71	1800	6	97.3

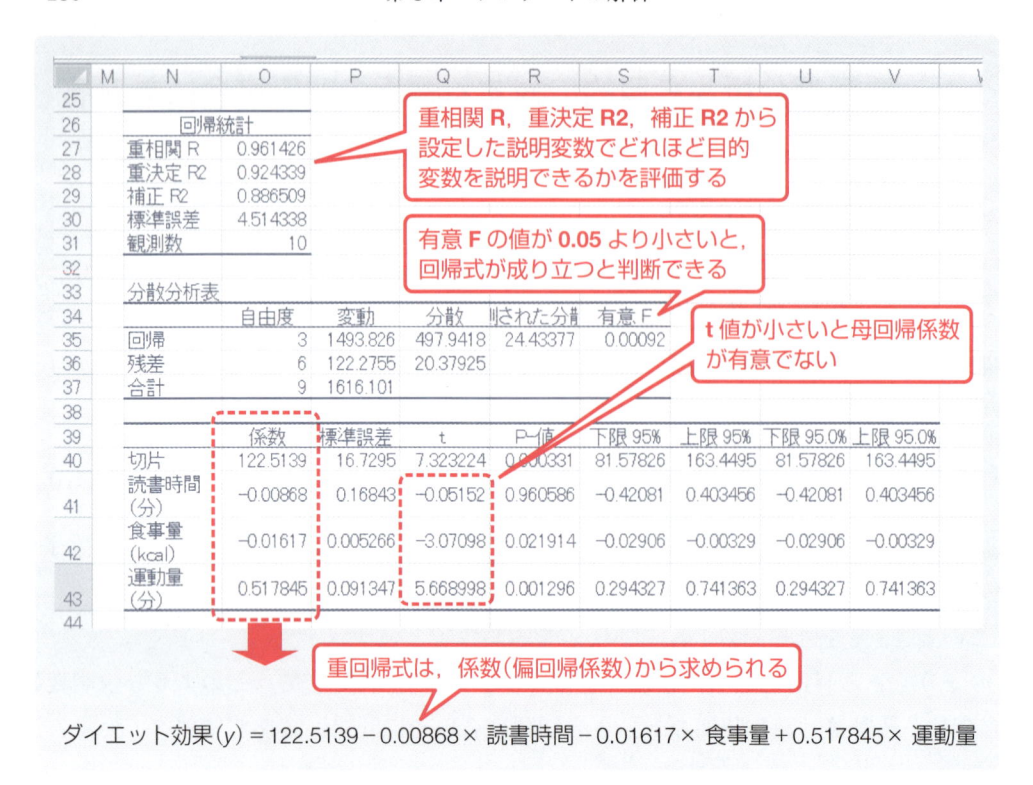

図 3.49 ダイエット効果の重回帰分析結果

	係数	標準誤差	t	P-値	下限 95%	上限 95%	下限 95.0%	上限 95.0%
切片	122.5139	16.7295	7.323224	0.000331	81.57826	163.4495	81.57826	163.4495
読書時間（分）	−0.00868	0.16843	−0.05152	0.960586	−0.42081	0.403456	−0.42081	0.403456
食事量（kcal）	−0.01617	0.005266	−3.07098	0.021914	−0.02906	−0.00329	−0.02906	−0.00329
運動量（分）	0.517845	0.091347	5.668998	0.001296	0.294327	0.741363	0.294327	0.741363

回帰統計：重相関 R = 0.961426、重決定 R2 = 0.924339、補正 R2 = 0.886509、標準誤差 = 4.514338、観測数 = 10

分散分析表：回帰（自由度 3、変動 1493.826、分散 497.9418、F 24.43377、有意 F 0.00092）、残差（自由度 6、変動 122.2755、分散 20.37925）、合計（自由度 9、変動 1616.101）

- 重相関 R，重決定 R2，補正 R2 から設定した説明変数でどれほど目的変数を説明できるかを評価する
- 有意 F の値が 0.05 より小さいと，回帰式が成り立つと判断できる
- t 値が小さいと母回帰係数が有意でない
- 重回帰式は，係数（偏回帰係数）から求められる

ダイエット効果(y) = 122.5139 − 0.00868 × 読書時間 − 0.01617 × 食事量 + 0.517845 × 運動量

図 3.49 ダイエット効果の重回帰分析結果

(2) 重相関係数（図 3.49 では，「重相関 R」= 0.961426）は，「ダイエット効果」と「読書時間」から「運動量」までの説明変数群との相関係数である．この重相関係数の二乗が寄与率（図 3.49 では，「重決定 R2」= 0.924339）であり，目的変数である「ダイエット効果」を「読書時間」，「食事量」，「運動量」で 92.4339％説明できることになる．ただし，重回帰分析の場合，説明変数間に重複する要素があるため，次の自由度調整済寄与率（図 3.49 では，「補正 R2」= 0.886509）を使う．ここでは補正 R2 = 88.6509％となる．

(3) 分散分析表の「有意 F」の値から，求めた重回帰式が意味あるものかどうか評価する．ここでは，「有意 F」= 0.00092 ＜ 0.05（有意水準 5％の場合）であり，求めた重回帰式は成り立つものとする．

(4) t 値より母回帰係数が $\hat{\beta}_i = 0$ であるか否かの検討を行う．判断は，「$t^2 = F ≧ 2.00$」なら母回帰係数 $\hat{\beta}_i ≠ 0$ となり，偏回帰係数（図 3.49 では，「係数」）が有効となる．図 3.49 では，

読書時間：$t^2 = (−0.05152)^2 = 0.0026543 < 2.00$ → $\hat{\beta}_i ≠ 0$ と言えない　(3.17)

食事量　：$t^2 = (−3.07098)^2 = 9.4309181 > 2.00$ → $\hat{\beta}_i ≠ 0$ と言える　(3.18)

運動量　：$t^2 = (5.668998)^2 = 32.137538 > 2.00$ → $\hat{\beta}_i ≠ 0$ と言える　(3.19)

となり，「ダイエット効果」を説明する変数は，「読書時間」を外した「食事量」と「運動量」を用い，重回帰分析を行って重回帰式を求める．変数を減らして，重回帰分析を

3.6 重回帰分析から目的に対する要因の関係度合いをみる

回帰統計

重相関 R	0.961408
重決定 R2	0.924306
補正 R2	0.902679
標準誤差	4.180389
観測数	10

分散分析表

	自由度	変動	分散	観測された分散比	有意 F
回帰	2	1493.771	746.8857	42.73864	0.000119
残差	7	122.3296	17.47565		
合計	9	1616.101			

	係数	標準誤差	t	P-値	下限 95%	上限 95%	下限 95.0%	上限 95.0%
切片	121.9355	11.48543	10.61654	1.44E-05	94.77676	149.0942	94.77676	149.0942
食事量 (kcal)	-0.01615	0.004858	-3.32391	0.012697	-0.02764	-0.00466	-0.02764	-0.00466
運動量 (分)	0.518283	0.084222	6.15375	0.000466	0.319129	0.717437	0.319129	0.717437

重回帰式は，係数（偏回帰係数）から求められる

ダイエット効果(y) = 121.9355 − 0.01615 × 食事量 + 0.518283 × 運動量

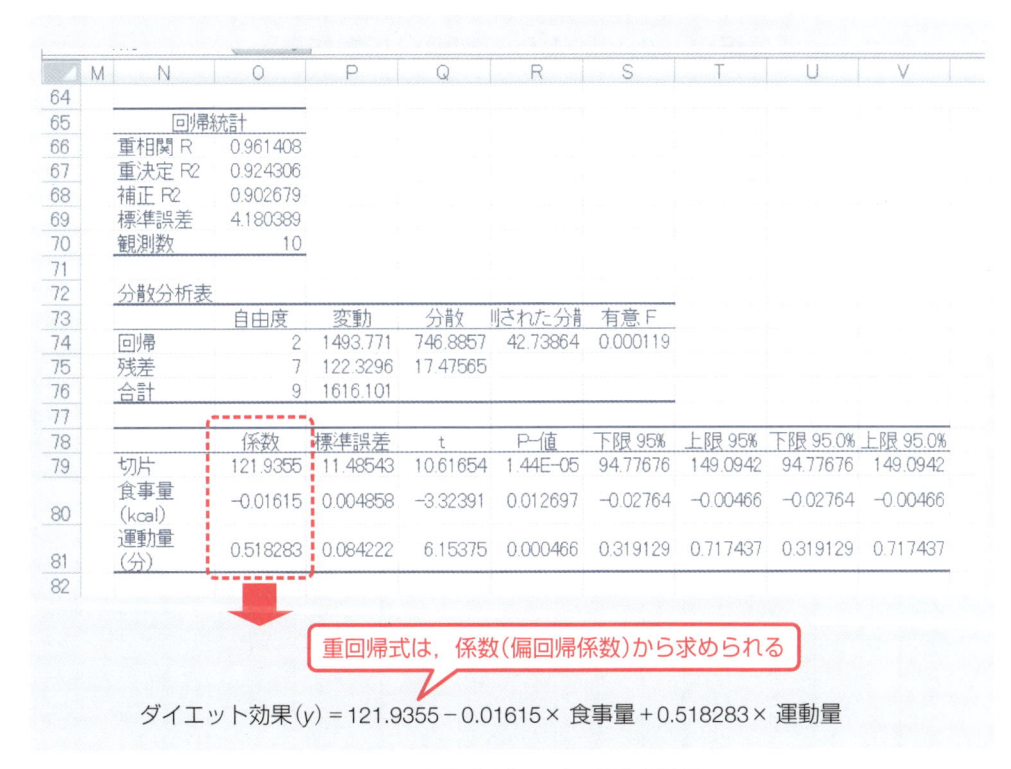

図 3.50　変数減少後の重回帰分析結果

行った結果を図 3.50 に示す．

図 3.50 の結果から，次の重回帰式が得られる．

$$\text{ダイエット効果}(y) = 121.9355 - 0.01615 \times \text{食事量} + 0.518283 \times \text{運動量} \tag{3.20}$$

この場合，寄与率は 92.4339％ から 92.4306％ へ減少しているが，自由度調整済寄与率は 88.6509％ から 90.2679％ へ増えている．つまり，目的である「ダイエット効果」を説明するには，「食事量」と「運動量」の 2 変数で説明した方がよいということになる．

分散分析から，

$$\text{有意 F} = 0.000119 < 0.05 \tag{3.21}$$

であり，回帰は有意となる．したがって，式(3.20)の重回帰式が成り立つものと思われる．

3.6.2 ● Excel「分析ツール」により重回帰分析を行う

手順1．データの入力

表3.11に示すように，データ表を作成する．

表3.11 重回帰分析のためのマトリックス・データ表

	A	B	C	D	E	F	G	H	I	J	K	L
4												
5		ID	事前の期待度	内容の理解度	テキストの見やすさ	講師の話し方	研修時間の適正	演習の進め方	事例の紹介	事務局の対応	会場の環境	研修の満足度
6		A01	4	3	3	4	3	3	4	3	2	3
7		A02	2	3	4	5	3	3	4	4	4	4
8		A03	4	3	3	4	4	2	3	3	4	3
9		A04	5	4	4	4	4	3	4	4	5	5
10		A05	4	3	4	5	4	2	4	3	2	4
11		A06	4	4	4	5	4	4	3	5	4	5
12		A07	5	3	4	4	4	3	4	4	5	5
13		A08	2	3	4	5	3	3	4	4	4	4
14		A09	4	3	3	4	3	2	4	3	2	4
15		A10	2	2	4	3	4	3	2	2	2	3
16		A11	4	4	4	5	3	3	4	2	4	5
17		A12	4	2	3	3	3	3	3	3	4	2
18		A13	5	3	4	4	3	3	3	3	2	4
19		A14	3	2	3	3	3	3	3	4	4	3
20		A15	5	3	4	4	3	3	3	3	2	4
21		A16	4	4	3	4	4	3	3	4	3	4
22		A17	4	4	4	4	5	4	2	2	4	5
23		A18	3	4	3	5	2	3	3	3	5	4
24		A19	4	3	4	4	2	3	3	4	2	4
25		A20	4	4	4	5	3	3	3	5	4	5
26		A21	4	3	4	4	2	4	3	4	2	4
27		A22	5	3	4	4	4	2	2	2	4	4
28		A23	5	4	4	4	4	2	3	4	4	4
29		A24	5	2	3	4	4	3	3	3	2	3
30		A25	5	3	3	4	4	2	2	2	4	4
31		A26	4	3	3	4	4	3	4	4	4	4
32		A27	2	2	4	3	4	3	2	2	2	3
33		A28	4	3	3	5	5	3	2	2	4	5
34		A29	5	2	3	3	4	3	3	2	2	3
35		A30	3	3	4	5	3	3	3	4	4	3

「分析ツール」を用いた重回帰分析は，次の手順で行う（図3.51参照）．

Excel 2007とExcel 2000～2003の操作の手順は，「分析ツール」を起動する方法は異なるが，「分析ツール」起動後の操作手順は同じである．

［Excel 2007（Windows Vista）の場合］

手順1．「データ分析」の起動

1) Excelタブの「データ」をクリックする．
2) 「データ」の中の「データ分析」をクリックする．その結果，「データ分析」の画面が表示される．

━［Excel 2000～2003（Windows XP, 2000）の場合］━━━━━━━━━━

手順1．「データ分析」の起動

1) Excelツールバーの「ツール(T)」をクリックする．
2) 「ツール(T)」の中の「分析ツール(D)」をクリックする．その結果，「データ分析」の画面が表示される．

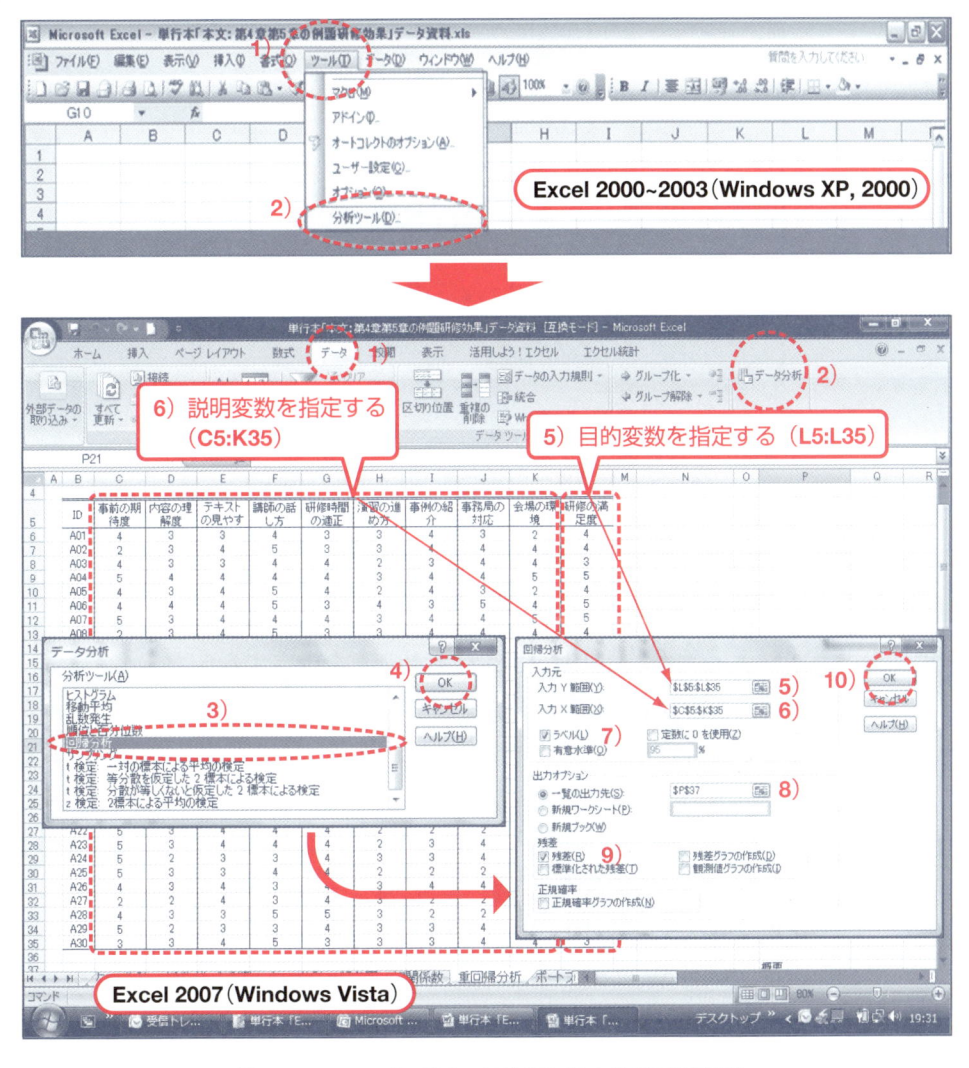

3.6 重回帰分析から目的に対する要因の関係度合いをみる　　　　　　　183

図 3.51　Excel の「データ分析」による重回帰分析

[以下の操作は，Excel 2000〜2003 と Excel 2007 は共通]

手順 2．「回帰分析」の選択

3) 「データ分析」の「分析ツール(A)」画面から，「回帰分析」を選択する．

4) 「OK」をクリックする．図 3.51 の右下の「回帰分析」の画面が表示される．

手順 3．回帰分析諸元の入力

図 3.52 の「回帰分析」入力画面上に必要なデータや諸元を入力する．

入力元：回帰分析するデータを入力する．指定する範囲は，項目名とデータとする．

5) 入力 Y 範囲(Y)：目的変数を入力する．図 3.52 では，「L5:L35」，「研修の満足度」となる．

6) 入力 X 範囲(X)：説明変数を入力する．図 3.52 では，「C5:K35」，「事前の期待度」から「会場の環境」までの 9 項目の説明変数全体を指定する．

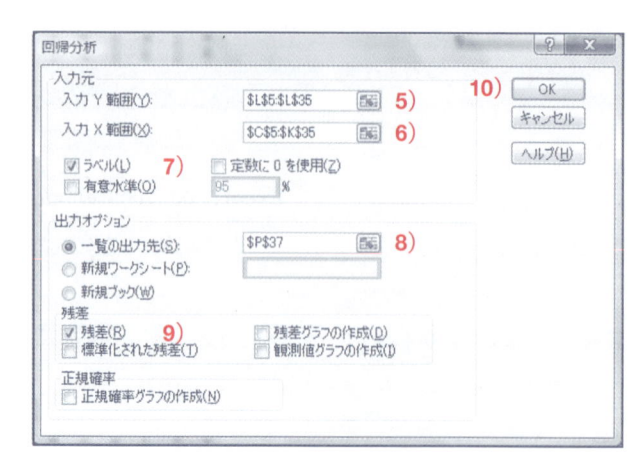

図 3.52 分析ツール「相関」の諸元入力画面

7) ラベル(L)：入力 Y，入力 X に項目名を指定した場合，□内に「✓」チェックマークを入れる．

8) 出力オプション：計算結果を表示させるところを指定する．
   - 一覧の出力先(S)：データ表と同じシートに表示する．このとき，表示させる箇所の左上端のセル番号を入力する．ここでは，「P37」である．
     注）一覧の出力先(S) にチェックマークを入れると，データ入力箇所が「入力 Y 範囲(Y)」に飛ぶので，「一覧の出力先(S)」の右にあるセル指定マスにカーソルを当て直す必要がある．
   - 新規ワークシート(P)：別のワークシートに表示する．
   - 新規ブック(W)：別の Excel ファイルに表示する．

9) 残差：残差の計算やグラフの作成を行うものについて，□内に「✓」チェックマークを入れる．
   - □ 残差(R)：残差を計算し，一覧表に表示する．
   - □ 標準化された残差(T)：標準化残差を計算し，一覧表に表示する．
     注）ここで，「標準化された残差」は，残差自由度を「$n-1$」で計算している．したがって，正確な標準化残差は，上記の分散分析表で得られた結果の誤差の分散「V_e」を使って計算する．
   - □ 残差グラフの作成(D)：観測 No. と残差の散布図を表示する．
     注）残差の検討を行う場合は，別で計算された「標準化残差」と観測 No. の散布図を「挿入」タブの「グラフ」の中の「散布図」から作成するとよい．
   - □ 観測値グラフの作成(I)：データ X とデータ Y の散布図を表示する．
     注）見やすい散布図を作成するには，「挿入」タブの「グラフ」の中の「散布図」から作成するとよい．

手順4．回帰分析結果の表示

図3.52の諸元入力後，「OK」をクリックすると，図3.53の画面が表示される．

概要

回帰統計

重相関 R	0.901369
重決定 R2	0.812466
補正 R2	0.728075
標準誤差	0.409305
観測数	30

分散分析表

	自由度	変動	分散	観測された分散比	有意 F
回帰	9	14.51605	1.612895	9.627456	1.53E-05
残差	20	3.350614	0.167531		
合計	29	17.86667			

残差分散：V_e

	係数	標準誤差	t	P-値	下限 95%	上限 95%	下限 95.0%	上限 95.0%
切片	-3.40907	1.174309	-2.90304	0.008794	-5.85863	-0.9595	-5.85863	-0.9595
事前の期待度	0.219494	0.092684	2.368203	0.028062	0.026159	0.412829	0.026159	0.412829
内容の理解度	0.522353	0.184122	2.836989	0.010187	0.138281	0.906426	0.138281	0.906426
テキストの見やすさ	0.276137	0.168256	1.641175	0.116394	-0.07484	0.627113	-0.07484	0.627113
講師の話し方	0.393192	0.165595	2.374415	0.027699	0.047766	0.738618	0.047766	0.738618
研修時間の適正	0.301277	0.123012	2.449169	0.023659	0.044679	0.557875	0.044679	0.557875
演習の進め方	0.372412	0.163908	2.272085	0.03427	0.030507	0.714318	0.030507	0.714318
事例の紹介	0.209449	0.132318	1.582921	0.129125	-0.06656	0.485459	-0.06656	0.485459
事務局の対応	-0.14058	0.102243	-1.37498	0.184347	-0.35386	0.072693	-0.35386	0.072693
会場の環境	-0.01009	0.085036	-0.11867	0.906723	-0.18747	0.167292	-0.18747	0.167292

残差出力

観測値	予測値：研修の満足度	残差	基準化残差
1	3.854085	0.145915	0.356494
2	3.923663	0.076337	0.186504
3	3.412737	-0.41274	-1.00839
4	5.002492	-0.00249	-0.00609
5	4.452279	-0.45228	-1.10499
6	4.907387	0.092613	0.22627
7	4.480139	0.519861	1.270107
8	3.923663	0.076337	0.186504

標準化残差は，$e' = \dfrac{\text{残差}}{\sqrt{V_e}}$ で計算する

セル「S69」＝R69/SQRT(S49)

Excel 2007（Windows Vista）

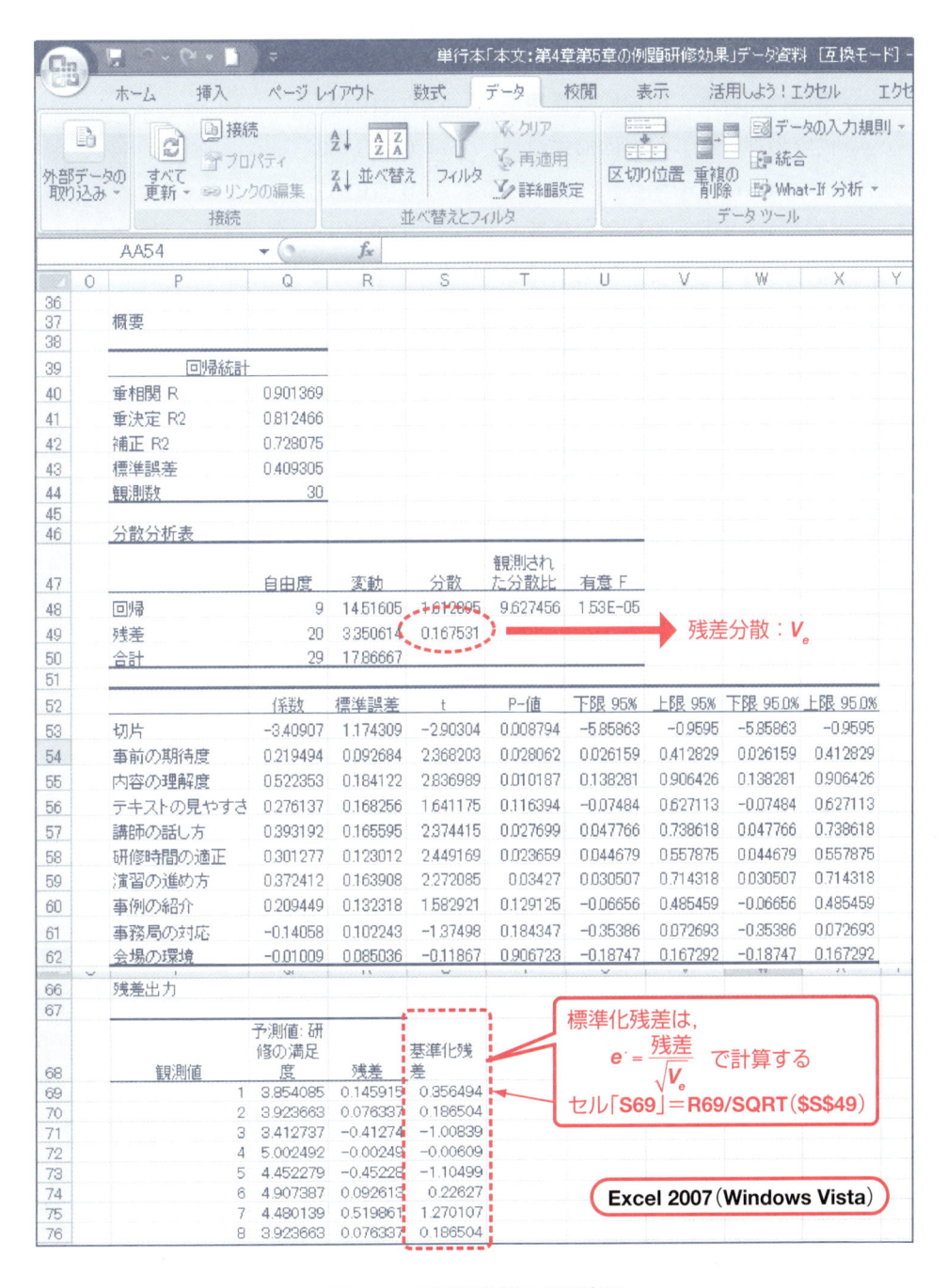

図3.53　重回帰分析の結果表示

3.6.3 ● 重回帰分析の結果からアンケートを検討する

(1) 回帰係数と重回帰式による結果系指標の予測

図 3.53 のセル「Q53」～セル「Q62」の係数から，切片は -3.40907，偏回帰係数は，

　　　「事前の期待度」の偏回帰係数　　　： 0.219494
　　　「内容の理解度」の偏回帰係数　　　： 0.522353
　　　「テキストの見やすさ」の偏回帰係数： 0.276137
　　　「講師の話し方」の偏回帰係数　　　： 0.393192
　　　「研修時間の適正」の偏回帰係数　　： 0.301277
　　　「演習の進め方」の偏回帰係数　　　： 0.372412
　　　「事例の紹介」の偏回帰係数　　　　： 0.209449
　　　「事務局の対応」の偏回帰係数　　　：-0.14068
　　　「会場の環境」の偏回帰係数　　　　：-0.01009

となり，重回帰式は

$$
\begin{aligned}
研修の満足度 =\ & -3.40907 + 0.219494 \times 事前の期待度 + 0.522353 \times 内容の理解度 \\
& + 0.276137 \times テキストの見やすさ + 0.393192 \times 講師の話し方 \\
& + 0.301277 \times 研修時間の適正 + 0.372412 \times 演習の進め方 \\
& + 0.209449 \times 事例の紹介 - 0.14068 \times 事務局の対応 \\
& - 0.01009 \times 会場の環境
\end{aligned}
\tag{3.22}
$$

となる．

(2) 寄与率によるアンケート項目の過不足の検討

重相関係数は「重相関 R」の欄から，0.901369 となる．寄与率は「重決定 R2」の欄から 0.812466，自由度調整済寄与率は「補正 R2」の欄から 0.728075 である．

寄与率とは，結果系指標を説明するために，設定した要因系指標でどのくらい説明できるかを示すものである．つまり，今回測定した「研修の満足度」を評価するのに設定した 9 項目の要因系指標で 72.8%（自由度調整済寄与率）を説明できているということである．この自由度調整済寄与率が 50% を下回れば，他に大きな項目を見逃している可能性がある．そのときには，仮説の再検討を行い，要因系指標の追加を検討する．

(3) 回帰関係の有意性

図 3.54 において，分散分析表の「観測された分散比」は 9.627456 であり，「有意 F」の欄が 1.53E-05 となっている．

$$
0.05（有意水準 5\% のとき）>「有意 F」= 1.53\text{E-}05 \tag{3.23}
$$

以上の結果から，回帰は有意となると判断される．

つまり，(1) で求めた重回帰式は成り立つものである．

3.6 重回帰分析から目的に対する要因の関係度合いをみる　　　187

		回帰統計	
		重相関 R	0.901369
		重決定 R2	0.812466
		補正 R2	0.728075
		標準誤差	0.409305
		観測数	30

(2) 寄与率 → 重決定 R2, 補正 R2

分散分析表

	自由度	変動	分散	観測された分散比	有意 F
回帰	9	14.51605	1.612895	9.627456	1.53E-05
残差	20	3.350614	0.167531		
合計	29	17.86667			

(3) 回帰関係の有意性 → 観測された分散比, 有意 F

	係数	標準誤差	t	P-値	下限 95%	上限 95%	下限 95.0%	上限 95.0%
切片	-3.40907	1.174309	-2.90304	0.00879				-0.9595
事前の期待度	0.219494	0.092684	2.368203	0.02806				0.412829
内容の理解度	0.522353	0.184122	2.836989	0.010187	0.138281	0.906426	0.138281	0.906426
テキストの見やすさ	0.276137	0.168256	1.641175	0.11	-0.07484	0.627113	-0.07484	0.627113
講師の話し方	0.393192	0.165566	2.374415	0.027969	0.047766	0.738618	0.047766	0.738618
研修時間の適正	0.301277	0.123012	2.449169	0.023659	0.044679	0.557875	0.044679	0.557875
演習の進め方	0.372412	0.163908	2.272085	0.03427	0.030507	0.714318	0.030507	0.714318
事例の紹介	0.209449	0.132318	1.582921	0.129125	-0.06656	0.485459	-0.06656	0.485459
事務局の対応	-0.14058	0.102243	-1.37498	0.184347	-0.35386	0.072693	-0.35386	0.072693
会場の環境	-0.01009	0.085036	-0.11867	0.906723	-0.18747	0.167292	-0.18747	0.167292

(1) 回帰係数 → 係数列
(4) 回帰係数の有意性 → t列

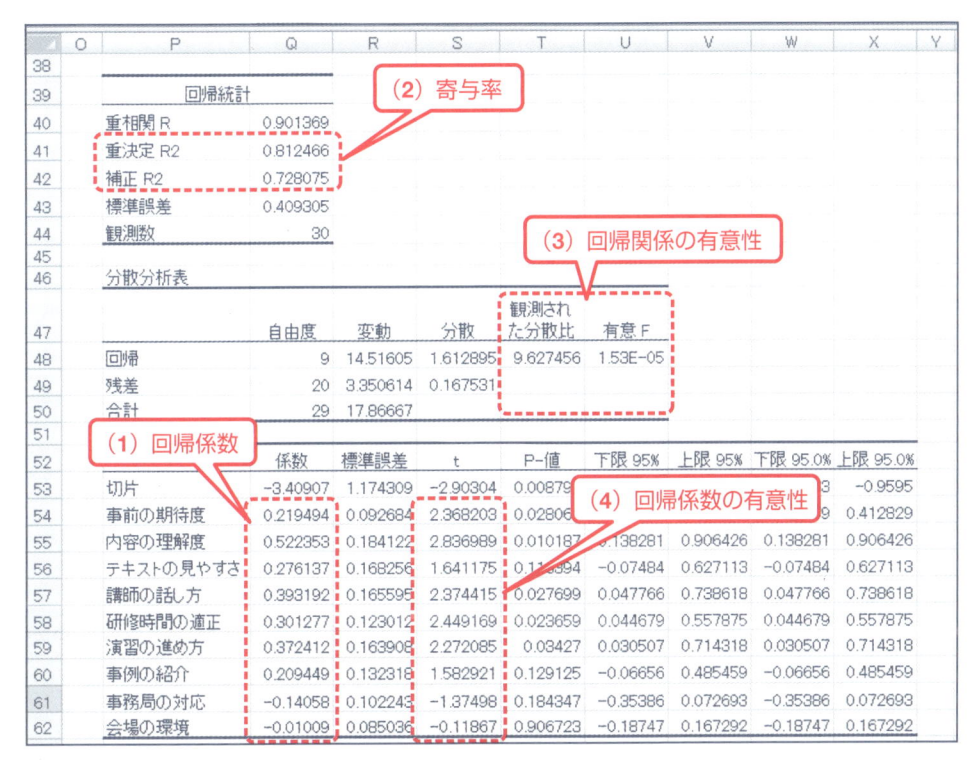

図 3.54　重回帰分析の結果

(4) 回帰係数の有意性による要因系指標の検討

表 3.13 において，「t」は各「係数（偏回帰係数）」の t 値を示しており，

$$t^2 = F \qquad (3.24)$$

の関係から，この F 値が 2.00 以上あれば，有意であると判断し，偏回帰係数が「0」でないということになる．つまり，$F>2.00$ の要因系指標を残すことにする．

表 3.12 で「事前の期待度」から「事例の紹介」まで有意であり，$\hat{\beta}_i \neq 0$ と言える．「事務局の対応」と「会場の環境」の偏回帰係数は 0 でないとは言えない，ということになる．

(5) 変数の検討による要因系指標の選択

説明変数を増やせば寄与率は高くなっていくが，目的変数に関係のない変数が入ったり説明変数の間に情報の重複が多くなったりする．つまり，目的変数にあまり関係のない説明変数であっても，それを重回帰式に取り入れると寄与率は高くなる．しかし，本来，関係の弱い変数であるので，それを重回帰式に入れるのは不適切である．できるだけ単純で，良い予測のできる重回帰式を見つけなければならない．そのためには適切な説明変数を選択する必要がある．

F 検定にもとづいた変数選択法では，F 値の有意性を目安として，分散分析のときと同じように判断する．F 値は t 値の 2 乗として計算されるが，一般に F 値が 2.0 より小

表 3.12 回帰係数の有意性の検討

	係数	標準誤差	t	P-値	下限 95%	上限 95%	下限 95.0%	上限 95.0%
切片	-3.40907	1.174309	-2.90304	0.008794	-5.85863	-0.9595	-5.85863	-0.9595
事前の期待度	0.219494	0.092684	2.368203	0.028062	0.026159	0.412829	0.026159	0.412829
内容の理解度	0.522353	0.184122	2.836989	0.010187	0.138281	0.906426	0.138281	0.906426
テキストの見やすさ	0.276137	0.168256	1.641175	0.116394	-0.07484	0.627113	-0.07484	0.627113
講師の話し方	0.393192	0.165595	2.374415	0.027699	0.047766	0.738618	0.047766	0.738618
研修時間の適正	0.301277	0.123012	2.449169	0.023659	0.044679	0.557875	0.044679	0.557875
演習の進め方	0.372412	0.163908	2.272085	0.03427	0.030507	0.714318	0.030507	0.714318
事例の紹介	0.209449	0.132318	1.582921	0.129125	-0.06656	0.485459	-0.06656	0.485459
事務局の対応	-0.14058	0.102243	-1.37498	0.184347	-0.35386	0.072693	-0.35386	0.072693
会場の環境	-0.01009	0.085036	-0.11867	0.906723	-0.18747	0.167292	-0.18747	0.167292

	$t^2=F$	変数選択
事前の期待度	5.608388	○
内容の理解度	8.048504	○
テキストの見やすさ	2.693456	○
講師の話し方	5.637847	○
研修時間の適正	5.998429	○
演習の進め方	5.162369	○
事例の紹介	2.505638	○
事務局の対応	1.890564	×
会場の環境	0.014082	×

$t^2=F$ を計算する

$F>2.00$ なら「○」
$F<2.00$ なら「×」

説明変数から除く

さければ説明変数から外す．これは有意水準を約20％としていることに対応しており，Excelの出力では「t」の2乗が2.00より小さいかどうかで判断できる．

表3.12のデータでは，「事務局の対応」と「会場の環境」は，$t^2=F<2.00$なので，説明変数から外して，もう一度，重回帰分析を行う．その結果が，表3.13である．

表 3.13 変数2項目減少後の重回帰分析の結果

	係数	標準誤差	t	P-値	下限 95%	上限 95%	下限 95.0%	上限 95.0%
切片	-3.44578	1.176005	-2.93007	0.007571	-5.88467	-1.0069	-5.88467	-1.0069
事前の期待度	0.197505	0.090173	2.190279	0.039393	0.010497	0.384512	0.010497	0.384512
内容の理解度	0.534644	0.174504	3.063797	0.005686	0.172745	0.896542	0.172745	0.896542
テキストの見やすさ	0.286552	0.167934	1.706399	0.102024	-0.06172	0.634825	-0.06172	0.634825
講師の話し方	0.371268	0.16384	2.266043	0.033632	0.031485	0.711051	0.031485	0.711051
研修時間の適正	0.319594	0.117955	2.709463	0.012804	0.074971	0.564217	0.074971	0.564217
演習の進め方	0.310097	0.156342	1.983454	0.059935	-0.01414	0.63433	-0.01414	0.63433
事例の紹介	0.128913	0.119559	1.078233	0.292611	-0.11904	0.376863	-0.11904	0.376863

	$t^2=F$	変数選択
切片		
事前の期待度	4.797324161	○
内容の理解度	9.386852813	○
テキストの見やすさ	2.911592551	○
講師の話し方	5.134952724	○
研修時間の適正	7.34118868	○
演習の進め方	3.934088654	○
事例の紹介	1.162586442	×

表3.13の結果から，「事例の紹介」が有意でなく，「事例の紹介」を外してもう一度重回帰分析を行った．その結果が，表3.14である．

表3.14の結果，すべての要因系指標の偏回帰係数が有意となったので，この結果から予測式を決定することにした．

3.6 重回帰分析から目的に対する要因の関係度合いをみる

表 3.14 変数 1 項目減少後の重回帰分析の結果

	係数	標準誤差	t	P-値	下限 95%	上限 95%	下限 95.0%	上限 95.0%		$t^2=F$	変数選択
切片	-2.94794	1.08539	-2.71602	0.012322	-5.19324	-0.70264	-5.19324	-0.70264	切片		
事前の期待度	0.201645	0.090409	2.230354	0.035768	0.014619	0.388671	0.014619	0.388671	事前の期待度	4.974480913	○
内容の理解度	0.556973	0.173882	3.203167	0.003949	0.197271	0.916675	0.197271	0.916675	内容の理解度	10.26027649	○
テキストの見やすさ	0.305504	0.167601	1.822811	0.081359	-0.0412	0.652212	-0.0412	0.652212	テキストの見やすさ	3.32263977	○
講師の話し方	0.375348	0.164374	2.283497	0.031964	0.035314	0.715381	0.035314	0.715381	講師の話し方	5.21435631	○
研修時間の適正	0.273766	0.110419	2.479332	0.020925	0.045346	0.502185	0.045346	0.502185	研修時間の適正	6.147087044	○
演習の進め方	0.272957	0.153038	1.783587	0.087693	-0.04363	0.589541	-0.04363	0.589541	演習の進め方	3.181182382	○

変数検討後の重回帰分析の結果を図 3.55 に示す．結果は次のとおりである．

① 「有意 F」の欄が 1.33E-06 となり，回帰は有意となる．

② 重回帰式は，次のようになる．

研修の満足度＝－2.94794＋0.201645×事前の期待度
　　　　　　＋0.556973×内容の理解度＋0.305504×テキストの見やすさ
　　　　　　＋0.375348×講師の話し方＋0.273766×研修時間の適正
　　　　　　＋0.272957×演習の進め方　　　　　　　　　　　　(3.25)

③ 重相関係数は 0.884323，寄与率は 0.782028，自由度調整済寄与率は 0.725165 である．最初の重回帰式と比較すると，説明変数が 3 つ減っているので，重相関係数と寄与率は下がっているが，自由度調整済寄与率は 0.728075 から 0.725165 とそれほど変わっていないことがわかる．これは説明変数が減少しても，実質的な寄与率は変わらないことを示している．

	回帰統計								
重相関 R	0.884323								
重決定 R2	0.782028								
補正 R2	0.725165								
標準誤差	0.411489								
観測数	30								

分散分析表

	自由度	変動	分散	測された分散	有意 F				
回帰	6	13.97223	2.328705	13.753	1.33E-06				
残差	23	3.894439	0.169323						
合計	29	17.86667							

	係数	標準誤差	t	P-値	下限 95%	上限 95%	下限 95.0%	上限 95.0%
切片	-2.94794	1.08539	-2.71602	0.012322	-5.19324	-0.70264	-5.19324	-0.70264
事前の期待度	0.201645	0.090409	2.230354	0.035768	0.014619	0.388671	0.014619	0.388671
内容の理解度	0.556973	0.173882	3.203167	0.003949	0.197271	0.916675	0.197271	0.916675
テキストの見やすさ	0.305504	0.167601	1.822811	0.081359	-0.0412	0.652212	-0.0412	0.652212
講師の話し方	0.375348	0.164374	2.283497	0.031964	0.035314	0.715381	0.035314	0.715381
研修時間の適正	0.273766	0.110419	2.479332	0.020925	0.045346	0.502185	0.045346	0.502185
演習の進め方	0.272957	0.153038	1.783587	0.087693	-0.04363	0.589541	-0.04363	0.589541

図 3.55 変数 3 項目減少後の重回帰分析の結果

(6) 残差の検討による回答の精度の検討

得られた重回帰式の妥当性を検討するために，残差をみる．残差 e_i とは，実測値 y_i と重回帰式から求められる予測値 $\hat{y}_i$ との差である．

$$\text{残差}\quad e_i = y_i - \hat{y}_i \tag{3.26}$$

残差による検討方法は，残差 e_i を誤差分散の推定値によって標準化した標準化残差を求める．

$$e_i' = \frac{e_i}{\sqrt{V_e}} \tag{3.27}$$

Excel の「分析ツール」で計算される標準化残差は，残差平方和を一律 $n-1$ で割って残差の分散を求めている．実際には，分散分析表の誤差分散 V_e を使って，残差から計算するとよい（図3.56）．

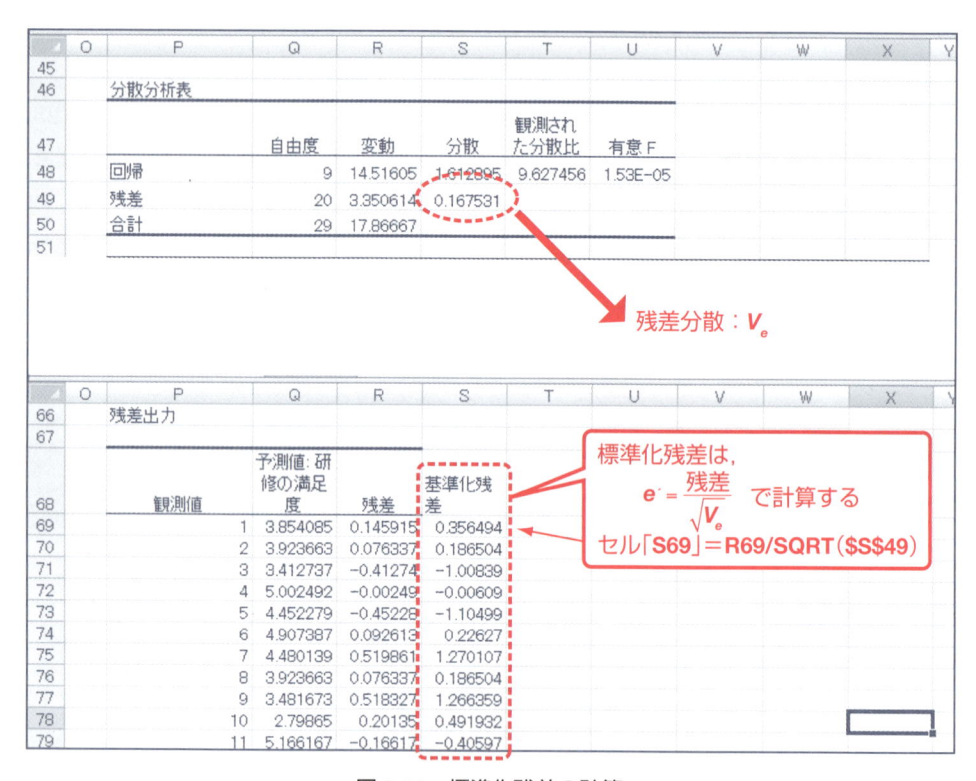

図3.56 標準化残差の計算

図3.56 で計算された標準化残差から，±3 を超えているデータがあるかどうかで，異常データが含まれているかどうかの検討を行う．このとき，観測値を横軸に標準化残差を縦軸に散布図を書くと，視覚的に評価できる．図3.57 に観測値と標準化残差の散布図を示す．

図3.57 では，標準化残差で3を超えるものはなく，特に問題はみられない．

したがって，今回の回収したアンケートデータは，特に異常データは含まれていないと思われる．

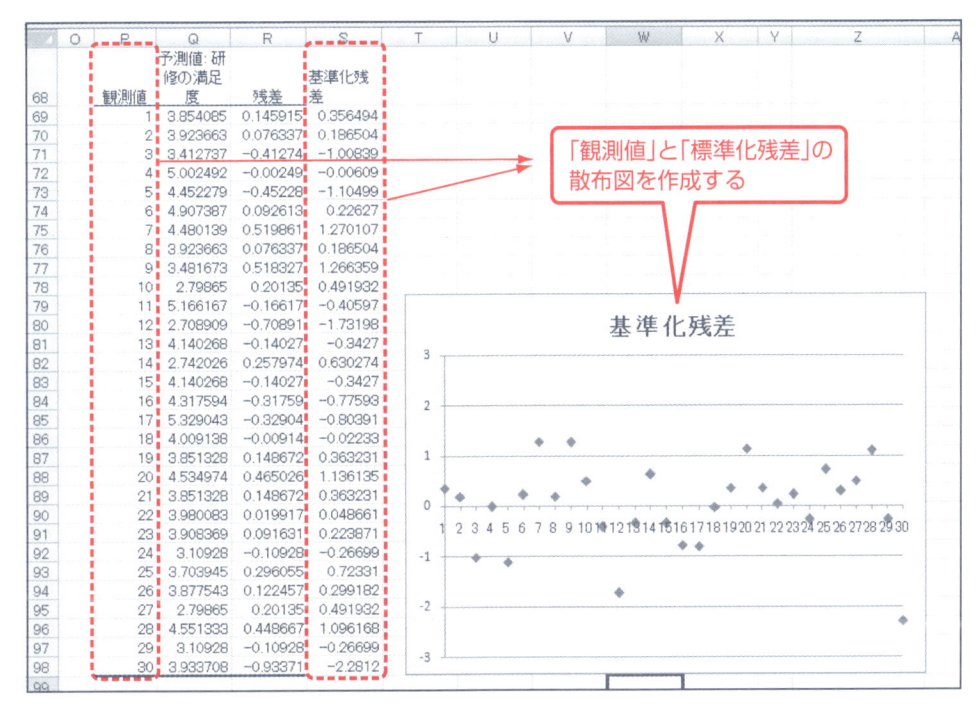

図3.57 標準化残差と残差プロット図

(7) 多重共線性の検討による質問項目の重複度の検討

また，重回帰分析に特有の問題として，**多重共線性**とよばれるものがある．いかに寄与率の高い重回帰式が得られたとしても，説明変数間に強い相関関係がみられるときには，偏回帰係数の推定値が不安定になり，信用できないものになってしまう．説明変数間の相関係数の大きさが ±1 に近いものがあれば，一方を説明変数から取り除くなどして安定した重回帰式を求めることができる．

表3.9（再掲）は，Excel「分析ツール」で計算した説明変数間の相関係数である．各相関係数とも ±1 に近いものがないので，多重共線性はないものと思われる．

表3.9（再掲） 相関係数の出力

	事前の期待度	内容の理解度	テキストの見やすさ	講師の話し方	研修時間の適正	演習の進め方	事例の紹介	事務局の対応	会場の環境	研修の満足度
事前の期待度	1									
内容の理解度	0.161	1								
テキストの見やすさ	-0.124	0.249	1							
講師の話し方	-0.188	0.645	0.208	1						
研修時間の適正	0.224	-0.097	-0.079	-0.275	1					
演習の進め方	-0.189	0.183	0.273	0.017	-0.310	1				
事例の紹介	0.010	0.210	0.109	0.252	-0.337	-0.066	1			
事務局の対応	0.066	0.146	0.078	0.151	-0.342	0.238	0.465	1		
会場の環境	-0.011	0.456	0.043	0.399	0.135	-0.072	0.089	0.147	1	
研修の満足度	0.263	0.793	0.382	0.568	0.109	0.216	0.197	0.035	0.348	1

この結果から，図 3.2（p.128 参照）のアンケート質問は，「重複した内容にはなっていないものと思われる」ということがわかった．

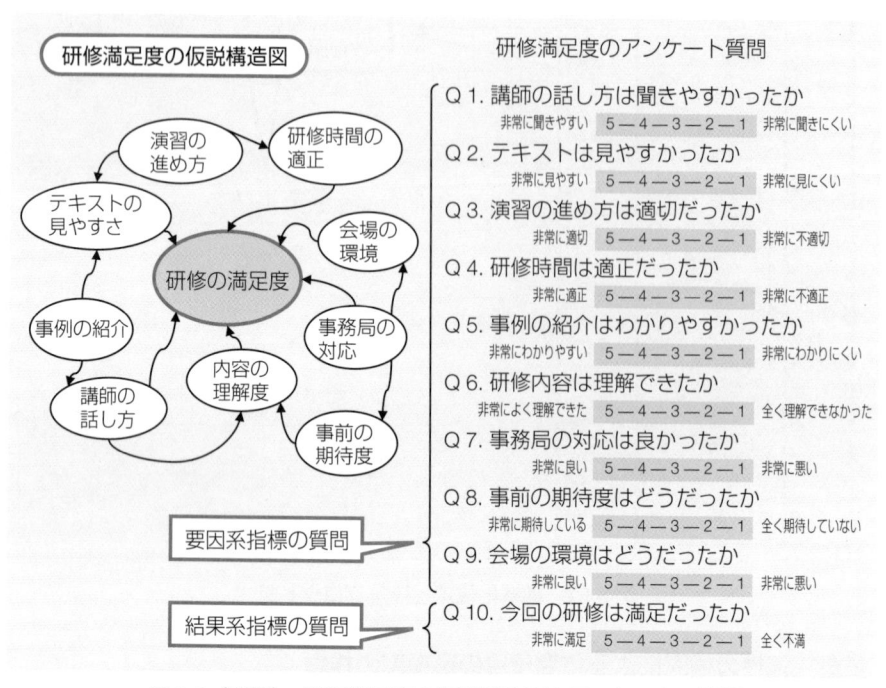

図 3.2（再掲） 研修満足度の仮説構造図とアンケートの質問

3.7 ポートフォリオ分析により重点改善項目をみる

3.7.1 ● ポートフォリオ分析とは

ポートフォリオ分析とは，アンケートなどから得られた各回答項目について，「要因系指標の評価レベル」と「要因系指標の結果系指標への影響度」を算出し，縦軸に「評価レベル」，横軸に「影響度」の散布図を書いて，エリアごとに検討を行う方法である（図3.58）．

このポートフォリオ分析より，結果系指標への影響度が高く評価レベルが低い「重点改善領域（図3.58の右下のエリア）」にプロットされた要因系指標を，重点改善項目として抽出することができる．

	維持領域	重点維持領域
要因系指標の評価レベル	評価レベル：高い ↑ 影響度　　：弱い ↓	評価レベル：高い ↑ 影響度　　：強い ↑
	ウォッチング領域	重点改善領域
	評価レベル：低い ↓ 影響度　　：弱い ↓	評価レベル：低い ↓ 影響度　　：強い ↑

要因系指標の結果系指標への影響度

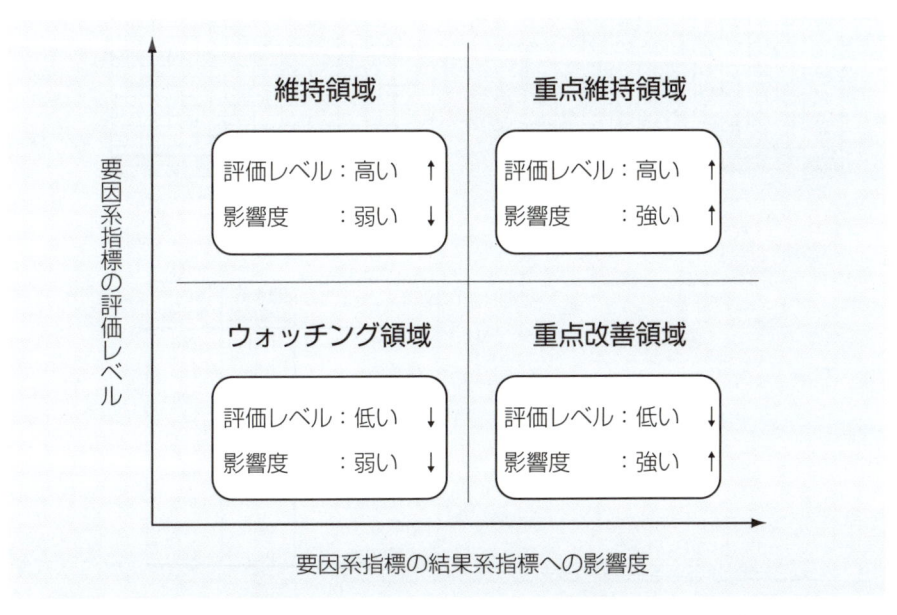

図3.58　ポートフォリオ分析の見方

図3.59は，「10年後に勝ち組になる会社」をテーマにアンケートを行い，ポートフォリオ分析を行った結果である．

まず，ポートフォリオ分析を行う2軸を設定する．図3.59では，縦軸に「SD値（平均値）」を設定し，横軸にこの結果系指標に対する要因系指標の影響度合いを「標準偏回帰係数」と設定したものである．

「横軸」の設定は，結果系指標への影響度を示す指標を用いる．考えられる指標として，まず「相関係数」があるが，相関係数は「偽相関」がある場合もあり，「偏相関係数」を使う方が無難である．しかし，Excelの基本機能から「偏相関係数」を求めるのは，少し難しくなる．ここでは，前節で行った重回帰分析から求められた「偏回帰係

194　　第3章　アンケートの解析

数」を使うことにする．ただし，前節で計算された「偏回帰係数」は，アンケートのように評価がすべて「5・4・3・2・1」と統一されている場合はよいが，評価の単位が異なると値が変わることから，データを標準化した後に重回帰分析を行った「標準偏回帰係数」を横軸にすることにする．

「縦軸」は，アンケートの原データからSD値を計算し，この値を評価レベルとする．

横軸の標準偏回帰係数を求めるため，原データを標準化（平均値0，標準偏差1のデータに置き換える）し，重回帰分析を行い，標準偏回帰係数を得る．

SD値と標準偏回帰係数の散布図を書き，4つのエリアに分け，各エリア内の要因系

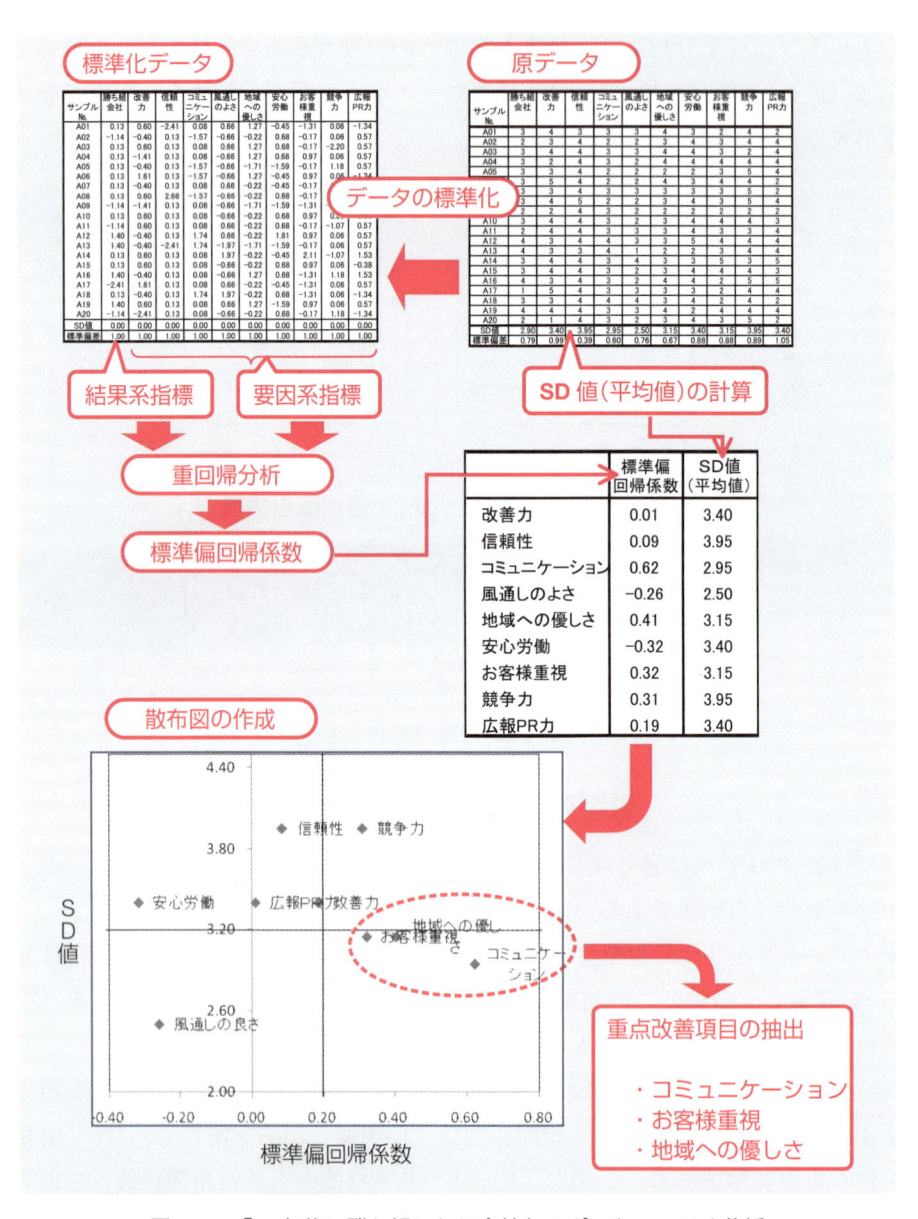

図3.59　「10年後に勝ち組になる会社」のポートフォリオ分析

指標から，今後の方向性を検討する．特に結果系指標への影響度が高く，SD値の評価が低い散布図の右下のエリアにプロットされた要因系指標は，重点改善項目として抽出することができる．

図3.59の結果から，「10年後に勝ち組になる会社」に強い影響がある項目として，「コミュニケーション」，「お客様重視」，「地域への優しさ」，「改善力」，「競争力」が挙げられた．また，特にSD値が低い「コミュニケーション」，「お客様重視」，「地域への優しさ」については改善を要することがわかった．

3.7.2 ● Excelによりポートフォリオ分析を行う

スタッフのクロスから報告を受けた研修後のアンケートを，スタッフのケイトが眺めていた．「全体の傾向もわかったし，重回帰分析から結果系指標と要因系指標の関係度合もわかってきた」とスタッフのケイトが言い，「さらに，この研修をもっとよくするために何を改善すればいいのか，検討したいね」と続けた．

それを聞いていたポート課長が「それならポートフォリオ分析をやってみてはどうか」と言った．そこで，スタッフのケイトは表3.1（再掲）の研修受講者アンケートの結果から，ポートフォリオ分析をExcelで行うことにした．

表3.1（再掲） SD値（平均値）と標準偏差を計算したマトリックス・データ表

ID	事前の期待度	内容の理解度	テキストの見やすさ	講師の話し方	研修時間の適正	演習の進め方	事例の紹介	事務局の対応	会場の環境	研修の満足度	性別
A01	4	3	3	4	3	3	4	3	2	4	男性
A02	2	3	4	5	3	3	4	4	4	4	女性
A03	4	3	4	4	4	2	3	4	4	3	女性
A04	5	4	4	4	4	3	4	4	5	5	男性
A05	4	3	4	5	4	2	4	3	2	4	女性
A06	4	4	4	5	3	4	3	5	4	5	男性
A07	5	3	4	4	3	3	3	4	5	5	女性
A08	2	3	4	5	3	3	4	4	4	4	女性
A09	4	3	3	4	3	2	4	3	2	2	女性
A10	2	2	4	3	4	2	3	2	2	3	女性
A11	4	4	4	5	3	3	3	4	2	4	女性
A12	4	2	3	3	3	3	4	2	3	2	男性
A13	5	3	3	4	3	3	3	3	2	4	女性
A14	3	2	3	4	3	3	3	3	4	4	女性
A15	5	3	4	4	3	3	3	3	2	4	男性
A16	4	4	3	4	4	3	3	4	3	4	男性
A17	4	4	4	4	5	4	2	2	3	5	男性
A18	3	4	3	5	2	3	3	3	5	4	男性
A19	4	3	4	4	2	4	3	4	2	4	男性
A20	4	4	4	5	4	2	3	5	4	5	女性
A21	4	2	3	4	2	4	3	2	4	3	男性
A22	5	3	4	4	4	2	2	2	4	4	女性
A23	5	3	4	4	4	2	3	4	2	4	男性
A24	5	3	3	3	3	3	2	3	3	3	男性
A25	5	3	3	4	4	2	2	2	4	4	男性
A26	4	3	4	3	4	3	4	4	3	4	男性
A27	2	2	4	3	4	3	2	2	2	3	女性
A28	4	3	3	5	5	3	4	2	4	5	男性
A29	5	2	3	3	4	3	3	4	2	3	女性
A30	3	3	4	5	3	3	3	4	4	3	男性
平均	3.93	3.03	3.63	4.10	3.47	2.93	3.10	3.37	3.33	3.93	
標準偏差	0.98	0.67	0.49	0.71	0.78	0.58	0.71	0.93	1.09	0.78	

手順1．2軸の設定

ポートフォリオ分析を行う2軸（縦軸と横軸）を設定する．ここでは，

  縦軸：SD値（平均値）

  横軸：標準偏回帰係数（標準化されたデータから求めた偏回帰係数）

とした．

手順2．データの標準化

原データのまま重回帰分析を行うと，各項目の評価単位が異なると偏回帰係数の値が変わってくる．結果系指標と要因系指標の影響度を単位の違いがあっても影響度合いが変わらない指標として標準偏回帰係数がある．この標準偏回帰係数を求めるには，原データを標準化して重回帰分析を行う．

データを標準化するには，各評価点からSD値（平均値）を引いて標準偏差で割るとよい．

$$\text{標準化データ} = \frac{\text{原データ} - \text{平均値}}{\text{標準偏差}} \tag{3.28}$$

表3.1（再掲）の原データから標準化データを求めるには，次の手順で行う．

図3.60のセル「G70」の標準化データは，

  セル「G70」＝(G34-G36)/G37 0.679＝(4 - 3.47)/0.78 (3.29)

となる．表3.15に標準化データを示す．

> **参考** 計算式をコピーして標準化データ表を作成する
>
> ① セルC42「=(C6-C36)/C37」を入力する．
> ② セルC42をクリックし，右クリックし，「コピー」をクリックする．
> ③ セルD42からL42まで指定し，「貼り付け」をクリックする．
> ④ セルD42からL42まで平均値と標準偏差のセルを固定する．
> 例：セルC42の場合，「=(C6-C36)/C37」→「=(C6-C36)/C37」
>   C36からC36に変えるには，C36にカーソルをあて，「F4キー」を押す．
>   「F4キー」は，押すごとに「C36 → C36 → C$36 → $C36 → C36 →」と変わっていく．
> ⑤ セルC42からL42までを指定し，右クリックし，「コピー」をクリックする．
> ⑥ セルC43からC70までを指定し，「貼り付け」をクリックする．
>
> 以上の操作で，表3.15の標準化データ表が表示される．

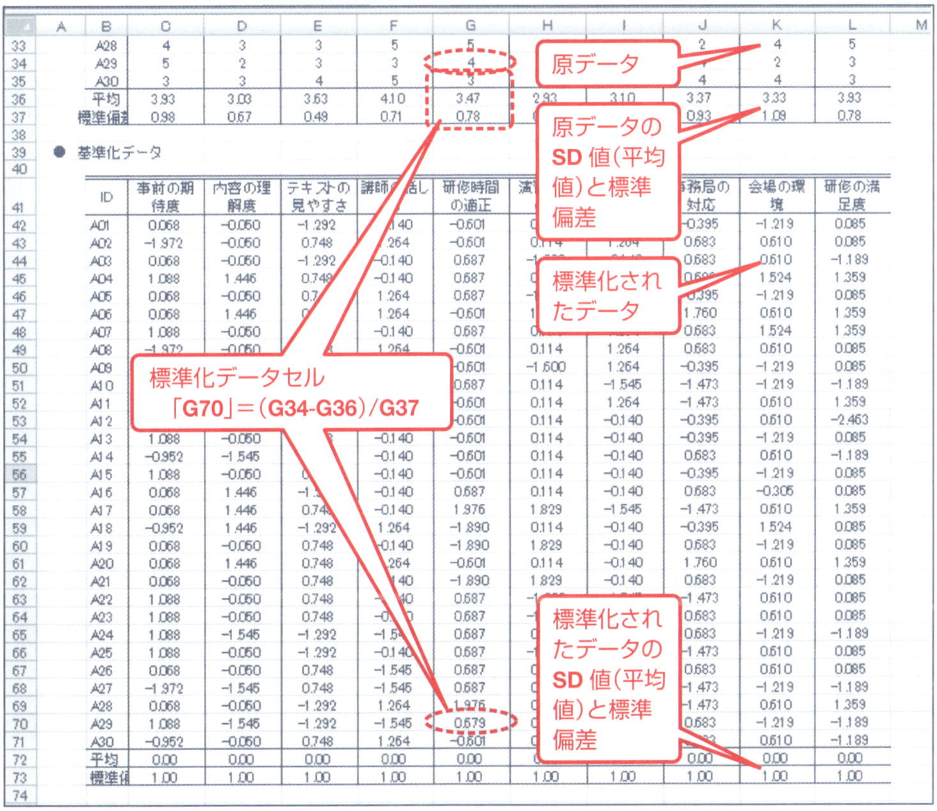

3.7 ポートフォリオ分析により重点改善項目をみる

図 3.60　標準化データの計算

表 3.15　標準化されたマトリックス・データ表

手順2．標準偏回帰係数の計算

表 3.15 のデータ表から重回帰分析を行う．

Excel 2007 と Excel 2000〜2003 の操作の手順は，「分析ツール」を起動する方法は異なるが，「分析ツール」起動後の操作手順は同じである．

［Excel 2007（Windows Vista）の場合］

手順 2-1．「データ分析」の起動

1) Excel タブの「データ」をクリックする．
2) 「データ」の中の「データ分析」をクリックする．そうすると，「データ分析」の画面が表示される．

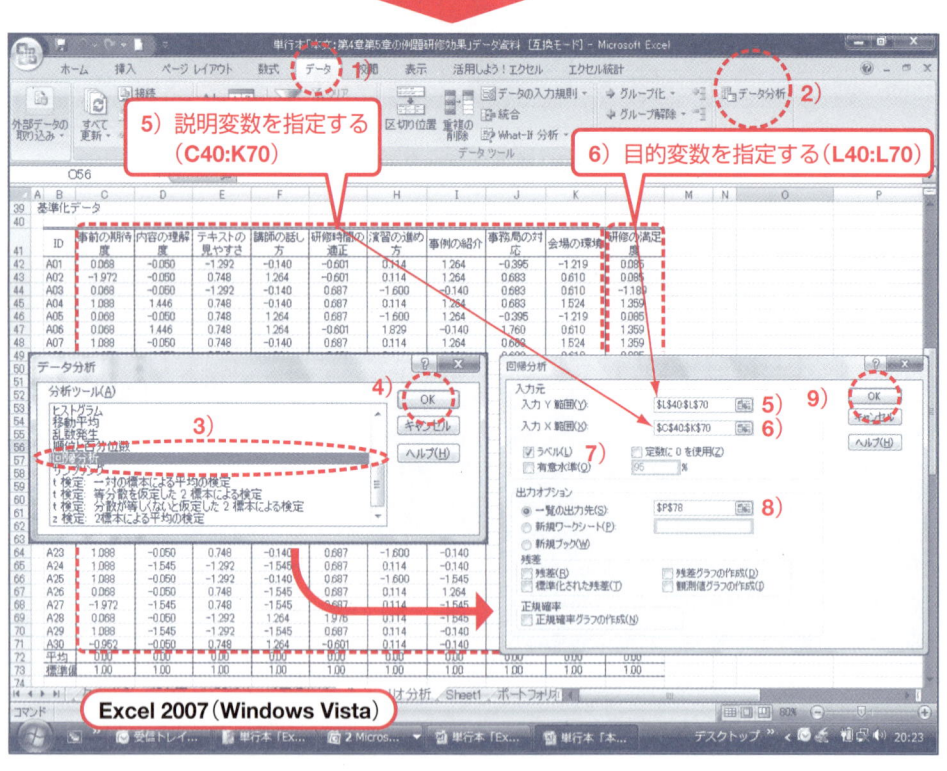

図 3.61　Excel の「データ分析」による重回帰分析

─［Excel 2000〜2003（Windows XP, 2000）の場合］──────────

手順 2-1．「データ分析」の起動

1) Excel ツールバーの「ツール(T)」をクリックする．

2) 「ツール(T)」の中の「分析ツール(D)」をクリックする．そうすると，「データ分析」の画面が表示される．

(以下の操作は，Excel 2000〜2003 と Excel 2007 は共通)

手順 2-2．「回帰分析」の選択

3) 「データ分析」の「分析ツール(A)」画面から，「回帰分析」を選択する．
4) 「OK」をクリックする．図 3.61 の右下の「回帰分析」の画面が表示される．

手順 2-3．回帰分析諸元の入力

図 3.62 の「回帰分析」入力画面上に必要なデータや諸元を入力する．

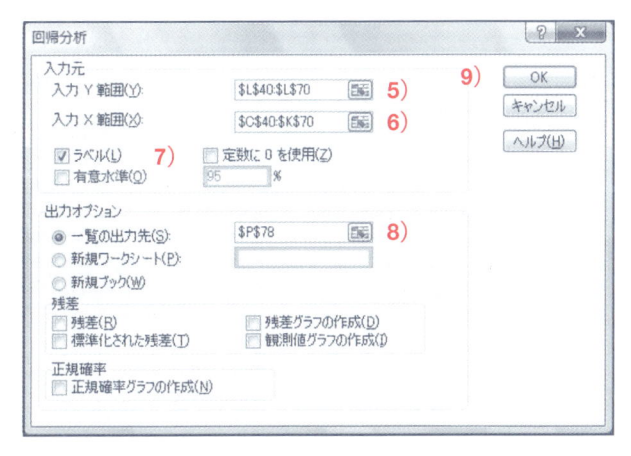

図 3.62　分析ツール「相関」の諸元入力画面

入力元：回帰分析するデータを入力する．指定する範囲は，項目名とデータとする．

5) 入力 Y 範囲(Y)：目的変数を入力する．図 3.62 では，「L40:L70」，「研修の満足度」となる．
6) 入力 X 範囲(X)：説明変数を入力する．図 3.62 では，「C40:K70」，「事前の期待度」から「会場の環境」までの 9 項目の説明変数全体を指定する．
7) ラベル(L)：入力 Y，入力 X に項目名を指定した場合，□内に「✓」チェックマークを入れる．
8) 出力オプション：計算結果を表示させるところを指定する．
    - 一覧の出力先(S)：データ表と同じシートに表示させる．このとき，表示させる個所の左上端のセル番号を入力する．ここでは，「P78」である．

        注）一覧の出力先(S) にチェックマークを入れると，データ入力箇所が「入力 Y 範囲(Y)」に飛ぶので，「一覧の出力先(S)」の右にあるセル指定マスにカーソルを当て直す必要がある．

    - 新規ワークシート(P)：別のワークシートに表示する．

○ 新規ブック(W)：別の Excel ファイルに表示する．

手順 2-4．回帰分析結果の表示

9) 図 3.62 の諸元入力後，「OK」をクリックする．その結果，図 3.63 の画面が表示される．

図 3.63 から計算された標準偏回帰係数は，表 3.16 となる．

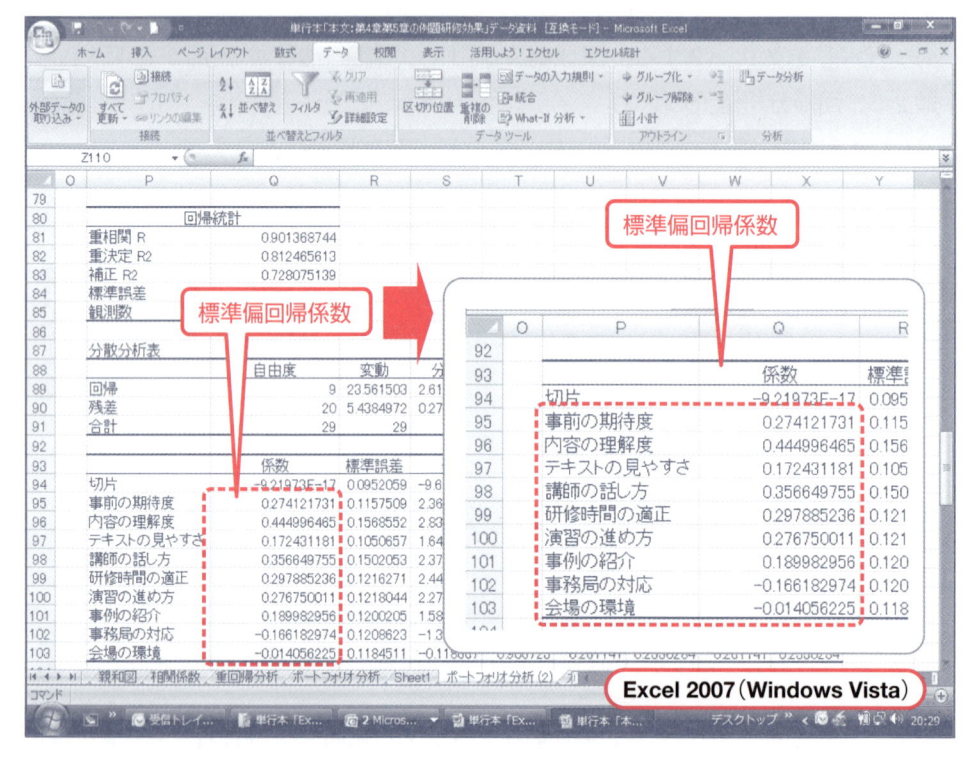

図 3.63　重回帰分析の結果表示

表 3.16　標準偏回帰係数

要因系指標	標準偏回帰係数
事前の期待度	0.274
内容の理解度	0.445
テキストの見やすさ	0.172
講師の話し方	0.357
研修時間の適正	0.298
演習の進め方	0.277
事例の紹介	0.190
事務局の対応	−0.166
会場の環境	−0.014

手順 3．散布図の作成

手順 3-1　データ表の作成

10) 重回帰分析の結果から標準偏回帰係数を選択し（セル「Q95:Q103」），右クリ

3.7 ポートフォリオ分析により重点改善項目をみる　　　201

11) コピー先を指定し（セル「Q109」），クリックし，「貼り付け(P)」をクリックする．その結果，図 3.64 の右下の表の「標準偏回帰係数」のデータがコピーされる．

12) 原データ表から要因系指標の SD 値を選択し（セル「C36:K36」），右クリックする．「コピー」をクリックする．

13) コピー先を指定し（セル「R109」），クリックし，「形式を選択して貼り付け(S)」をクリックする．

14) 「形式を選択して貼り付け」画面から，貼り付け「◎値(V)」にチェックマークを入れる．

15) 下段，「◎行列を入れ替える(E)」にチェックマークを入れる．

16) 「OK」をクリックする．その結果，図 3.64 の右下の表の「SD 値」のデータがコピーされる．

以上の操作で，表 3.17 の散布図を作成するデータ表ができあがる．

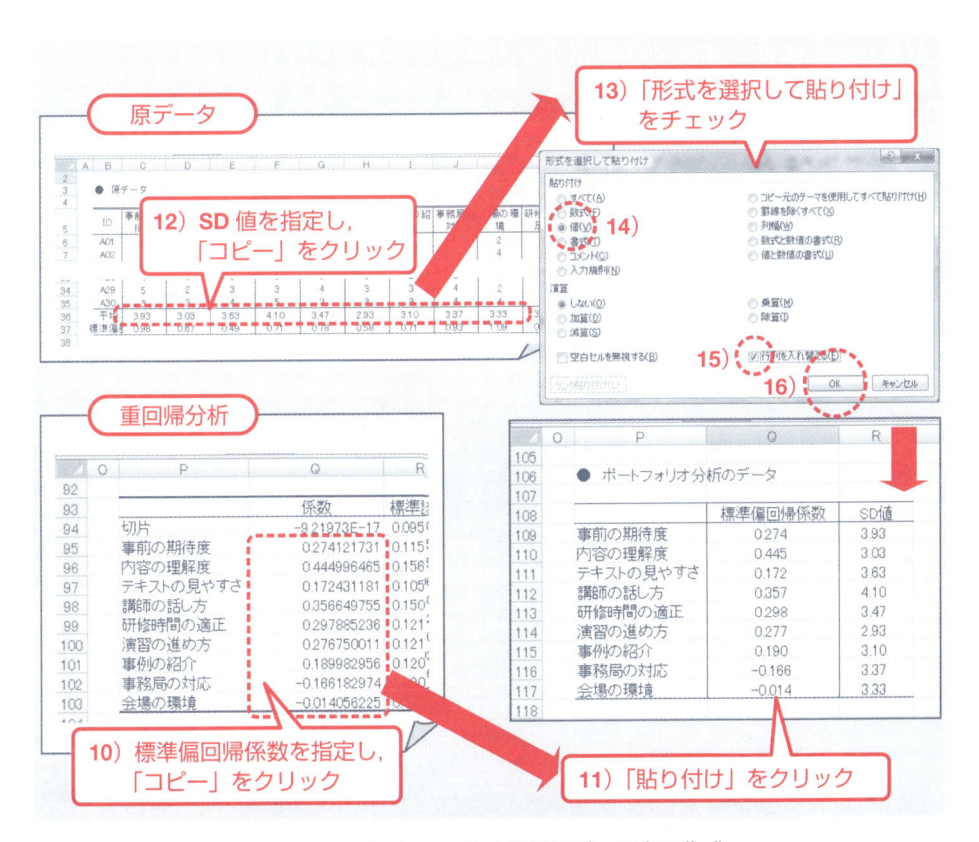

図 3.64　ポートフォリオ分析用データ表の作成

表3.17 散布図作成のためのデータ表

要因系指標	標準偏回帰係数	SD値
事前の期待度	0.274	3.93
内容の理解度	0.445	3.03
テキストの見やすさ	0.172	3.63
講師の話し方	0.357	4.10
研修時間の適正	0.298	3.47
演習の進め方	0.277	2.93
事例の紹介	0.190	3.10
事務局の対応	−0.166	3.37
会場の環境	−0.014	3.33

(1) Excel 2007（Windows Vista）による散布図の作成

手順3-2　散布図の作成

17) 散布図を書くデータを指定する．ここでは，セル「Q108:R117」を指定する．
18) Excel タブの「挿入」をクリックする．
19) 「グラフ」の中から「散布図」をクリックする．
20) 「散布図」画面の中から「マーカーのみの散布図」をクリックする．
21) 以上の操作で，散布図の原形が表示される（図3.65の右下図）．

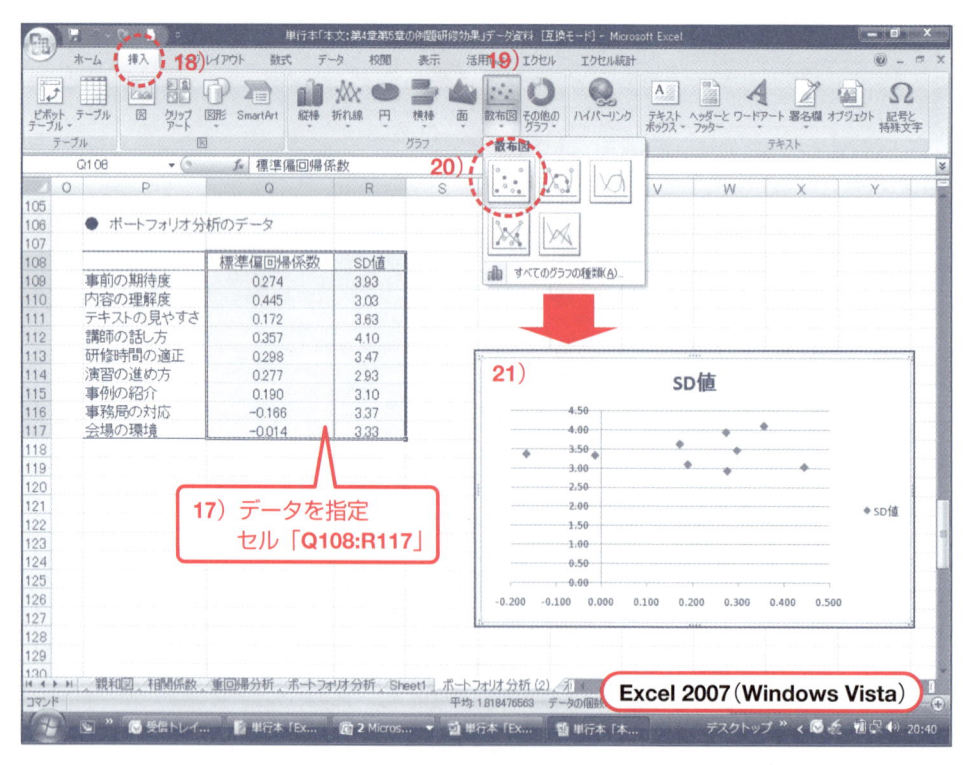

図3.65　Excel 2007による標準偏回帰係数とSD値の散布図作成

手順3-3　散布図の修正（レイアウトの変更）

22) 散布図を指定する．

23) Excel タブの「デザイン」をクリックする．
24)「グラフのレイアウト」をクリックする．
25) グラフレイアウトの一覧表から左上の「レイアウト1」をクリックする．
26) 以上の操作で，散布図のレイアウトが変更される（図 3.66 の左下図）．

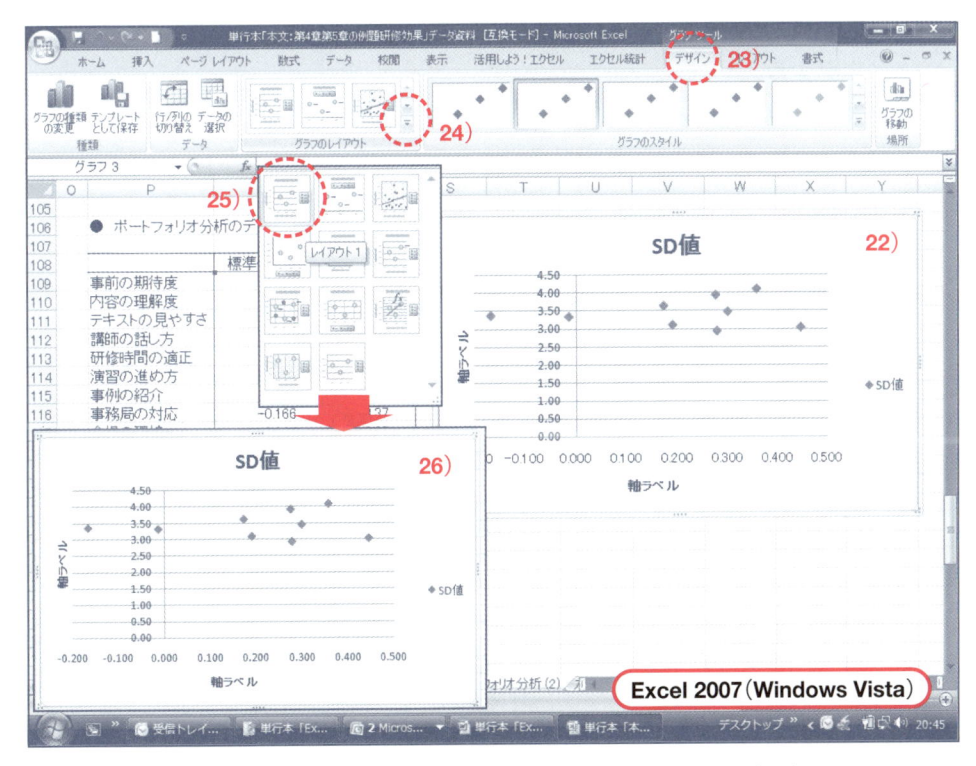

図 3.66　Excel 2007 による散布図の修正（レイアウトの変更）

手順 3-4　散布図の修正（表示の変更）
(「凡例」の削除)
27)「凡例」をクリックし，右クリックする．
28)「削除(D)」をクリックする．
(「タイトル」の削除)
29)「タイトル」をクリックし，右クリックする．
30)「削除(D)」をクリックする．
(「補助線」の削除)
31)「補助線」をクリックし，右クリックする．
32)「削除(D)」をクリックする．
(「軸ラベル」の名称変更)
33) 横軸の「軸レベル」を3回クリックし，名前を「標準偏回帰係数」と入力する．
34) 縦軸の「軸レベル」を3回クリックし，名前を「SD値」と入力する．

第 3 章　アンケートの解析

（「軸ラベル」の配置変更）

35) 縦軸の「軸ラベル」をクリックし，右クリックする．
36)「軸ラベルの書式設定(F)」をクリックし，「軸ラベルの書式設定」の「配置」を選択する．
37)「配置」，「テキストのレイアウト」の中の「文字列の方向(X)」を「縦書き」に変更する．
38)「閉じる」をクリックする．
39) 以上の操作で，散布図の表示が変更される（図 3.67 の左下図）．

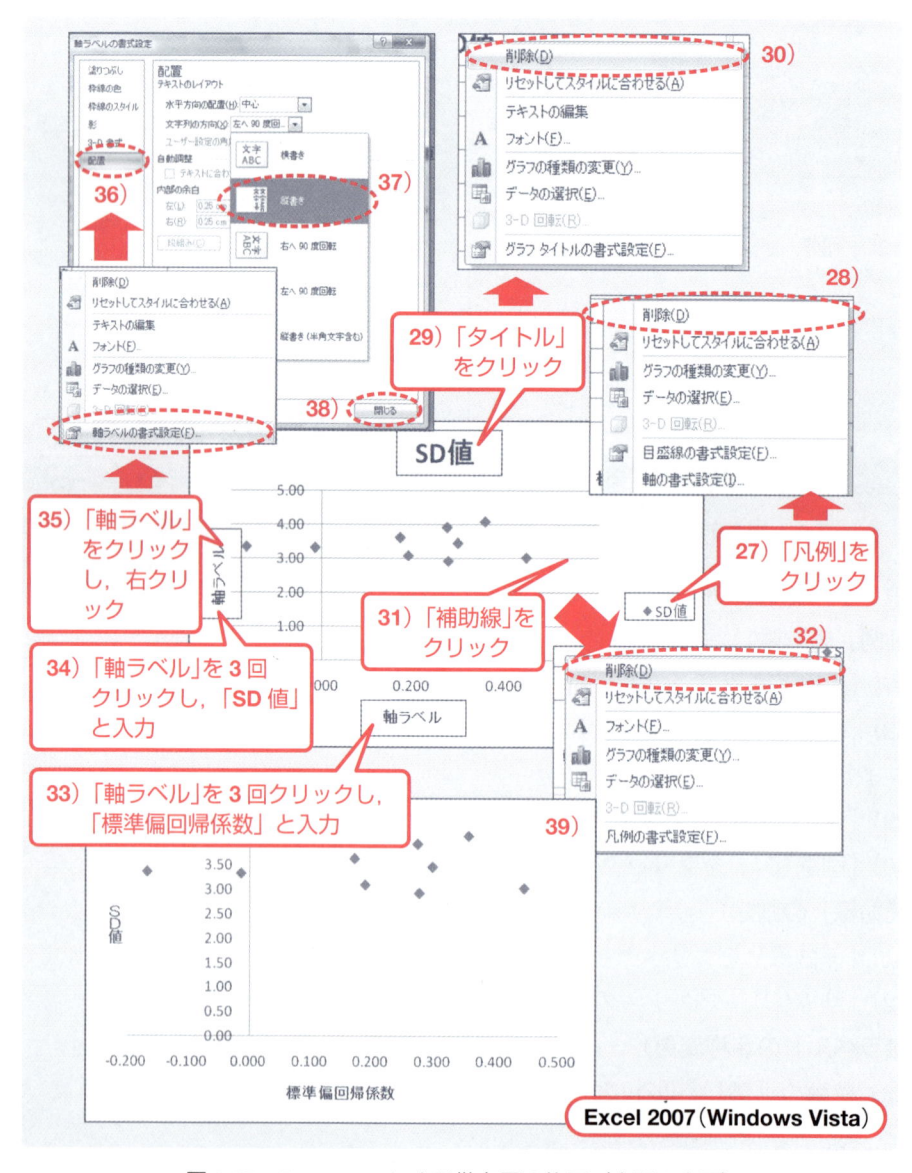

図 3.67　Excel 2007 による散布図の修正（表示の変更）

手順3-5　散布図の修正（目盛の変更）

ここでは，SD値の最大値と最小値が枠内に入るよう，2.50〜4.50に変更する．

40)「縦軸目盛」をクリックし，右クリックする．

41)「軸の書式設定(F)」をクリックする．

42)「軸の書式設定」画面の「軸オプション」の中の「最小値」，「最大値」，「目盛間隔」を固定にする．値を次のように入力する．

最小値	○自動(A)	◎固定(F)	2.5
最大値	○自動(U)	◎固定(I)	4.5
目盛間隔	○自動(T)	◎固定(X)	0.5

　　最大値：4.5　　最小値：2.5　　目盛間隔：0.5

43)「閉じる」をクリックする．

44) 以上の操作で，散布図の目盛が変更される（図3.68の右下図）

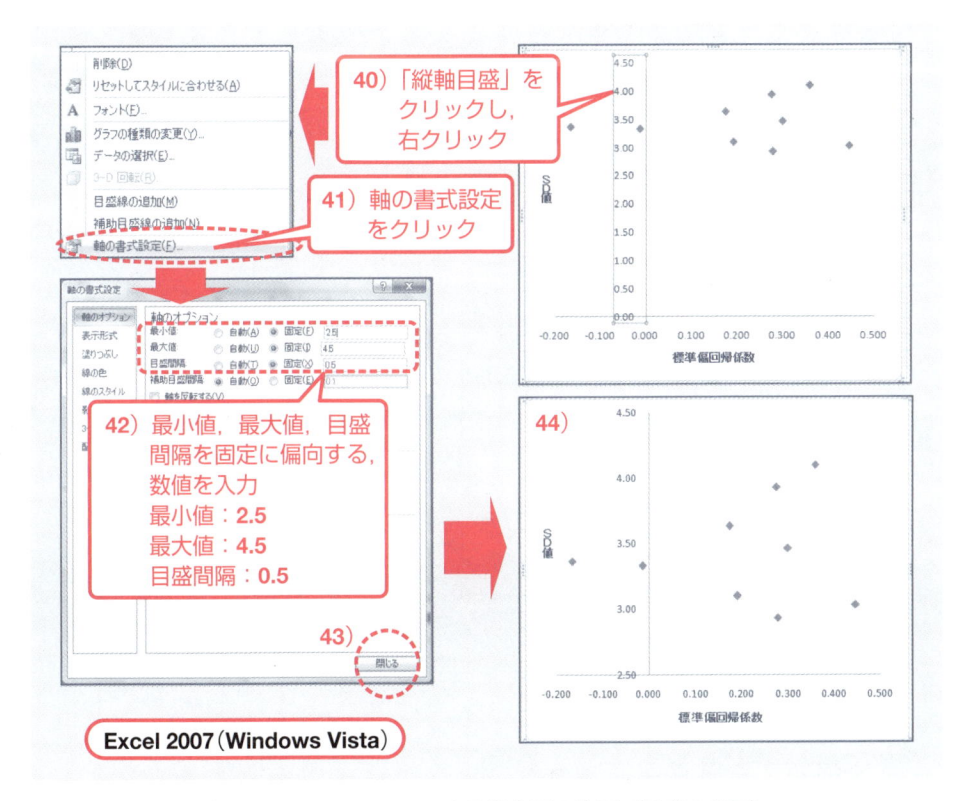

図3.68　Excel 2007による散布図の修正（目盛の変更）

手順3-6　ラベル名の表示

ポートフォリオ分析を行うには，散布図の各データの名称が表示される必要がある．Excelで直接表示できるラベルは，「数値（横軸の値か縦軸の値）」である．そのため，まず数値を表示し，この値から項目のラベルを入力するとよい．

(数値ラベルの表示)

45）グラフ上のポイントにマウスをあて，クリックし，右クリックする．

46）「データラベルの追加(B)」をクリックする．

(項目名の入力)

47）「ラベル」にマウスをあてて，3回クリックする．

48）表示されている数値から，散布図を書いたデータ表を確認しながら，「項目

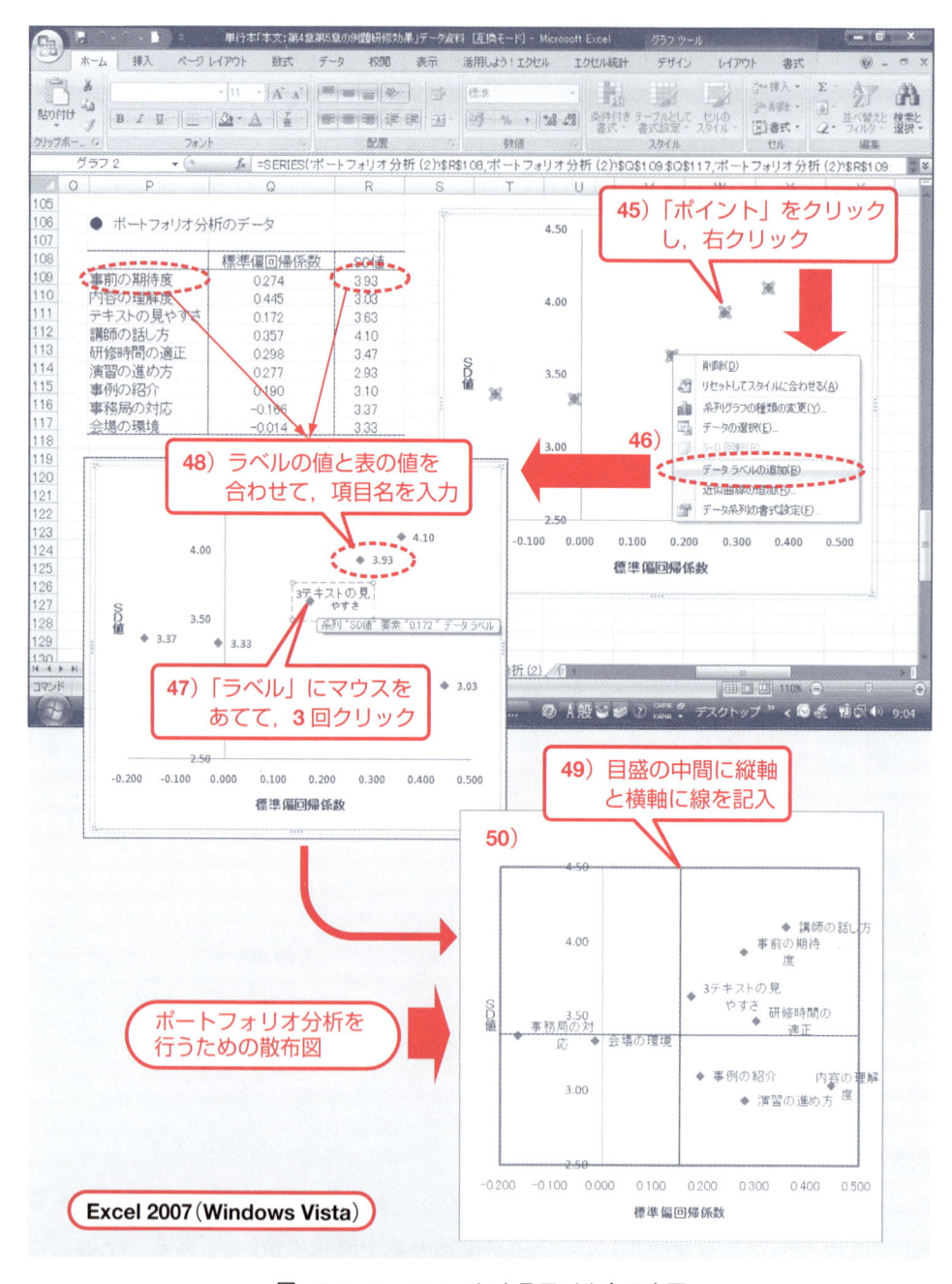

図3.69　Excel 2007によるラベル名の表示

名」を入力する．この作業をすべてのポイントで行う．

(中心線の記入)

49) 散布図の縦軸と横軸の中心あたりに，直線を引く．
50) 以上の操作でポートフォリオ分析を行う「散布図」(図 3.69 の右下に表示された「散布図」)が完成する．

(ポートフォリオ分析からわかること)

図 3.70 からポートフォリオ分析を行う．標準偏回帰係数の値が大きく，SD 値が低い，「内容の理解度」，「事例の紹介」，「演習の進め方」が重要改善項目となる．

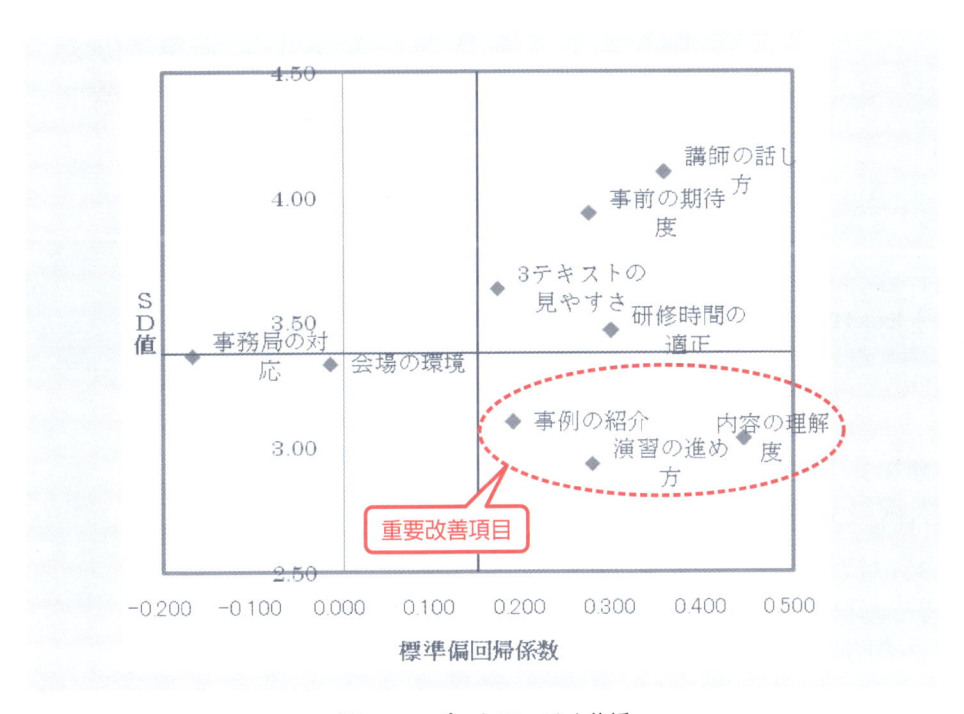

図 3.70　ポートフォリオ分析

---

(2) Excel 2000～2003（Windows XP, 2000）による散布図の作成

手順 3-2．散布図の作成

1) 散布図を書くデータを指定する．図 3.71 では，セル「Q123:R132」を指定する．
2) Excel ツールバーの「挿入(I)」をクリックする．
3) 「グラフ(H)」をクリックする．
4) 「グラフウィザード」画面の「散布図」をクリックする．
5) 「形式(T)」の中から，「上段の散布図」をクリックする．
6) 「完了(F)」をクリックする．
7) 以上の操作で，散布図の原形が表示される（図 3.71 の右下図）．

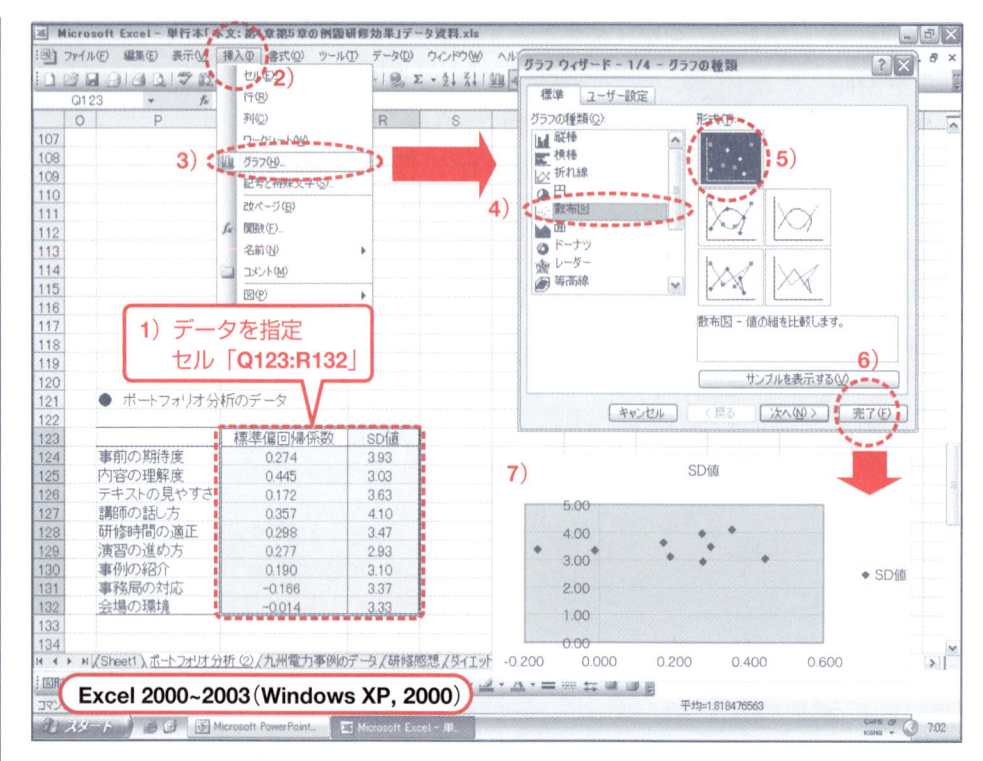

図 3.71　Excel 2000〜2003 による標準偏回帰係数と SD 値の散布図作成

手順 3-3．散布図の修正（表示の変更）

（「凡例」の削除）

 8)　「凡例」をクリックし，右クリックする．

 9)　「クリア(A)」をクリックする．

（「タイトル」の削除）

 10)「タイトル」をクリックし，右クリックする．

 11)「クリア(A)」をクリックする．

（「軸ラベル」の名称変更）

 12)「グラフ」をクリックし，右クリックする．

 13)「グラフのオプション(O)」をクリックする．

 14)「グラフオプション」画面の中の「タイトルとラベル」を選択し，横軸と縦軸のラベルを入力する．

   X/ 数値軸(A)　「標準偏回帰係数」

   Y/ 数値軸(V)　「SD 値」

 15)「OK」をクリックする．

 16)以上の操作で，散布図の表示が変更される（図 3.72 の右下図）．

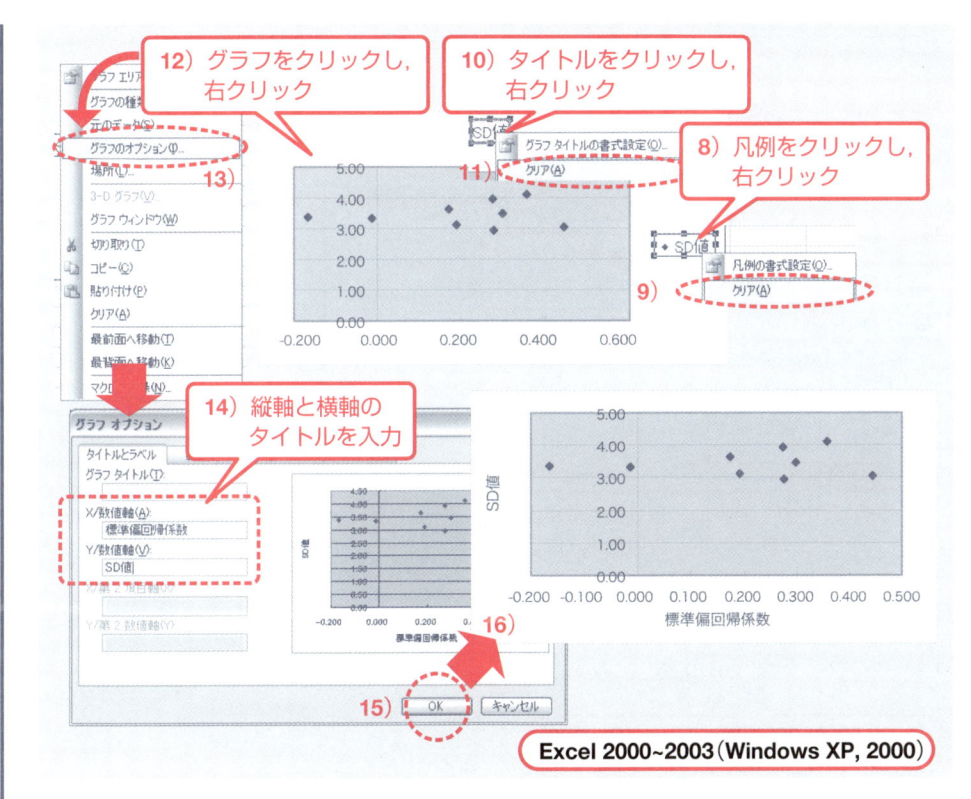

図3.72　Excel 2000〜2003による散布図の修正（表示の変更）

手順3-4．散布図の修正（表示と目盛の変更）

（「背景」の色変更）

17)「背景」をクリックし，右クリックする．

18)「プロットエリアの書式設定(O)」をクリックする．

19)「プロットエリアの書式設定」画面の「領域」内の「白色」を指定する．

20)「OK」をクリックする．

以上の操作で，散布図の背景が白色になる（図3.73の右下図）．

（「補助線」の削除）

21)「補助線」をクリックし，右クリックする．

22)「クリア(A)」をクリックする．

（目盛の変更）

次に，目盛を変更する．ここでは，SD値の最大値と最小値が枠内に入るよう，2.50〜4.50に変更する．

23)「縦軸」をクリックし，右クリックする．

24)「軸の書式設定(O)」をクリックする．

25)「軸の書式設定」画面の「目盛」を選択し，「自動」の中の「最小値」，「最大値」，「目盛間隔」のチェックマーク「✓」を外す．値を次のように入力する．

210　　第3章　アンケートの解析

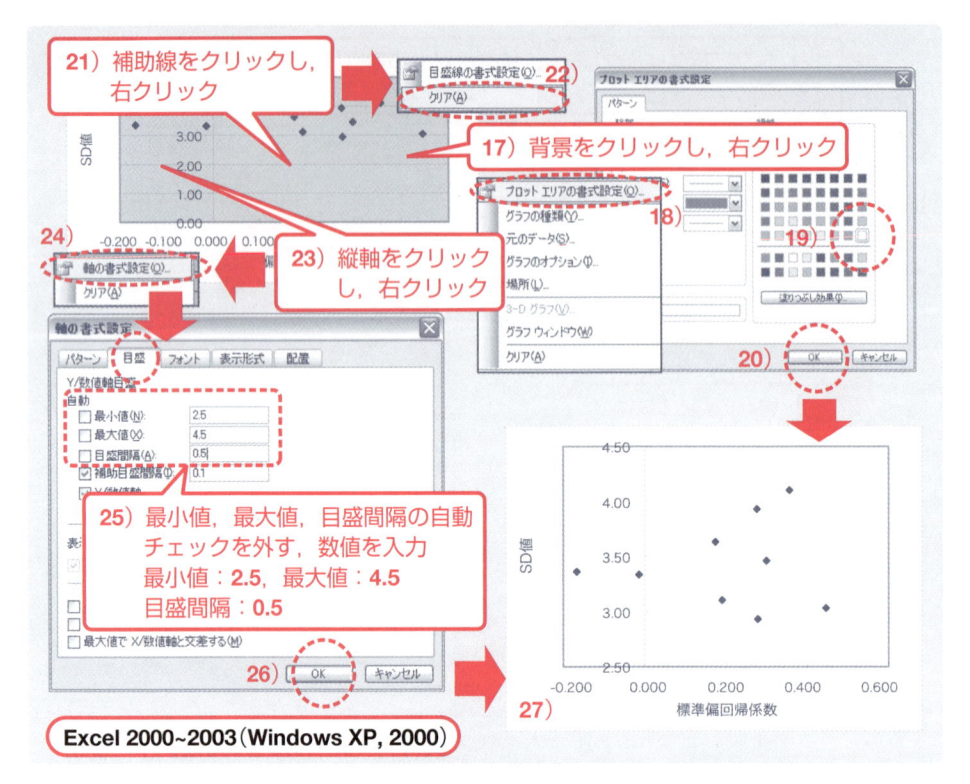

図 3.73　Excel 2000～2003 による散布図の修正（目盛の変更）

　　　□　最小値(N)　　　2.5
　　　□　最大値(X)　　　4.5
　　　□　目盛間隔(A)　　0.5

26)「OK」をクリックする．

27) 以上の操作で，散布図の表示と目盛が変更される（図 3.73 の右下図）．

手順 3-5．ラベル名の表示

ポートフォリオ分析を行うには，散布図の各データの名称が表示される必要がある．Excel では，直接表示できるラベルは，「数値（横軸の値か縦軸の値）」である．そのため，まず数値を表示し，この値から項目のラベルを入力するとよい．

（数値ラベルの表示）

28) グラフ上のポイントにマウスをあて，クリックし，右クリックする．

29)「データ系列の書式設定(O)」をクリックする．

30)「データ系列の書式設定」画面の「データラベル」をクリックする．

31)「ラベルの内容」の□「Y の値(V)」または「値を表示する(V)」にチェックマークを入れる．

32)「OK」をクリックする．

（項目名の入力）

33)「ラベル」にマウスをあてて，3 回クリックする．

3.7 ポートフォリオ分析により重点改善項目をみる 211

34）表示されている数値から，散布図を書いたデータ表を確認しながら，「項目名」を入力する．この作業をすべてのポイントで行う．

（中心線の記入）

35）散布図の縦軸と横軸の中心あたりに，直線を引く．
36）以上の操作でポートフォリオ分析を行う「散布図」（図 3.74 の右下図）が完成する．

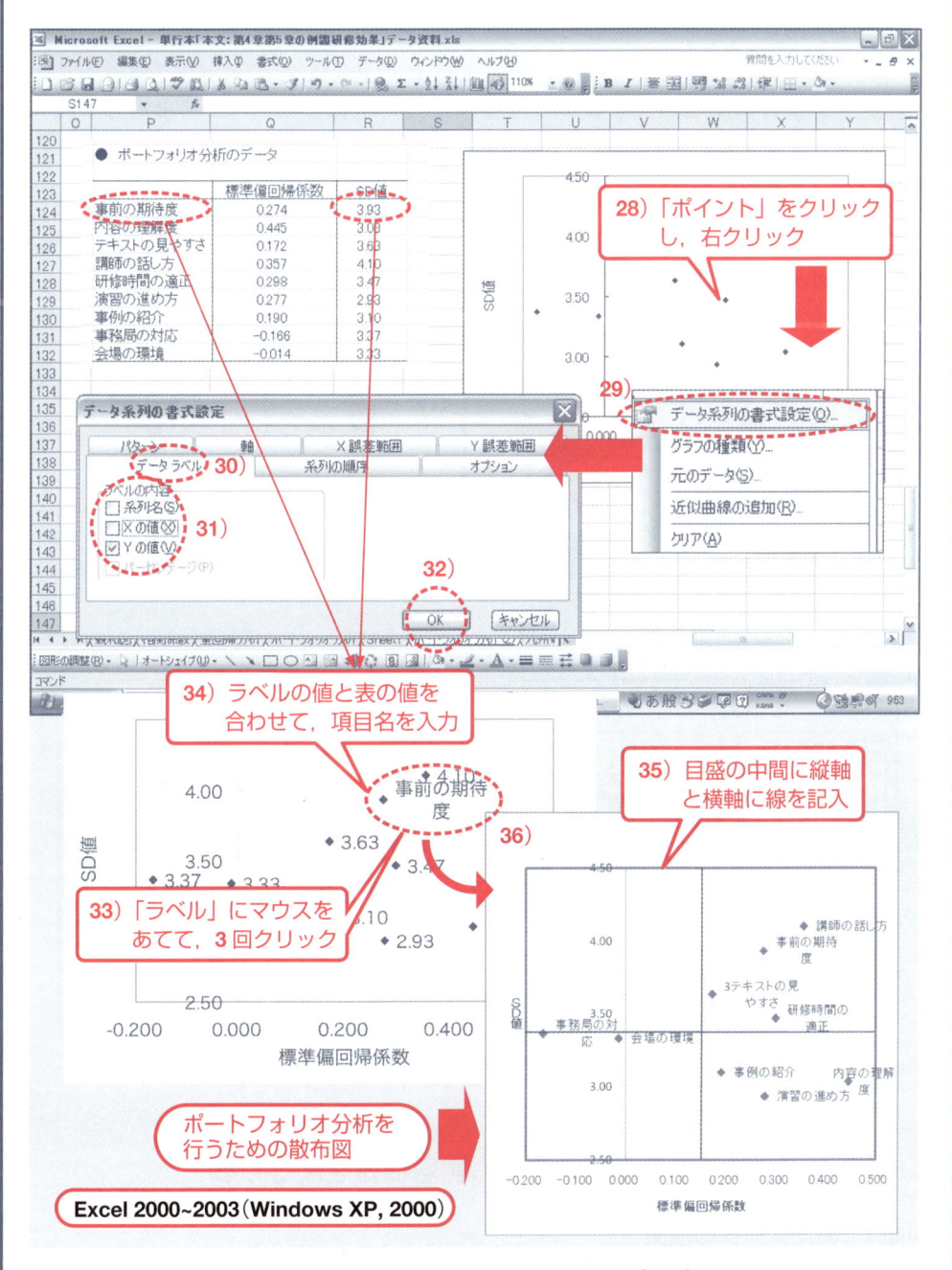

図 3.74　Excel 2000〜2003 によるラベル名の表示

3.8 親和図から回答者ニーズをみる

3.8.1 ● 親和図とは

親和図とは，混沌とした状況の中で得られた言語データを，データの親和性によって整理し，各言語データの語りかける内容から，発想によって問題の本質を理解する手法である．

アンケートの自由記述回答などから得られた言語情報を親和性でまとめることにより，回答者のニーズをつかむことができる．

図3.75は，「二度と行きたくない居酒屋」をポート課長，アンチーフ，スタッフのクロスとケイトの4人で出し合った意見をカードに書いて，まとめ上げた親和図である．

この親和図から，居酒屋で大事なことは「店員の質」と「食べ物」であることが，改めてわかった．

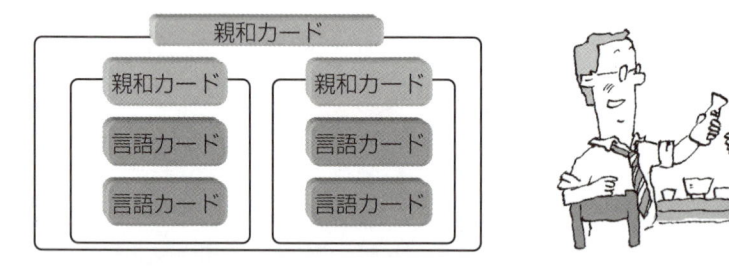

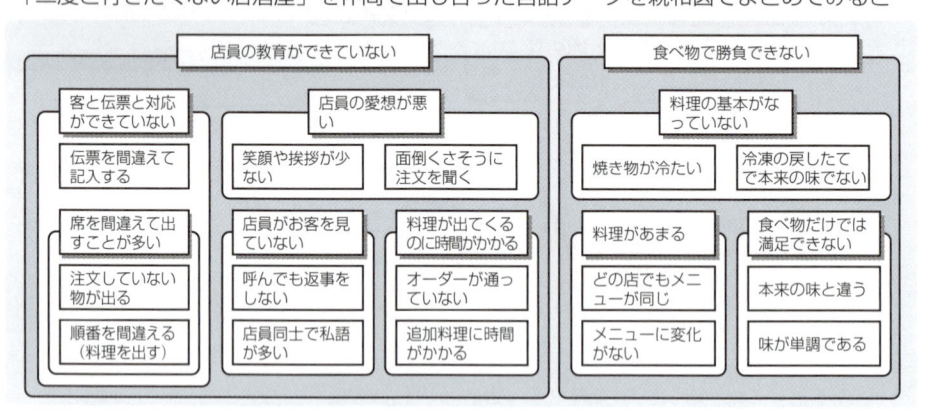

図 3.75 親和図とは

3.8.2 ● Excel により親和図を作成し言語情報をまとめる

手順1．言語データの収集

スタッフのクロスが，まとめている研修のアンケートの自由記述質問に書かれた受講

3.8 親和図から回答者ニーズをみる

者の意見や要望をまとめることにした．まず，自由記述質問に書かれていた言葉を書き出してみたのが，図 3.76 である．

```
・各ステップごとの時間が短かった
・とてもわかりやすい内容があった
・問題解決や課題達成の違いがよく理解できた
・QC サークルリーダーとしてよいアドバイスが聞けた
・有意義な研修で勉強になった
・QC サークルリーダーとしての自覚ができた
・他の人がどう考えているか知る機会になった
・気がつかなかったことに気づいたことがよかった
・もう少し演習があってもよかった
・Excel の活用方法は大変役立った
・QC 活動を進める上でのたくさんのヒントが得られた
・時間の経つのが早く感じられる有意義な研修であった
・QC 手法の書き方がわかり活用できるようになった
・ゆっくり議論するための演習時間がなかった
・いろいろな部門の人たちと知り合えたのがよかった
```

図 3.76 研修に対する意見と要望

手順 2. 言語データのカード化

図 3.76 で箇条書きされた意見を Excel の図形を使って，言語カードを作成し，そのカードの中に言語データを書き込んだ．

言語データは抽象化せずに具体的に書き，意味がよくわかるように「主語」と「述語」の短文で表現する．

［Excel 2007（Windows Vista）の場合］
1) Excel タブの「挿入」をクリックする．
2) 「図形」をクリックする．
3) 「基本図形」の中の「角丸四角」を指定する．
4) Excel シート上に「角丸四角」を作成し，作成した図形に「テキスト編集(X)」を使って言語データを入力する．

図 3.77 に示すように，すべての意見や要望の言語カードを作成する．2 枚目以降の言語カードは，1 枚目の言語カードをコピーして作成すると効率的に作成できる．

┌─［Excel 2000～2003（Windows XP, 2000）の場合］─────────
│ 1) 「オートシェイプ(U)」をクリックする．
│ 2) 「基本図形(B)」をクリックする．
│ 3) 「角丸四角」を指定する．
│ 4) Excel シート上に「角丸四角」を作成し，作成した図形に「テキスト編集(X)」を使って言語データを入力する．

図 3.78 に示すように，すべての意見や要望の言語カードを作成する．2 枚目以降の言語カードは，1 枚目の言語カードをコピーして作成すると効率的に作成できる．

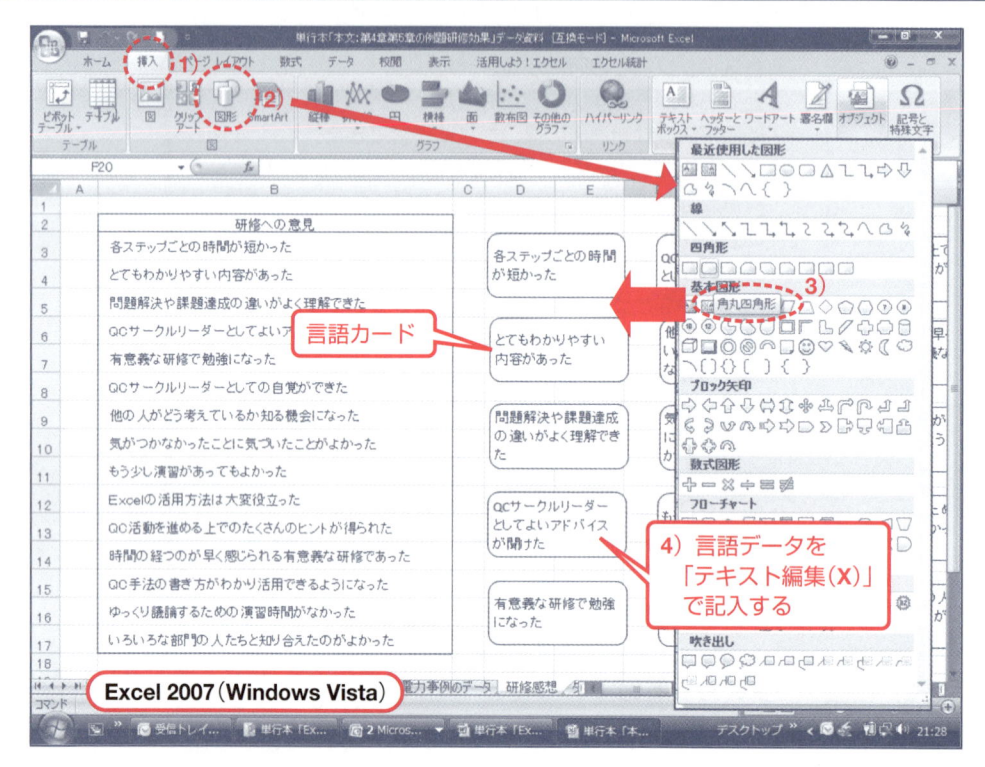

図 3.77　Excel 2007 による言語データのカード化

> **参考　言語データの表し方**
>
> ① 短文で具体的に表現する
>
> 　言語データは，「主語＋述語」の**短文**で表現する．「説明不十分」ではどういう状態なのか不明確である．言語データは，長くなっても具体的に表現する．この言語データは，「演習の具体的な進め方の説明がなかった」と短文で具体的に表現する．
>
> ② 同時に 2 つ以上のことを述べない
>
> 　「基準変更のため書類作成業務量が多く，新システム導入のための教育時間を取ることができない」というのは「基準変更のため書類作成業務量が多い」というデータと「新システム導入のための教育時間が取れない」という 2 つの言語データに分ける．
>
> ③ データの履歴をはっきりさせる
>
> 　言語データの意味が不明であったり，もう少し詳細な情報が知りたい場合は，追跡できるよう言語データの履歴（「いつ」，「どこで」収集されたデータ）を残しておくとよい．

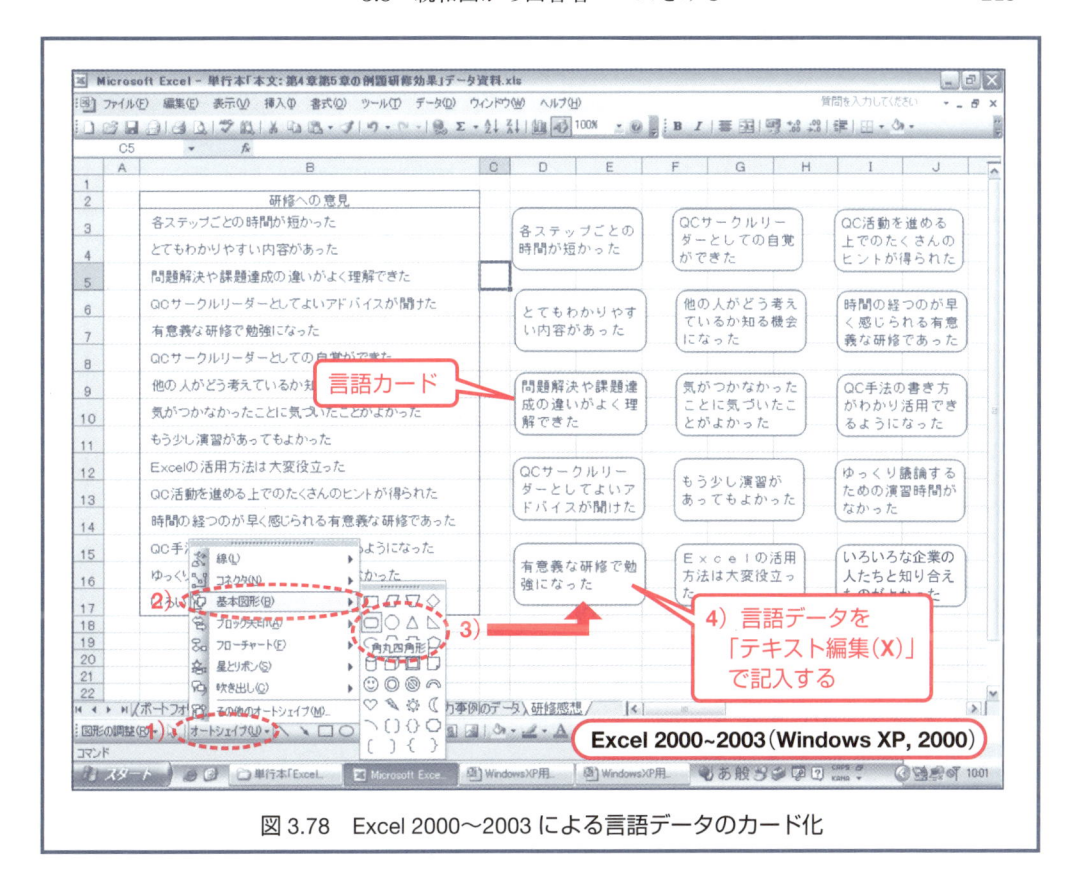

図 3.78　Excel 2000〜2003 による言語データのカード化

手順 3．言語カード寄せ

作成された言語カードは，全体がわかるように Excel 画面上で広げる．

広げた言語カードを読みながら，「似ている」と親近感を感じさせる言語カードを寄せる．このとき，言語カードは親和性で寄せるのであって，単純な分類で寄せたり，理屈で寄せないように注意する．感覚的に「似ている」と感じた言語カードを 2, 3 枚ずつ寄せていく．

作業は，Excel の画面上でマウスでカードを動かしながら行う（図 3.79）．

参考　言語カード寄せ

① 「似ている」と感じたものを寄せる．理屈は"ヌキ"
② 2 枚ずつ寄せる．寄せる言語カードは，多くても 3 枚までとする．4 枚以上寄せると，次の手順 4 で作成する親和カードが作りにくくなる．
③ どこにも寄らない 1 枚で残る言語カードもある．図 3.79 では，「各ステップごとの時間が短かった」という言語カードが，どこにも寄らず単独に配置されたままになっている．

第3章　アンケートの解析

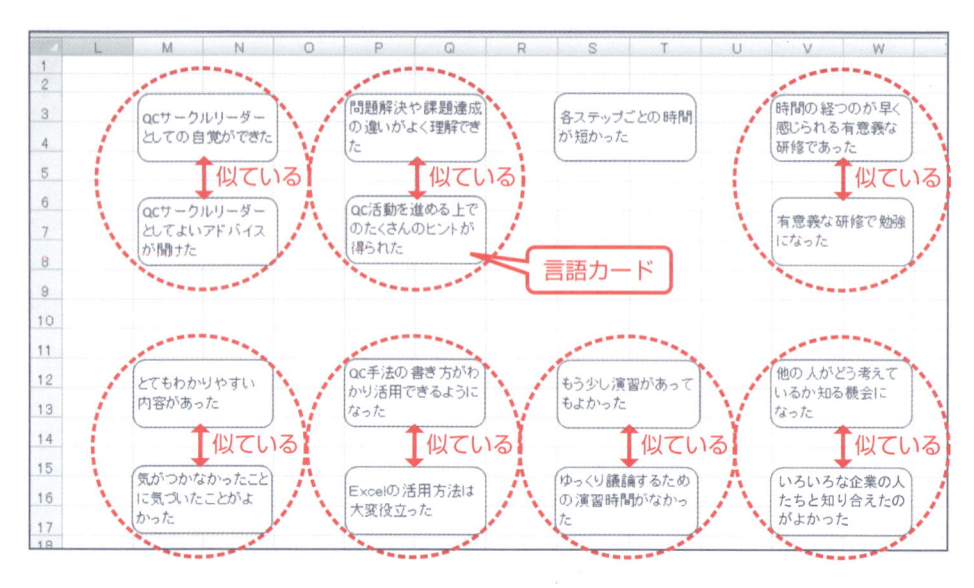

図 3.79　カード寄せ

手順 4．親和カード作り

寄せた言語カードに表現されている言語データを，1枚のカードにまとめて書く．このカードを親和カードという．

親和カードは，単に2つの言語カードの足し算をしたり分類項目を書くのではなく，寄せた言語カードの意味を十分考えて文章で書く．

親和カードは，手順1で説明したExcelの図形から作成する．親和カードは，元の言語カードと区別できるよう，図形の形を少し変えるとよい．

図 3.80 では，「問題解決や課題達成の違いがよく理解できた」という言語カードと

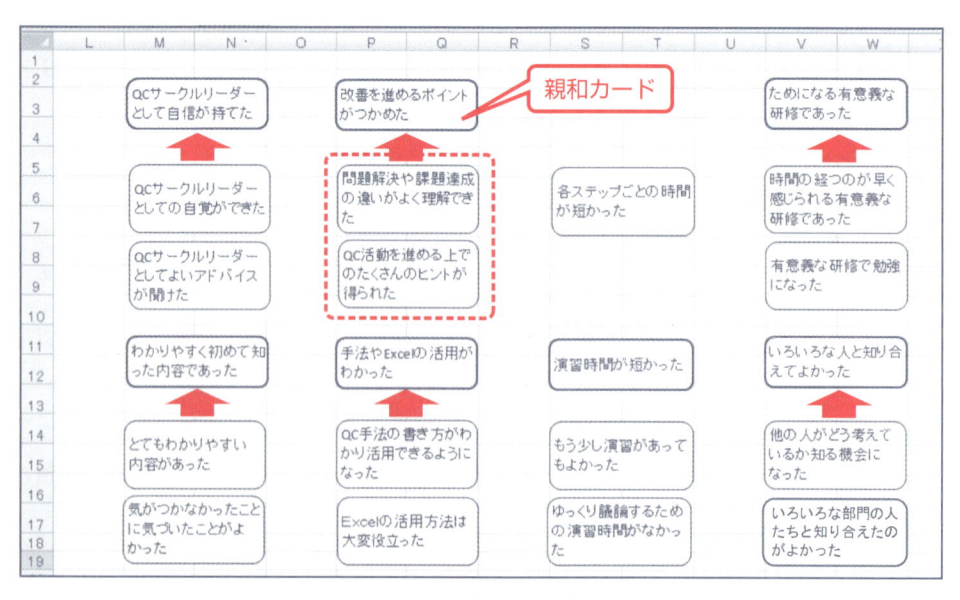

図 3.80　親和カード作り

「QC活動を進める上でのたくさんのヒントが得られた」という言語カードを合わせて，「改善を進めるポイントがつかめた」という親和カードを作成している．

手順5．カード寄せと親和カード作りを繰り返す

寄せた言語カードに親和カードをつけて，見かけ上は1枚のカードとして，元のカード群に戻す．これを繰り返しながら，全体の束が3〜5程度になるまでまとめる．

Excelの画面上では，寄せた「言語カード」を重ね，その上に「親和カード」を置くようにする．この方法を繰り返し，3〜5の束になるまでカード寄せと親和カード作りを行う．

図3.81では，「わかりやすく初めて知った内容であった」という親和カードと，「手法やExcelの活用がわかった」という親和カードの2つを合わせて，「QC関係のスキルが身に付いた」の親和カードを作成している．

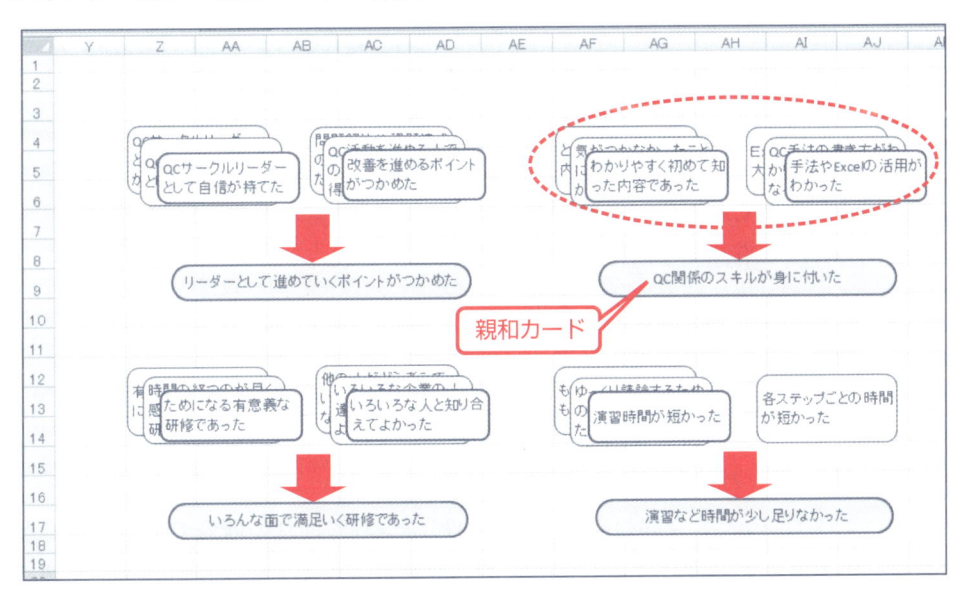

図3.81　カード寄せと親和カード作りの繰り返し

手順6．親和図の作図と情報のまとめ

でき上がった親和図から，テーマに取り上げた事項を読み取り，箇条書きで整理する．すなわち，親和カードに着目して，個々のキーワードと全体を代表したキーワードをつかむ．

図3.82から情報をまとめると，次のようになる．

① リーダーとして進めていくポイントがつかめた
  ・QCサークルリーダーとしての自信が持てた
  ・改善を進めるポイントがつかめた
② QC関係のスキルが身に付いた
  ・わかりやすく初めて知った内容であった
  ・手法やExcelの活用がわかった

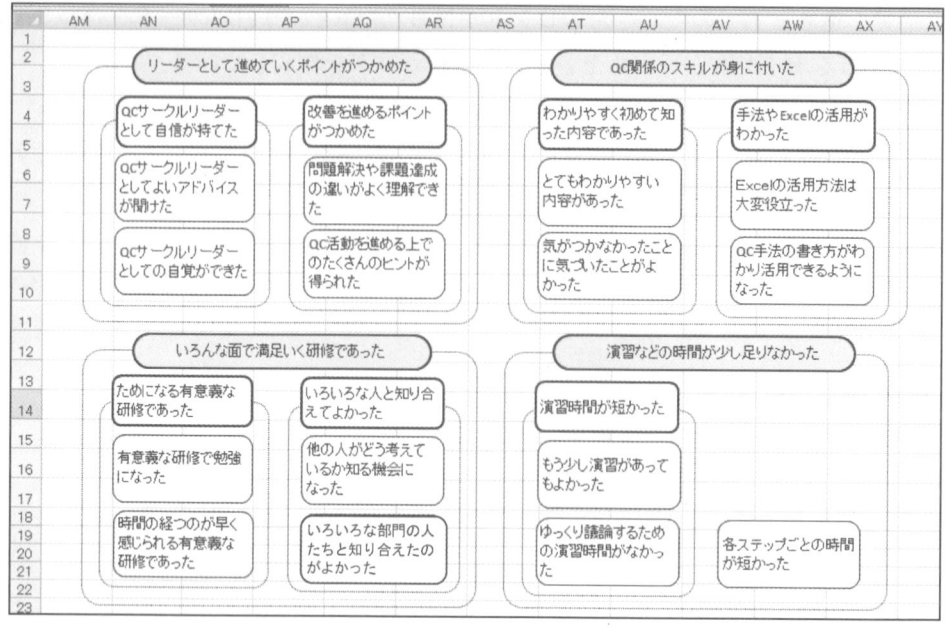

図3.82 親和図の作図

③ いろんな面で満足のいく研修であった
  ・ためになる有意義な研修であった
  ・いろいろな人と知り合えてよかった
④ 演習などの時間が少し足りなかった
  ・演習時間が短かった
  ・各ステップの時間が短かった

　スタッフのクロスが,「今回の研修では,内容については良い研修であったものと思われるが,演習などの時間は工夫してもう少し取れるよう考えてみます」と業務連絡会でポート課長以下スタッフに説明をして,次回以降の研修方法についてディスカッションを進めた.

【付録】アンケート実施結果をＡ３判シートにまとめる

図3.83に示す「アンケート実施結果集約シート」に，アンケートの設計から解析までをまとめて記載すると，関係者にコンセンサスを得られやすくなる．なお，このアンケート実施結果集約シートは，Excelで作成しておくと便利である．

第3章で解析した「改善アプローチスキルアップ研修」のアンケート設計から解析までをまとめてみたのが，図3.84である．

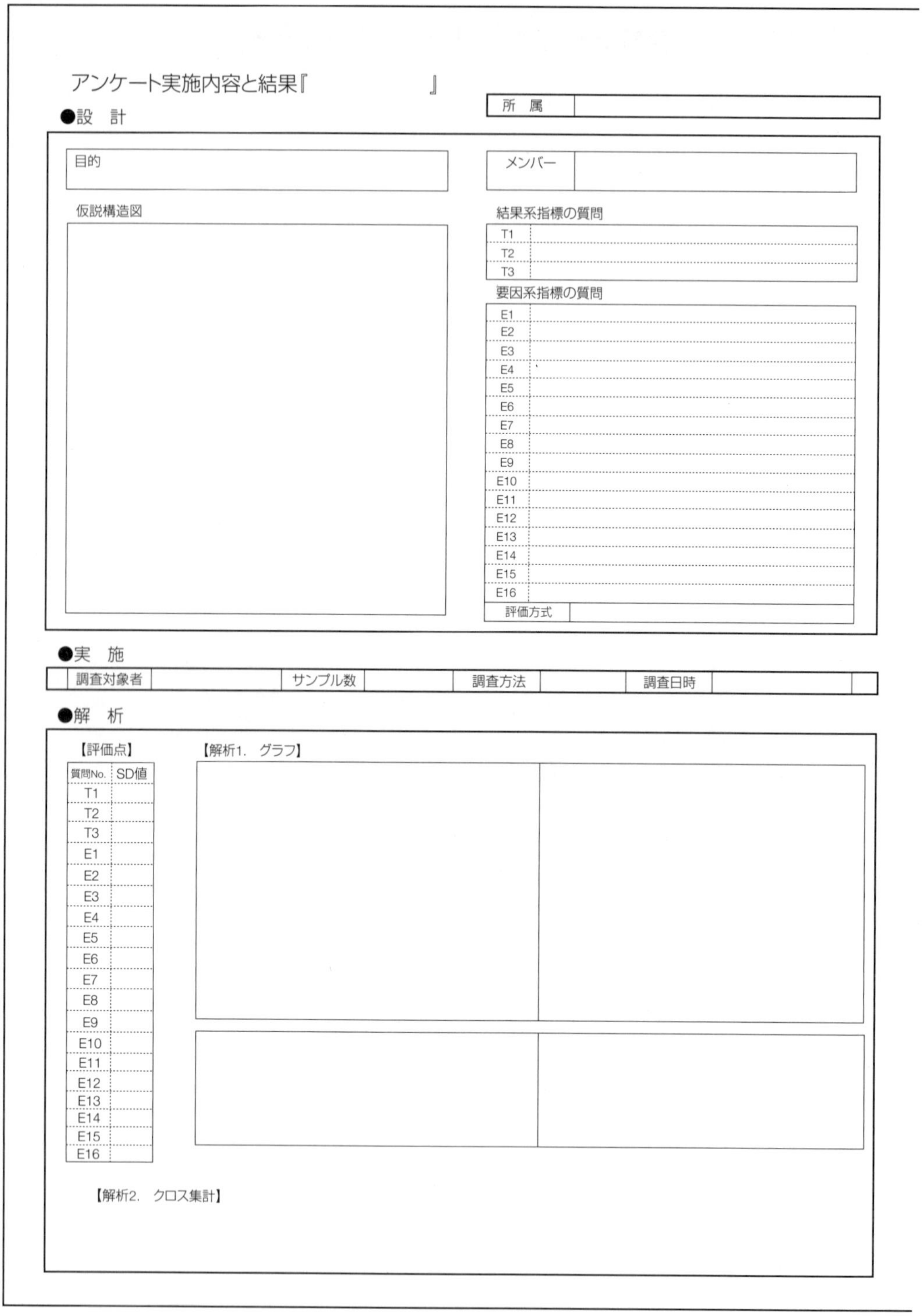

アンケート実施内容と結果『　　　』　　　所属

●設　計

目的

メンバー

仮説構造図

結果系指標の質問
T1	
T2	
T3	

要因系指標の質問
E1	
E2	
E3	
E4	
E5	
E6	
E7	
E8	
E9	
E10	
E11	
E12	
E13	
E14	
E15	
E16	
評価方式	

●実　施

調査対象者	サンプル数	調査方法	調査日時

●解　析

【評価点】

質問No.	SD値
T1	
T2	
T3	
E1	
E2	
E3	
E4	
E5	
E6	
E7	
E8	
E9	
E10	
E11	
E12	
E13	
E14	
E15	
E16	

【解析1．グラフ】

【解析2．クロス集計】

図 3.83　アンケート実施結果

付録　アンケート実施結果をＡ３判シートにまとめる

●相関分析・重回帰分析

作成年月日

【解析3. 相関分析】　　　　　　　　　　　　　　　　　　　　　　　　　　【解析4. 重回帰分析】

	T1	T2	T3	E1	E2	E3	E4	E5	E6	E7	E8	E9	E10	偏回帰係数	t値	F値
T1																
T2																
T3																
E1																
E2																
E3																
E4																
E5																
E6																
E7																
E8																
E9																
E10																

【解析4. 重回帰分析】

自由度調整済寄与		（判定）		有意F分散分析		（判定）	

（コメント）

●ポートフォリオ分析

データ表　　　　散布図

質問No.	標準偏回帰係数	SD値
E1		
E2		
E3		
E4		
E5		
E6		
E7		
E8		
E9		
E10		

（コメント）

●言語情報のまとめ

●考　察

集約シート

『改善アプローチスキルアップ研修』のアンケート結果

所属：株式会社ケイ・クリエイツ　企画課

● 設　計

目的　実施した研修「改善アプローチスキルアップ研修」受講後の評価

メンバー　ポート課長，アンチーフ，スタッフのクロス，スタッフのケイト

仮説構造図

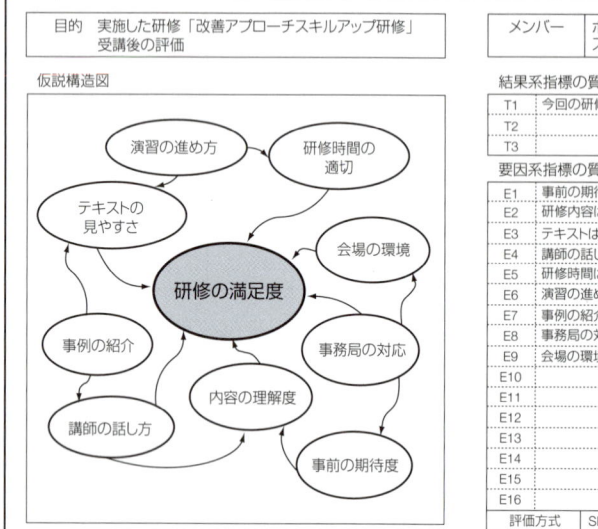

（中心に「研修の満足度」。周囲に「演習の進め方」「研修時間の適切」「テキストの見やすさ」「会場の環境」「事例の紹介」「事務局の対応」「講師の話し方」「内容の理解度」「事前の期待度」が配置される関係図）

結果系指標の質問

T1	今回の研修は満足だったか（研修の満足度）
T2	
T3	

要因系指標の質問

E1	事前の期待度はどうだったか（事前の期待度）
E2	研修内容は理解できたか（内容の理解度）
E3	テキストは見やすかったか（テキストの見やすさ）
E4	講師の話し方は聞きやすかったか（講師の話し方）
E5	研修時間は適切だったか（研修時間の適切）
E6	演習の進め方は適切だったか（演習の進め方）
E7	事例の紹介はわかりやすかったか（事例の紹介）
E8	事務局の対応は良かったか（事務局の対応）
E9	会場の環境はどうだったか（会場の環境）
E10	
E11	
E12	
E13	
E14	
E15	
E16	

評価方式　SD法「5, 4, 3, 2, 1」の5択

● 実　施

| 調査対象者 | 研修受講者 | サンプル数 | 30名 | 調査方法 | 受講後記入 | 調査日時 | ○○年○月○日 |

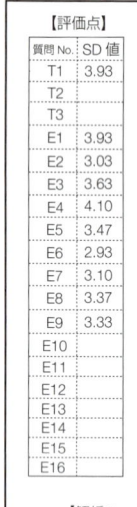

● 解　析

【評価点】

質問No.	SD値
T1	3.93
T2	
T3	
E1	3.93
E2	3.03
E3	3.63
E4	4.10
E5	3.47
E6	2.93
E7	3.10
E8	3.37
E9	3.33
E10	
E11	
E12	
E13	
E14	
E15	
E16	

【解析1. グラフ】

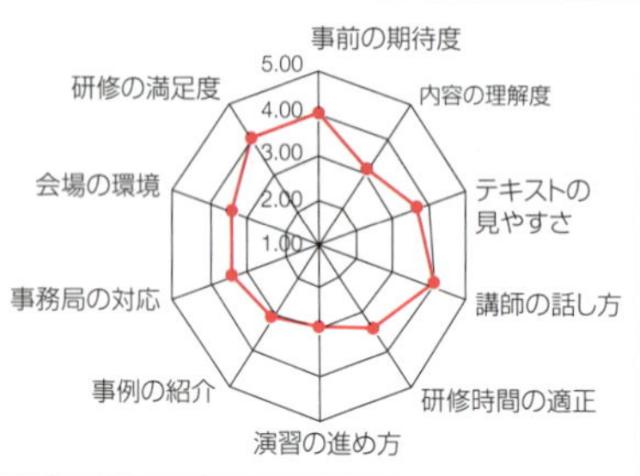

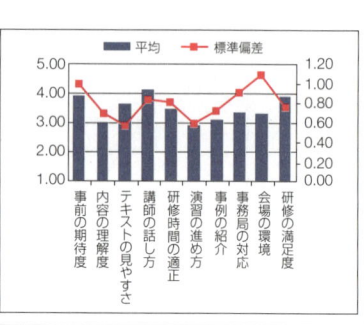

（レーダーチャートおよび棒グラフ＋折れ線グラフ：平均と標準偏差）

①「内容の理解度」，「演習の進め方」，「事例の紹介」などの評価レベルが低い．
②「講師の話し方」，「テキストの見やすさ」などの評価レベルが高い．
③「研修の満足度」や「事前の期待度」の評価レベルが高い．

①「事前の期待度」，「研修の満足度」は，ともに平均値が4.00近くあるが，標準偏差が少し大きいようである．
②「内容の理解度」，「演習の進め方」は，平均値が3.00近くで低い評価であり，標準偏差も小さい．

【解析2. クロス集計】

データ	研修の満足度				
性別	評価2	評価3	評価4	評価5	総計
女性		5	6	3	14
男性	1	2	9	4	16
総計	1	7	15	7	30

データ	内容の理解度			
性別	評価2	評価3	評価4	総計
女性	4	8	2	14
男性	2	9	5	16
総計	6	17	7	30

図3.84　「アンケート実施結果集約シート」

付録　アンケート実施結果をA3判シートにまとめ

●相関分析・重回帰分析

作成年月日

【解析3．相関分析】　　　　　　　　　　　　　　　　　　　　　　　　　　　　【解析4．重回帰分析】

	T1	T2	T3	E1	E2	E3	E4	E5	E6	E7	E8	E9	E10	偏回帰係数	t値	F値
T1	1													目的変数		
T2																
T3																
E1	0.26			1										0.21949	2.37	5.61
E2	0.79			0.16	1									0.52235	2.84	8.05
E3	0.38			−0.12	0.25	1								0.27614	1.64	2.69
E4	0.57			−0.19	0.65	0.21	1							0.39319	2.37	5.64
E5	0.11			0.22	−0.10	−0.08	−0.28	1						0.30128	2.45	6.00
E6	0.22			−0.19	0.18	0.27	0.02	−0.31	1					0.37241	2.27	5.16
E7	0.20			0.01	0.21	0.11	0.25	−0.34	−0.07	1				0.20945	1.58	2.51
E8	0.04			0.07	0.15	0.08	0.15	−0.34	0.24	0.46	1			−0.1406	−1.37	1.89
E9	0.35			−0.01	0.46	0.04	0.40	0.14	−0.07	0.09	0.15	1		−0.0101	−0.12	0.01
E10																

【解析4．重回帰分析】

| 自由度調整済寄与 | 0.728075 | （判定）9つの要因系指標で72.8%説明できる | 有意F分散分析 | 1.53E-05 | （判定）有意F<0.05で回帰が有意である |

（コメント）
1) 相関分析から，「研修満足度」と相関のある項目は，「事前の期待度」，「内容の理解度」，「テキストの見やすさ」，「講師の話し方」，「会場の環境」が挙げられる．
2) 重回帰分析から，今回のアンケートの設計が妥当なものであることを確認した．

●ポートフォリオ分析

データ表

質問No.	標準偏回帰係数	SD値
E1	0.27	3.93
E2	0.45	3.03
E3	0.17	3.63
E4	0.36	4.10
E5	0.30	3.47
E6	0.28	2.93
E7	0.19	3.10
E8	−0.17	3.37
E9	−0.01	3.33
E10		

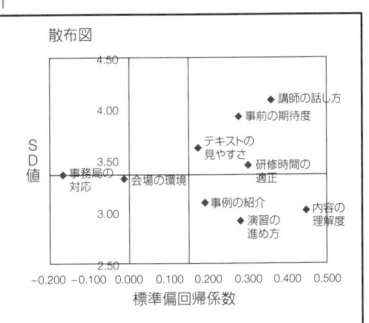

散布図（SD値 vs 標準偏回帰係数：講師の話し方，事前の期待度，テキストの見やすさ，研修時間の適正，事務局の対応，会場の環境，事例の紹介，演習の進め方，内容の理解度）

（コメント）
ポートフォリオ分析の結果，標準偏回帰係数の値が大きく，SD値が低い「内容の理解度」，「事例の紹介」，「演習の進め方」が重要改善項目となる．

●言語情報のまとめ

自由記述回答の言語データを親和図でまとめた結果，次のことがわかった．
①リーダーとして進めていくポイントがつかめた
・QCサークルリーダーとしての自信が持てた
・改善を進めるポイントがつかめた
②QC関係のスキルが身に付いた
・わかりやすく初めて知った内容であった
・手法やExcelの活用がわかった
③いろんな面で満足のいく研修であった
・ためになる有意義な研修であった
・いろいろな人と知り合えてよかった
④演習などの時間が少し足りなかった
・演習時間が短かった
・各ステップの時間が短かった

●考　察

以上のことから，今回実施した研修は，受講者の事前期待が高く，受講後の満足度が高いことから，良い研修になったものと思われる．講師の進め方，テキストの見やすさは評価が高いことから，スタッフのクロスは，次回も同じテキストで進めることとした．しかし，演習の進め方は，受講者のコメントなどから少しやり方を変えることも検討することにした．

の記入例

コーヒーたいむ 5

結果をまとめる，そのココロは

アンケートで得られたデータの数々．
それらをまとめるために，
昔はそろばん，次に電卓，今はパソコン．
数字をひとつずつ計算し，マス目を測って表やグラフを書いたのはいつのこと……
今はマウスをクリックするだけで，パソコンが全部やってくれる．
自動的に体裁よく作成され，色分けされて，目盛りがついて，
凡例まで表示される．
あとは，スペースに入るよう大きさを変えて，コピーペーストするだけ．
めでたしめでたし．

ちょっと待って．
いくら便利になっても，
　・どの数字を使うのか
　・どんな手法（関数）が適当なのか
　・表示方法は何がいいのか
　・それでなにをみつけるのか
を，機械は教えてくれない．

目的は，きれいな図表を作成することではなく，
そこでわかったことから，何を導き出すか，どう判断するか，いかに活かすか．

最初の目的を忘れてはいけない．

お わ り に

　一見簡単なようにみえるアンケートであるが，目的を明確にして，仮説を立てることから始めると，効果的に評価を測定することができる．

　また，アンケートの結果をみる場合，集計と解析がある．集計することにより結果が見やすくなり，解析を行うことにより新たな情報が得られる．そのためには，解析に見合った調査表の作成が必要になってくる．

　これらのアンケート結果は，100％信用できる結果ではないものの，おおむね評価を言い表しているものである．つまりアンケートの結果は，「当たらずとも遠からじ」と考えれば，有効な評価ツールとして活用できる．『たかがアンケート！　されどアンケート！』である．

　要は，アンケートを行う場合，仮説を立てることと，Excelを使っていろいろな解析を効率的に行うことによって，いろいろな情報が得られるものである．まずやってみる．これにつきるかもしれない．

　まずは，本書の例示を参考に試してみてください．その上でご意見など頂けることを願っております．

著者　今里健一郎

参 考 文 献

1) 今里健一郎著「改善力を高めるツールブック」2004.11,日本規格協会
2) 今里健一郎・森田浩共著「Excelでここまでできる統計解析」2007.9,日本規格協会
3) 関西電力株式会社　東海支社広報誌　Tokai 4 号,2001, No.83, Tokai 5・6 号,2001, No.84
4) 九州電力株式会社　経営管理室　「改善アプローチシート」,2007.8
5) 株式会社 NTT ドコモ 関西支社　「改善指導会結果報告書」,2005.12
6) 財団法人関西電気保安協会「電気と保安 2007 3・4 月号」,2007, No.418
7) 追手門学院大学「特色ある教育」報告レポート,2005.3
8) 株式会社平文社　アンケート用紙

索　引

アルファベット

Excel 関数 …………………………… 130, 131
SD 値 ………………………………… 28, 128
SD 法 …………………………… 25, 84, 103

あ　行

アンケートの調査方法 …………………… 122
アンケート用紙 …………………………… 24, 98
帯グラフ ……………………… 19, 126, 134
折れ線グラフ ……………………………… 19, 134

か　行

回帰係数 ……………………………………… 44
回帰の分散分析 ……………………………… 42
回帰は有意 ………………………………… 186
解析 …………………………………………… 19
仮説 ………………………… 15, 17, 22, 84, 86
　── 構造図 ………………………… 24, 84, 87
寄与率 ………………………… 40, 126, 180, 186
区間推定 …………………………………… 157
グラフ ………………………………… 19, 126
　── 化 ………………………………………… 19
クロス集計 ………………… 19, 34, 126, 161
系統抽出法 …………………………… 84, 120, 121
結果系指標 ……………………… 18, 22, 84, 86
言語カード ……………………………… 213
言語データ ……………………………… 212, 213

さ　行

残差 ……………………………… 42, 126, 190
散布図 ……………………………… 20, 46, 171
サンプル数 ………………………………… 18, 120
実測値 ……………………………………… 190
重回帰式 …………………………………… 179
重回帰分析 ………………… 19, 20, 126, 179
重回帰モデル ……………………………… 179
自由回答方法 ……………………………… 101
自由記述 …………………………………… 84
　── 質問 …………………………………… 24

重相関係数 …………………………… 180, 186
重点改善項目 …………………………… 46, 193
自由度 ……………………………………… 176
　── 調整済寄与率 ………………… 41, 180, 186
順位回答方法 ……………………………… 100
信頼下限 …………………………………… 158
信頼区間 …………………………………… 157
信頼限界 …………………………………… 157
信頼上限 …………………………………… 158
信頼率 ……………………………………… 157
親和カード ………………………………… 216
親和図 ………………………… 20, 127, 212, 217
数値回答方法 ……………………………… 101
図化 ………………………………………… 19
設計 ………………………………………… 17, 18
説明変数 ……………………………… 39, 179
　── を選択 ………………………………… 187
全数調査法 ………………………………… 120
選択質問 …………………………………… 24
相関がありそうである …………………… 171
相関がある ………………………………… 171
相関がない ………………………………… 171
相関がなさそう …………………………… 171
相関係数 ……………………… 20, 36, 126, 171
　── 行列 ……………………………… 36, 172
相関分析 …………………………………… 19, 171
層別 ………………………………………… 161
　── 項目 …………………………………… 107
　── 質問 ……………………………… 24, 25
　── 抽出法 …………………………… 84, 120, 121

た　行

多重共線性 ………………………………… 191
多数選択の回答方法 ……………………… 100
多段抽出法 …………………………… 84, 120, 121
単一回答方法 ……………………………… 100
単純ランダム・サンプリング法 ……… 84, 120
点推定 ……………………………………… 157
等間隔抽出法 ……………………………… 121

な 行

二者択一の回答方法 …………………… 100
2択 …………………………………………… 84

は 行

必要サンプル数 …………………………… 26
ピボットテーブル ……………………… 163
評価選択回答方法 ……………………… 101
標準化 ………………………………… 46, 196
　──残差 ……………………………… 42, 190
標準偏回帰係数 ……… 20, 46, 48, 126, 193, 196
標準偏差 …………………………… 19, 128, 129
複合グラフ ………………………………… 32, 126
複数回答方法 …………………………… 100
分散分析 …………………………………… 126
　──表 ………………………………………… 186
分析ツール ………………………… 168, 169, 182
平均値 ………………………………… 19, 128
偏回帰係数 ………………… 39, 179, 180, 186
変数減少法 ………………………………… 44

ま 行

変数選択 …………………………………… 44
　──法 ………………………………………… 187
棒グラフ ………………………………… 19, 134
ポートフォリオ分析 ……… 19, 20, 46, 126, 193
母平均の推定 …………………………… 157

ま 行

マトリックス・データ表 ………… 27, 128
無相関 ……………………………………… 176
　──の検定 ……… 20, 36, 126, 172, 176
目的 ………………………………………… 17, 84
　──変数 ……………………………………… 39, 179

や 行

要因系指標 ………………………… 18, 22, 84, 86
予測値 ……………………………………… 190

ら 行

ランダム …………………………………… 84
　──・サンプリング ……………… 27, 120
レーダーチャート ………… 19, 28, 126, 134

著者紹介

今里 健一郎（いまざと けんいちろう）

- 1972年3月　福井大学工学部電気工学科卒業
- 1972年4月　関西電力株式会社入社，同社TQM推進グループ課長，
  　　　　　　能力開発センター主席講師を経て退職
- 2003年7月　ケイ・イマジン設立
- 　現　在　　ケイ・イマジン代表．関西大学工学部講師，近畿大学農学部講師，
  　　　　　　日本規格協会嘱託，日本科学技術連盟嘱託
- 主な著書　「改善力を高めるツールブック」日本規格協会，2004
  　　　　　　「改善を見える化する技術」日科技連出版社，2007（共著）
  　　　　　　「Excelでここまでできる統計解析」日本規格協会，2007（共著）
  　　　　　　「仕事に役立つ七つの見える化シート」日本規格協会，2010
  　　　　　　「Excelでここまでできる実験計画法」日本規格協会，2011（共著）

［コーヒーたいむ］

佐野 智子（さの ちえこ）

　　さちクリエイト代表
　　コラムの執筆や文章の校正を手掛けている．

Excelで手軽にできるアンケート解析
―研修効果測定からISO関連のお客様満足度測定まで―

定価：本体2,900円（税別）

2008年7月24日　第1版第1刷発行
2013年4月26日　　　　　　第6刷発行

著　者　今里　健一郎
発行者　田中　正躬
発行所　一般財団法人　日本規格協会
　　　　〒107-8440　東京都港区赤坂4丁目1-24
　　　　　　　　　　http://www.jsa.or.jp/
　　　　　　　　　　振替　00160-2-195146
印刷所　三美印刷株式会社
製　作　有限会社カイ編集舎

© Kenichiro Imazato, 2008　　　　　　　Printed in Japan
ISBN978-4-542-60107-9

当会発行図書，海外規格のお求めは，下記をご利用ください．
　営業サービスユニット：(03)3583-8002
　書店販売：(03)3583-8041　注文FAX：(03)3583-0462
　JSA Web Store：http://www.webstore.jsa.or.jp/
編集に関するお問合せは，下記をご利用ください．
　編集制作ユニット：(03)3583-8007　FAX：(03)3582-3372
●本書及び当会発行図書に関するご感想・ご意見・ご要望等を，
　氏名・年齢・住所・連絡先を明記の上，下記へお寄せください．
　e-mail：dokusya@jsa.or.jp　FAX：(03)3582-3372
　（個人情報の取り扱いについては，当会の個人情報保護方針によります．）

図書のご案内

Excelでここまでできる統計解析

―パレート図から重回帰分析まで―

今里健一郎・森田 浩 著
B5判・248ページ
定価 2,940 円（本体 2,800 円）

- 『統計』は難しそう？
  Excelの基本機能＋αで，『分布』・『検定と推定』・『分散分析』・『重回帰分析』などの統計解析が可能なのです．
- "かいせきファミリー"が遭遇する日常生活の様々な場面を例に，統計解析の基本的な考え方と解析手順を解説．
- 難しい計算の部分は，Excelの『関数』・『グラフ』・『分析ツール』を使ってみよう．操作方法を図解で紹介した"目でみて進めることができる解説書"です．
- Windows 2000・XP・Vista 対応，Excel 2000～2003・2007 対応（Vista/2007 画面を基本に，操作方法の異なるバージョンについては「参考」に掲載しています.）

● 目 次 ●

第1章 データのまとめ方と分布
1.1 母集団を推測する統計解析
1.2 Excelで統計解析を行うときの基本的な操作方法
1.3 母集団を推測するデータのまとめ方
1.4 分布の状態を視覚的にみるヒストグラム
1.5 母集団の分布状態を表す正規分布

第2章 計量値の検定と推定
2.1 サンプルデータから母集団を推測
2.2 母分散がわかっているときの母平均の検定と推定
2.3 t検定による母集団の推測方法
2.4 二つの母平均の差の検定と推定

第3章 計数値の検定と推定
3.1 計数値の検定と推定の概要
3.2 母不良率の検定と推定
3.3 母不良率の差の検定と推定
3.4 分割表による検定
3.5 連合度の検定

第4章 分散分析
4.1 分散分析とは
4.2 分散分析の解析手順
4.3 分散分析の種類
4.4 Excel「分析ツール」による分散分析の解析手順

第5章 相関と回帰
5.1 二つの変数の関係をみる相関と回帰
5.2 二つの変数の関係を視覚的にみる散布図
5.3 二つの変数の関数を表す相関係数
5.4 特性値を予測する単回帰分析

第6章 重回帰分析
6.1 重回帰分析の解析手順
6.2 回帰式の推定
6.3 回帰関係の有意性検討
6.4 回帰係数の有意性検討
6.5 寄与率と自由度調整済寄与率
6.6 点予測
6.7 Excel「分析ツール」による重回帰分析の解析手順